"十四五"职业教育河南省规划教材

高等职业教育新一代信息技术系列教材

Python程序设计案例教程

主　编　张瑞玲　王化喆　詹华蕊
副主编　简艳英　唐佐侠　贾英霞　陈素霞
参　编　唐晓天　李　振　张得元　梁纪坤

机械工业出版社

本书从初学者的角度出发，采用单元 - 任务的教学方式，通过通俗易懂的语言、丰富实用的案例，介绍了使用 Python 进行程序开发所需的知识和技术。

全书共 10 个单元，内容包括认识 Python，语法基础，流程控制，列表、元组、字典和集合，函数，面向对象，文件操作，异常，GUI 编程和网络爬虫。能够有效地帮助学生更好地理解和认识所学知识，做到即学即练、学以致用，锻炼学生的工作思维和实践技能，提高实际操作能力。

本书可作为高等职业院校大数据、人工智能、工业互联网、区块链等计算机类专业的教材，也可供 Python 编程爱好者及相关从业人员参考使用。

本书配有电子课件、教案、课程标准、源代码、习题等课程资源，选用本书作为授课教材的教师可以在机械工业出版社教育服务网（www.cmpedu.com）免费注册后进行下载或联系编辑（010-88379807，QQ：303431623）咨询。本书还配有"示范教学包"，教师可在超星学习通上实现"一键建课"。

图书在版编目（CIP）数据

Python程序设计案例教程 / 张瑞玲，王化喆，詹华蕊主编 . —北京：机械工业出版社，2024.3（2025.8重印）
 ISBN 978-7-111-74813-7

Ⅰ．①P… Ⅱ．①张… ②王… ③詹… Ⅲ．①软件工具—程序设计—职业教育—教材

Ⅳ．①TP311.561

中国国家版本馆CIP数据核字（2024）第035862号

机械工业出版社（北京市百万庄大街22号　邮政编码100037）

策划编辑：李绍坤　　　　　　　　责任编辑：李绍坤　张星瑶

责任校对：王小童　薄萌钰　韩雪清　封面设计：马精明

责任印制：李　昂

涿州市般润文化传播有限公司印刷

2025 年 8 月第 1 版第 3 次印刷

210mm×285mm・16 印张・434 千字

标准书号：ISBN 978-7-111-74813-7

定价：52.00 元

电话服务　　　　　　　　网络服务

客服电话：010-88361066　　机　工　官　网：www.cmpbook.com
　　　　　010-88379833　　机　工　官　博：weibo.com/cmp1952
　　　　　010-68326294　　金　书　网：www.golden-book.com

封底无防伪标均为盗版　　机工教育服务网：www.cmpedu.com

前言

Python是一门简单易学、跨平台、可扩展的高级编程语言。Python语法简单、容易入门且可读性强。Python拥有丰富的模块，功能强大且应用领域广泛。

"优雅、明确、简单"是Python语言的设计哲学，初学者在学习Python时不需要困惑于复杂的语法结构，而是可以更多地专注于编程逻辑，所以Python非常适合零基础的编程者学习。

为了帮助广大读者更好地学习Python，编者从初学者的角度出发，精心规划和编写了本书。

本书的编写以"做中学"为主线，注重教学生如何做、怎么学，在培养操作技能的同时，提升专业知识和职业素养。具体体现在以下几个方面：

一、立德树人，综合育人

本书秉承能力教育与素质教育同向同行的理念，将党的领导和习近平新时代中国特色社会主义思想融合到知识点和案例中，形成协同效应，坚持教书和育人相结合。在精心打磨教材内容的同时，依托于Python语言在不同领域的应用案例，适当结合我国科学家在一些领域的重要贡献，融入德育内容。例如，在任务"开发记事本程序"中，记录党的二十大报告中关于青年的部分内容并输出；在任务"开发'进步一点点'游戏"中，展示"踔厉奋发、勇毅前行"的重要性；在任务"制作空气质量评级系统"中引用了"习近平生态文明思想"等。在点滴之间影响学生，以行导人、以事服人、以情感人、以文化人，培养学生的责任感、自豪感、荣誉感。

二、全新形态，全新理念

本书结构采用"任务驱动"来组织教学内容，结构合理，便于知识和技能的查询，具有"新形态"教材的特点。每个单元都包含多个任务，单元的最后还安排了习题，帮助读者练习和巩固本单元所学知识。每个任务都包含"任务描述""知识准备""任务实施"和"任务记录"模块，首先通过"任务描述"引入本任务所学知识，然后通过"知识准备"精讲本任务涉及的理论知识，接着通过"任务实施"实现任务，最后通过"任务记录"记录任务实施的过程及要点，做到"学—练—思"为一体。

此外，本书还根据需要添加了"知识链接"栏目，对理论知识进行扩展或提供相关编程经验，可适时提醒和解决读者在学习与操作过程中遇到的问题，让读者少走弯路、提高学习效率。

三、内容全面，循序渐进

本书采用由浅入深、由易到难的组织架构，首先介绍了Python的基本概念、开发环境的搭建以及基础知识；然后介绍了函数、面向对象、文件操作和异常等核心知识；最后介绍了Python GUI编程和网络爬虫等领域的应用。

本书由商丘职业技术学院张瑞玲、王化喆、詹华蕊任主编；商丘职业技术学院简艳英、唐佐侠，商丘市职业教育中心贾英霞、河南轻工职业学院陈素霞任副主编；商丘职业技术学院唐晓天、李振、张得元、梁纪坤参与了编写。其中，王化喆负责编写单元1和单元2的任务1；张瑞玲负责编写单元2的任务2、任务3和单元3；陈素霞负责编写单元4和单元5的任务1、任务2；贾英霞负责编写单元5的任务3、任务4，单元6和单元8的任务1；简艳英负责编写单元7和单元10的任务1、任务2；詹华蕊负责编写单元8的任务2、任务3和单元10的任务3；唐佐侠负责编写单元9；唐晓天参与编写单元1、单元2、单元3的习题；李振参与编写单元4和单元5的习题；张得元参与编写单元6和单元7的习题；梁纪坤参与编写单元8和单元10的习题；全书由张瑞玲统稿。特别感谢河南八六三软件股份有限公司的段捷文和王超杰对本教材的大力支持与帮助，为教材提供了大量真实且具有代表性的企业实践案例、技术分享与宝贵建议，让教材内容更加贴近企业需求，赋予了理论知识鲜活的生命力。

由于编者水平和经验有限，书中难免存在疏漏和不足之处，敬请广大读者批评指正。

编　者

二维码索引

名称	图形	页码	名称	图形	页码
1 搭建Python开发环境——安装Python		7	5 制作2022年北京冬季奥运会奖牌榜		114
2 搭建Python开发环境——安装PyCharm		12	6 制作空气质量评级系统		188
3 开发进步一点点游戏		72	7 制作个人信息调查系统		202
4 求解汉诺塔问题		109			

目录

前言

二维码索引

单元1　认识Python 1
任务1　搭建Python开发环境 2
任务2　开发第一个Python程序 14
单元小结 20
习题 20

单元2　语法基础 21
任务1　实现学生信息的录入与打印 22
任务2　实现表达式的变身 40
任务3　开发记事本程序 48
单元小结 51
习题 52

单元3　流程控制 53
任务1　描述"猜数字"游戏流程 54
任务2　设计飞机行李托运费计算程序 57
任务3　开发"进步一点点"游戏 64
单元小结 74
习题 74

单元4　列表、元组、字典和集合 75
任务1　邀请同学共建项目 76
任务2　输出键盘上的相邻字母 82
任务3　设计商品仓库 86
任务4　实现问卷调查 92
单元小结 96
习题 96

单元5　函数 97
任务1　设计饮品自动售货机程序 98
任务2　求解汉诺塔问题 107
任务3　制作2022年北京冬季奥运会奖牌榜 110
任务4　设计抽奖程序 115
单元小结 122
习题 123

单元6　面向对象 ... 125

- 任务1　设计学生信息管理系统 ... 126
- 任务2　开发"人机猜拳"游戏 ... 135
- 单元小结 ... 144
- 习题 ... 145

单元7　文件操作 ... 147

- 任务1　制作学生信息管理系统 ... 148
- 任务2　实现文件/目录管理器 ... 157
- 单元小结 ... 166
- 习题 ... 166

单元8　异常 ... 167

- 任务1　初识异常 ... 168
- 任务2　求解三角形面积 ... 175
- 任务3　制作空气质量评级系统 ... 184
- 单元小结 ... 190
- 习题 ... 190

单元9　GUI编程 ... 193

- 任务1　制作个人信息调查系统 ... 194
- 任务2　制作鼠标的花样 ... 203
- 任务3　制作计算器 ... 210
- 单元小结 ... 215
- 习题 ... 215

单元10　网络爬虫 ... 217

- 任务1　实现在线翻译功能 ... 218
- 任务2　制作简易网页采集器 ... 227
- 任务3　制作2022年中国大学排名榜 ... 237
- 单元小结 ... 245
- 习题 ... 246

参考文献 ... 247

单元 ① 认识Python

单元导读

Python是一门简单易学、跨平台、可扩展的高级编程语言，它在Web开发、网络爬虫、人工智能、数据分析、自动化运维、游戏开发、办公自动化等多个领域应用广泛。在TIOBE编程语言排行榜上，Python的排名逐年上升，与Java、C、C++一起成为全球四大流行语言。因此，学习Python是非常有必要的。本单元将带领大家一起认识Python。

单元目标

素质目标
- 了解计算机，了解编程语言，培养对信息技术的兴趣，增强探索意识。
- 培养耐心细致的良好习惯，增强规范意识。

知识目标
- 了解Python的产生与发展。
- 了解Python的特点和应用领域。
- 掌握Python程序的开发流程。
- 熟悉Python的编码规范。

能力目标
- 能够搭建Python开发环境，并利用该环境编写和运行简单的Python程序。
- 具有使用PyCharm编写和运行Python程序的能力。

任务1　搭建Python开发环境

任务描述

人类社会的重要组成部分之一是语言，它不仅是一种交流方式，也是人们表达思想和情感的工具。计算机编程语言是一种特殊的语言，它可以把人类的思想转换成计算机可以理解的指令，从而实现人与计算机的有效沟通，因此它的重要性不言而喻。

本任务首先学习Python的产生与发展、应用领域和语言特点，然后带领大家搭建Python开发环境，学习Python的下载、安装，了解Python程序的开发工具。

知识准备

一、Python的产生与发展

Python语言是一种解释型、面向对象、动态数据类型的高级程序设计语言，是数据分析师的首选数据分析语言，也是智能硬件的首选语言，具有简洁性、易读性以及可扩展性的特点，在网络爬虫、数据分析、机器学习、Web开发等领域应用广泛。Python语言因为简洁而清晰的风格，有大量适用性甚广的类库和Python开源框架可以使用，受到许多IT界人士的喜爱。

Python的创始人为荷兰人吉多·范罗苏姆（Guido van Rossum）。1989年在阿姆斯特丹，Guido决心开发一个新的脚本解释程序，作为ABC语言的一种继承。之所以选中Python（大蟒蛇的意思）作为该编程语言的名字，是取自英国20世纪70年代首播的电视喜剧《蒙提·派森的飞行马戏团》(*Monty Python's Flying Circus*)。

ABC是由Guido参加设计的一种教学语言。就Guido本人看来，ABC这种语言非常优美和强大，是专门为非专业程序员设计的。但是ABC语言并没有成功，究其原因，Guido认为是其非开放性造成的。Guido决心在Python中避免这一错误，同时，他还想实现在ABC中"闪现"过但未曾实现的东西。就这样，Python在Guido手中诞生了。可以说，Python是从ABC发展起来的，主要受到了Modula-3（另一种相当优美且强大的语言，为小型团体所设计的）的影响，并且结合了UNIX Shell和C的习惯。

1991年，第一个Python编译器（同时也是解释器）诞生。它是用C语言实现的，并能够调用C语言的库文件（.so文件）。从一出生，Python已经具有了类（class）、函数（function）、异常处理（exception），包括表（list）和词典（dictionary）在内的核心数据类型，以及模块（module）为基础的拓展系统。最初的Python完全由Guido本人开发，后来Python得到Guido同事的欢迎，他们迅速反馈使用意见，并参与到Python的改进，最后，Guido和一些同事构成了Python的核心团队。

2000年10月，Python 2.0版本由BeOpen PythonLabs团队发布，加入了内存回收机制，奠定了Python语言框架的基础。

2008年12月，Python 3.0版本在一个意想不到的情况下发布了，对语言进行了彻底修改，此版本没有完全兼容之前的Python 2.0，Python也因此分为了Python 3.5派系和Python 2.7派系两大阵营。

2011年1月，Python被TIOBE编程语言排行榜评为2010年度语言。

2014年11月，发布消息称Python 2.7将在2020年停止支持并且不再发布2.8版本。

2018年7月，Python在TIOBE编程语言排行榜升至第四名。

2022年8月，Python在TIOBE编程语言排行榜升至第一名，如图1-1所示。

Aug 2022	Aug 2021	Change	Programming Language	Ratings	Change
1	2	^	Python	15.42%	+3.56%
2	1	v	C	14.59%	+2.03%
3	3		Java	12.40%	+1.96%
4	4		C++	10.17%	+2.81%
5	5		C#	5.59%	+0.45%
6	6		Visual Basic	4.99%	+0.33%
7	7		JavaScript	2.33%	-0.61%
8	9	^	Assembly language	2.17%	+0.14%
9	10	^	SQL	1.70%	+0.23%
10	8	v	PHP	1.39%	-0.80%

图1-1　2022年8月TIOBE编程语言TOP10

> **知识链接**　如何选择 Python 版本？
>
> 1）Python 3.0也称为Python 3000或Python 3K。相对于Python的早期版本，这是一个较大的升级。为了不带入累赘的内容，Python 3.0在设计的时候没有考虑向下兼容。
>
> 2）Python 3.0的主要设计思想就是通过移除传统的做事方式从而减少特性的重复。很多针对早期Python版本设计的程序都无法在Python 3.0上正常运行。
>
> 3）为了照顾现有程序，Python 2.6作为一个过渡版本，基本使用了Python 2.x的语法和库，同时考虑了向Python 3.0的迁移，允许使用部分Python 3.0的语法与函数。基于早期Python版本而能正常运行于Python 2.6并无警告的程序可以通过一个2 to 3的转换工具无缝迁移到Python 3.0。

二、Python的语言特点

Python的设计混合了传统语言的软件工程的特点和脚本语言的易用性。

1. Python的优点

（1）简单

Python是一种代表简单主义思想的语言。阅读一个良好的Python程序就感觉像是在读英语一样，尽管这个英语的要求非常严格。Python的这种伪代码本质是它最大的优点之一，它使人们能够专注于解决问题而不是去搞明白语言本身。

(2) 易学

Python有极其简单的语法，关键字少，结构简单，语法清晰。

(3) 免费、开源

Python是FLOSS（自由/开放源码软件）之一。简单地说，开发人员可以自由地发布这个软件的副本、阅读它的源代码、对它做改动，甚至可以把它的一部分用于新的自由软件中。

(4) 高层语言

当使用Python语言编写程序的时候，无须考虑如何管理自己的程序使用内存等这一类的底层细节。

(5) 解释型语言

Python语言写的程序不需要编译成二进制代码，可以直接从源代码运行程序。在计算机内部，Python解释器把源代码转换成为字节码的中间形式，然后把它翻译成计算机使用的机器语言并运行。

(6) 可移植性

由于Python的开源本质，Python已经被移植在许多平台上。这些平台包括Linux、Windows、FreeBSD、Macintosh、Solaris、OS/2、Amiga、AROS、AS/400、BeOS、OS/390、z/OS、Palm OS、QNX、VMS、Psion、Acom RISC OS、VxWorks、PlayStation、Sharp Zaurus、Windows CE，还有PocketPC、Symbian以及Google基于Linux开发的Android平台。

(7) 可扩展性

Python本身被设计为可扩充的，并非所有的特性和功能都集成到语言核心。Python提供了丰富的API和工具，以便程序员能够轻松地使用C、C++、Python来编写扩充模块。Python编译器本身也可以被集成到其他需要脚本语言的程序内，因此，很多人还把Python作为一种"胶水语言"（glue language）使用。使用Python可以将其他语言编写的程序进行集成和封装，在Google内部的很多项目，例如，Google Engine使用C++编写性能要求高的部分，然后用Python或Java/Go调用相应的模块。

(8) 面向对象

Python是完全面向对象的语言。函数、模块、数字、字符串都是对象，并且完全支持继承、重载、派生、多继承，有益于增强源代码的复用性。Python支持重载运算符和动态类型。相对于Lisp这种传统的函数式编程语言，Python对函数式设计只提供了有限的支持。有两个标准库（functools, itertools）提供了Haskell和Standard ML中久经考验的函数式程序设计工具。

(9) 拥有丰富的库

Python标准库非常庞大，它可以帮助人们处理各种工作，包括正则表达式、文档生成、单元测试、线程、数据库、网页浏览器、CGI、FTP、电子邮件、XML、XML-RPC、HTML、WAV文件、密码系统、GUI（图形用户界面）、Tk和其他与系统有关的操作。除了标准库以外，Python还有许多其他高质量的库，如wxPython、Twisted和Python图像库等。

(10) 规范的代码

Python采用强制缩进的方式使代码具有较好的可读性。

Python的作者设计了限制性很强的语法，使得不好的编程习惯（例如if语句的下一行不向右缩进）都不能通过编译，其中很重要的一项就是Python的缩进规则。一个和其他大多数语言（如C）的区别就是，一个模块的界限完全是由每行的首字符在这一行的位置来决定（而C语言是用一对大括号"{}"来明确定出模块的边界，与字符的位置毫无关系），通过强制程序员们缩进（包括if、for和函数定义等所有需要使用模块的地方），Python使得程序更加清晰和美观。

（11）高级动态编程

虽然Python可能被粗略地分类为"脚本语言"（script language），但实际上一些大规模软件开发计划（例如Zope、Mnet及BitTorrent）也广泛地使用它。Python的支持者喜欢称它为一种高级动态编程语言，原因是"脚本语言"泛指仅作简单程序设计任务的语言，如Shell Script、VBScript等只能处理简单任务的编程语言，并不能与Python相提并论。

2. Python的缺点

Python有很多优点，但是它在发展的过程中仍有进步的空间。目前Python主要有以下缺点：

（1）运行速度慢

运行速度慢是解释型语言的通病，Python也不例外。Python的运行速度几乎是最慢的，不但远远慢于C/C++，还慢于Java。

但是速度慢的缺点往往也不会带来什么大问题。首先是计算机的硬件运行速度越来越快，硬件性能的提升可以弥补软件性能的不足。其次是有些应用场景可以容忍速度慢，比如网站，用户打开一个网页的大部分时间是在等待网络请求，而不是等待服务器执行网页程序。服务器花1ms执行程序和花20ms执行程序对用户来说是毫无感觉的，因为网络连接时间往往需要500ms甚至2000ms。

（2）加密难

Python不像编译型语言那样，源代码会被编译成可执行程序（这个编译过程就相当于对源代码加密），对于Python来说是直接运行源代码，因此对源代码加密是比较困难的。

（3）缩进规则严格

如果读者有其他语言的编程经验，例如C语言或者Java语言，那么Python的强制缩进一开始会让人很不习惯。当重构代码时，粘贴过去的代码必须重新检查缩进是否正确，此外，IDE很难像格式化Java代码那样格式化Python代码。但是如果习惯了Python的缩进语法，就会觉得它非常优雅。

（4）多线程灾难

Python无法全面利用多核处理器。

三、Python的应用领域

Python支持广泛的应用程序开发，包括文字处理、Web应用和游戏等。从国内的百度、阿里、腾讯，到国外的Google、NASA、YouTube、Facebook，Python的企业需求逐渐上升，各公司都在大规模使用Python完成各种开发任务。

1. 桌面GUI软件开发

PyQt、PySide、wxPython、PyGTK是Python快速开发桌面应用程序的利器。

Python可编写多种图形用户界面（Graphical User Interface，GUI），GUI是指采用图形方式显示的计算机操作用户界面。Python支持多种图形界面的库，包括tkinter、PyGTK、PyQt、wxPython等。

其中，tkinter是Python的标准GUI库，用户无须安装任何包就可以直接使用它。

2. 网络应用开发

Python对于各种网络协议的支持很完善，因此经常被用于编写服务器软件、网络爬虫。第三方库Twisted支持异步网络编程和多数标准的网络协议（包含客户端和服务器），并且提供了多种工具，被广泛用于编写高性能的服务器软件。

3. 2D/3D图形处理，游戏开发

很多游戏使用C++编写图形显示等高性能模块，而使用Python或者Lua编写游戏的逻辑、服务器。虽然相较于Python，Lua的功能更简单、体积更小，但是Python支持更多的特性和数据类型。

4. 文档处理和科学计算

自1997年，NASA就大量使用Python进行各种复杂的科学计算。并且和其他解释型语言（如Shell、JavaScript、PHP）相比，Python在数据分析、可视化方面有相当完善和优秀的库，例如NumPy、SciPy、Pandas、Matplotlib等可以让Python程序员编写科学计算程序。在数据采集环节，在第三方库Scrapy的支持下可以编写网络爬虫程序采集网页数据。在数据清洗环节，第三方库Pandas提供了功能强大的类库，可以清洗数据、排序数据，最后得到清晰明了的数据。在数据处理分析环节，第三方库NumPy和SciPy提供了丰富的科学计算和数据分析功能，包括统计、优化、整合、线性代数模块、傅里叶变换、信号和图像图例、常微分方程求解、矩阵解析和概率分布等。在数据可视化环节，第三方库Matplotlib提供了丰富的数据可视化图表。

5. Web应用开发

Python经常被用于Web开发。比如通过mod_wsgi模块，Apache可以运行用Python编写的Web程序。Python定义了WSGI标准应用接口来协调HTTP服务器与基于Python的Web程序之间的通信。一些Web框架，如Django、TurboGears、web2py、Zope等，可以让程序员轻松地开发和管理复杂的Web程序。

6. 网络爬虫

Python有大量的HTTP请求处理库和HTML解析库，并且有成熟高效的爬虫框架Scrapy和分布式解决方案scrapy-redis，在爬虫的应用方面非常广泛。

7. 操作系统管理、服务器运维的自动化脚本

在很多操作系统里，Python是标准的系统组件。大多数Linux发行版以及NetBSD、OpenBSD和Mac OS X都集成了Python，可以在终端下直接运行Python。有一些Linux发行版的安装器使用Python语言编写，比如Ubuntu的Ubiquity安装器，Red Hat Linux和Fedora的Anaconda安装器。Gentoo Linux使用Python来编写它的Portage包管理系统。Python标准库包含了多个调用操作系统功能的库。通过pywin32这个第三方软件包，Python能够访问Windows的COM服务及其他Windows API。使用IronPython，Python程序能够直接调用.NET Framework。一般说来，Python编写的系统管理脚本在可读性、性能、代码重用度、扩展性几方面都优于普通的Shell脚本。

8. 人工智能

虽然人工智能程序可以使用各种不同的编程语言开发，但是Python语言在人工智能领城具有独特的优势。在人工智能领域，有许多基于Python语言的第三方库，如scikit-learn Keras和NLTK等。其中，scikit-learn是基于Python语言的机器学习工具，提供了简单高效的数据挖掘和数据分析功能；Keras是一个基于Python语言的深度学习库，提供了用Python编写的高级神经网络API；NLTK是Python自然语言工具包，用于诸如标记化、词形还原、词干化、解析、POS标注等任务。此外，深度学习框架TensorFlow、Caffe等，主体都是用Python实现的，提供的原生接口也是面向Python的。

总而言之，Python对编程语言初学者而言简单易学，是接触编程领域的良好选择，对程序开发人员而言，它使用灵活、应用领域广泛、效率能满足大多数场景的需求，是一种强大且全能的优秀语言。

四、Python的开发工具

Python的开发工具根据其用途不同可分为两种，一种是Python代码编辑器，一种是Python集成开发环境（Integrated Development Environment，IDE）。IDE集成了编辑代码、编译代码、分析代码、执行代码以及调试代码等功能，使用IDE可以极大地提高Python开发人员的编程效率。下面介绍几款Python开发常用的IDE。

1）IDLE是Python自带的IDE，具备基本的IDE的功能。安装Python的同时会自动安装IDLE，它包含交互式和文本式两种模式。

2）PyCharm是一款非常优秀的Python IDE，它带有一整套可以帮助用户在使用Python开发时提高效率的工具，如Project管理、调试、语法高亮、代码跳转、智能提示、自动完成、单元测试、版本控制等。

3）Visual Studio Code（简称VS Code）是微软开发的免费代码编辑器，兼容Linux、Mac OS X和Windows平台，通过安装Python插件，VS Code可以变身为一款轻量级的Python IDE，且可自动识别Python安装和库。具有代码高亮、自动补全、debug、调试、单元测试等丰富的功能。

其中，PyCharm功能强大、使用方便、配置简单，是初学者的首选。本书选择PyCharm作为开发Python程序的工具。

任务实施

想要开发Python程序，必须搭建Python开发环境。下面介绍在Windows中安装Python解释器和PyCharm的方法。

一、安装Python解释器

因为Python是一种跨平台的编程语言，所以Python程序可以在不同的操作系统上运行。但是在不同的操作系统中安装Python开发环境的方法是有区别的。由于大部分Linux系统和Mac OS X系统已自带Python 2.x版本，下面重点介绍在Windows操作系统中搭建Python开发环境的方法。

1. 下载Python

打开浏览器，访问Python官网，只有Windows和macOS两种操作系统的安装包，其他系统需要下载源代码编译安装。单击"Downloads"菜单下的"Windows"版本，如图1-2所示。

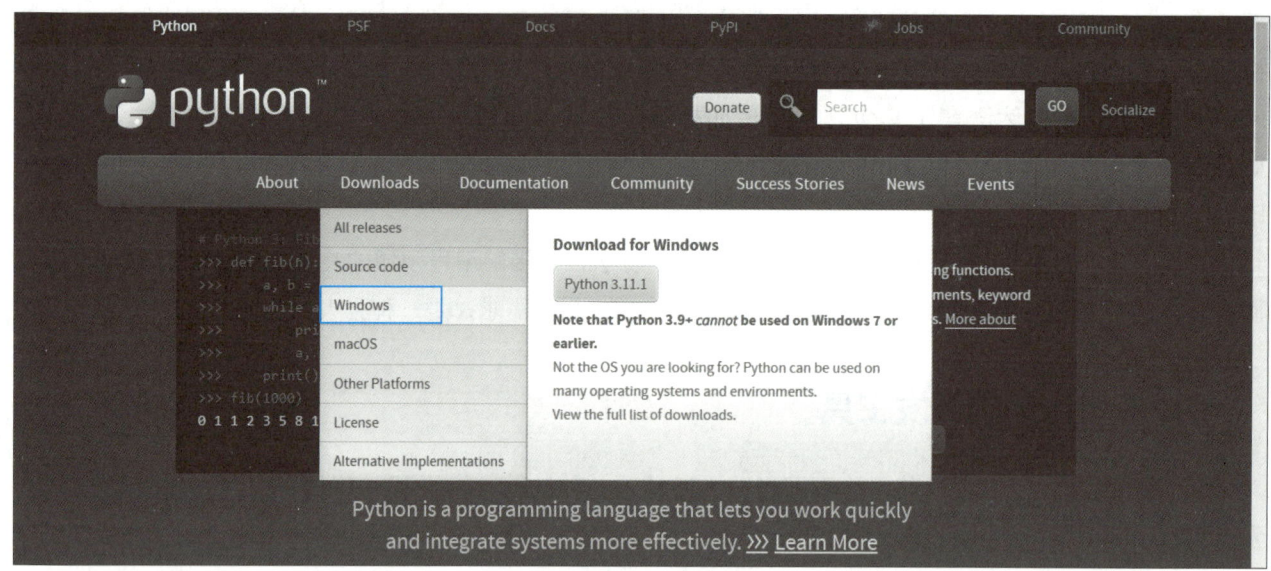

图1-2 下载Python安装包

下载Windows环境下的Python安装程序，根据操作系统类型（32位或64位操作系统）选择合适的安装程序进行下载。

在打开的下载页面中选择"Stable Releases"下的"Python 3.11.0 – Oct. 24, 2022"安装包，如果Windows系统版本是32位，那么单击"Download Windows installer（32-bit）"超链接，然后下载；如果Windows系统版本是64位的，那么单击"Download Windows installer（64-bit）"超链接，然后下载，如图1-3所示。

2. 安装Python

1）打开下载的Python安装程序后，首先勾选"Add python.exe to PATH"选项（安装路径添加到系统环境变量Path中），然后选择自定义安装或默认安装。此处选择自定义安装（Customize installation），如图1-4所示。

图1-3 选择Python安装包

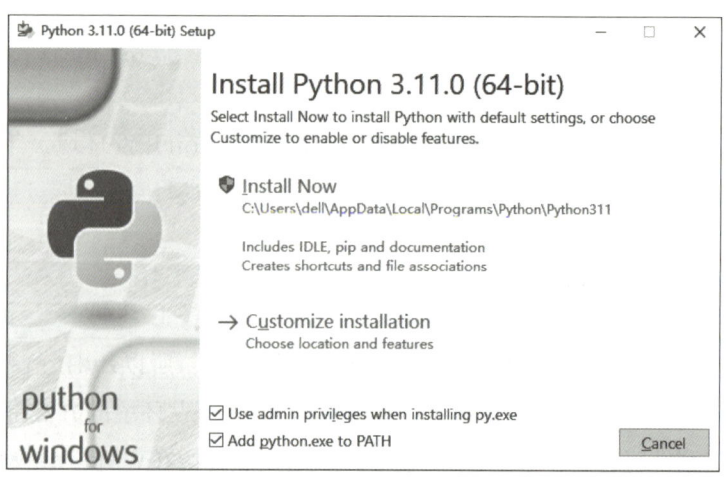

图1-4 安装向导

> **特别提醒**
>
> 如果安装时没有勾选"Add python.exe to PATH"选项,那么系统就无法自动完成环境变量的配置,读者需要在安装完成后手动配置环境变量,将Python的安装路径添加到环境变量中。

2)在打开的对话框中选择Python提供的工具包,一般保持默认的全部选中,然后单击"Next"按钮,如图1-5所示。

3)在打开的对话框中单击"Browse"按钮选择安装目录,最后单击"Install"按钮,如图1-6所示。

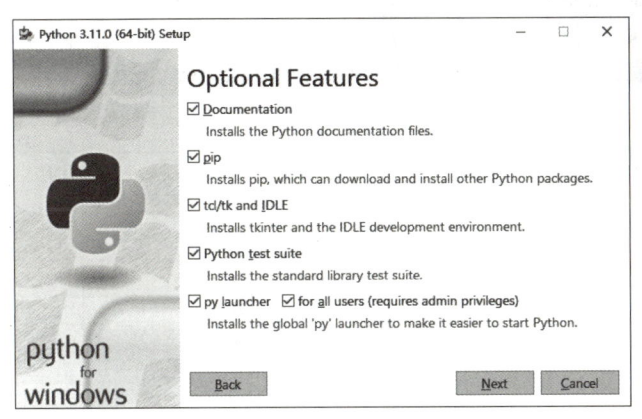
图1-5　选择Python工具包

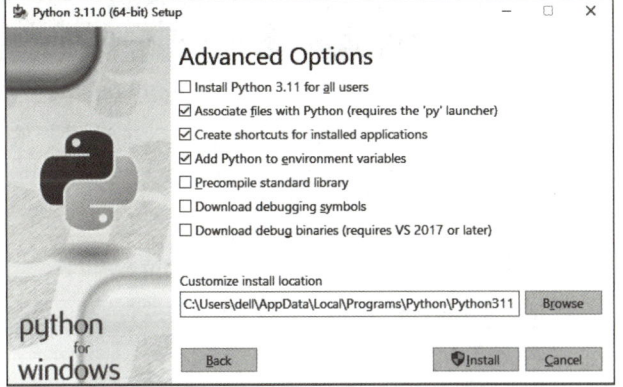
图1-6　选择安装路径

4)等待安装完成之后,会弹出安装成功的窗口,如图1-7所示。单击"Close"按钮关闭对话框即可。

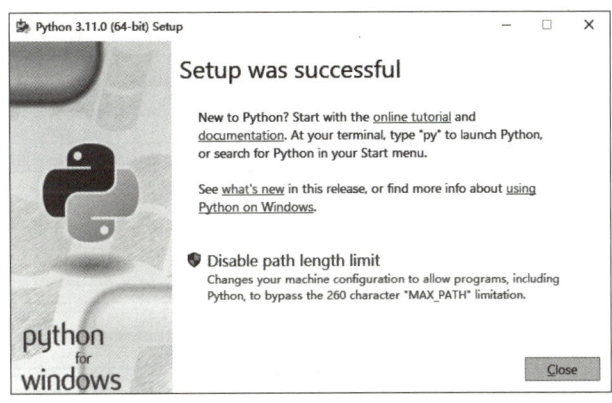
图1-7　安装成功

3. 验证

打开命令提示符(cmd)窗口,执行"python"命令,会出现以下两种情况。

情况一:出现类似图1-8所示结果,说明Python安装成功。

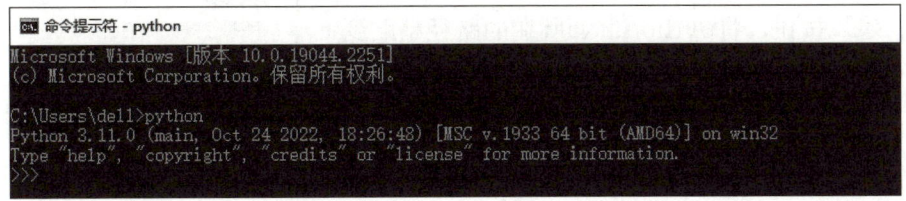
图1-8　安装成功

情况二:出现类似图1-9所示的结果,没有找到Python。这时大多数原因是安装时没有勾选"Add python.exe to PATH"选项造成的,补救措施是手动配置环境变量,把Python的安装路径添加到Windows的环境变量中。

具体操作步骤如下：

1）在桌面上右击"此电脑"图标，在弹出的快捷菜单中选择"属性"命令，如图1-10所示。

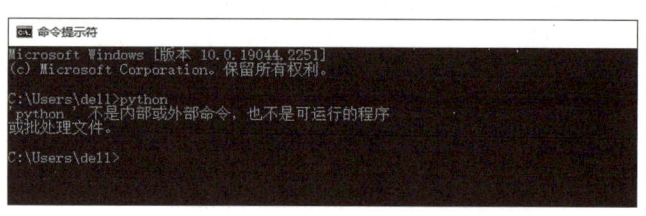

图1-9 没有找到Python

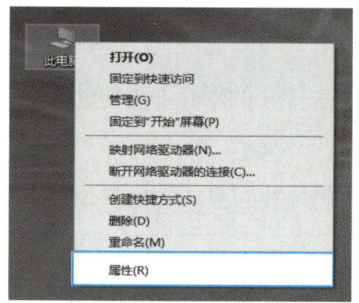

图1-10 选择"属性"命令

2）在"系统"窗口中单击"高级系统设置"按钮，如图1-11所示。

图1-11 "系统"窗口

3）在弹出的"系统属性"对话框中选择"高级"选项卡，然后单击"环境变量"按钮，如图1-12所示。

4）打开"环境变量"对话框，选择"系统变量"窗口下的"Path"选项，如图1-13所示。

5）双击"Path"选项，在弹出的"编辑环境变量"对话框中单击"新建"按钮，将python.exe所在的路径粘贴到编辑框中。例如，Python安装路径为："C:\Users\dell\AppData\Local\Programs\Python\Python311"，则将此路径粘贴到编辑框中，单击"确定"按钮即可完成配置，如图1-14所示。

6）再次打开命令提示符窗口，输入"python"，即会出现图1-8所示的Python安装成功界面，说明已经配置好了Python的环境变量。

图1-12 "系统属性"对话框

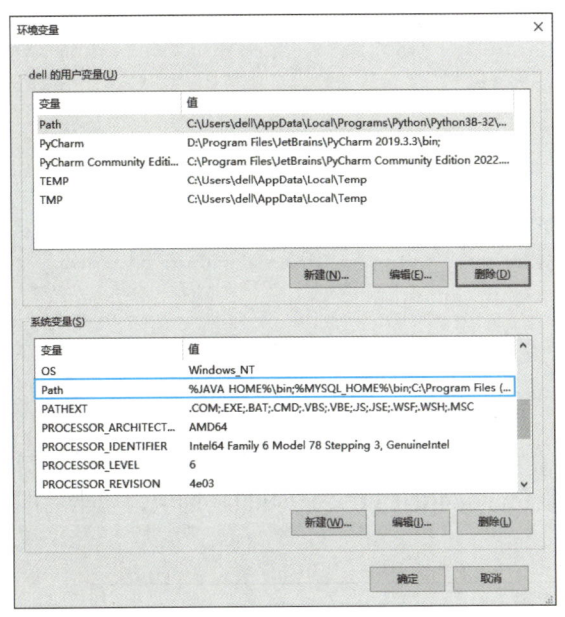
图1-13 "环境变量"对话框

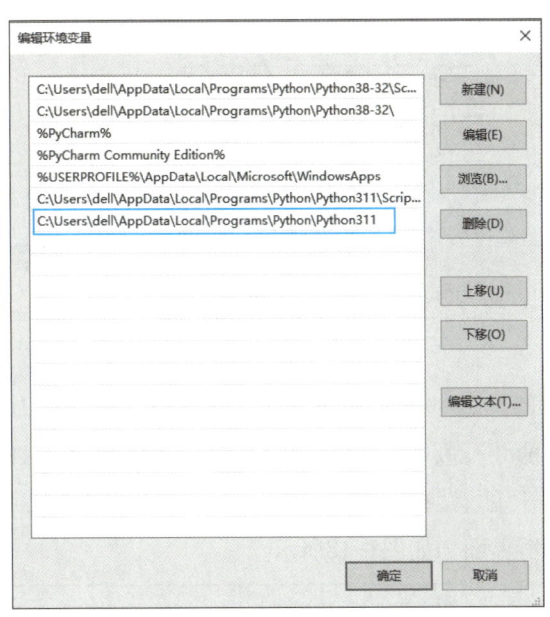
图1-14 "编辑环境变量"对话框

4. 正式开始Python之旅

成功安装Python解释器之后，就可以正式开始Python之旅了。Python的打开有三种方式：Windows的命令行工具（cmd）、带图形界面的Python Shell-IDLE、命令行版本的Python Shell-Python 3.11。

（1）Windows的命令行工具（cmd）

cmd即计算机命令行提示符，是Windows环境下的虚拟DOS窗口。在Windows系统下，打开cmd有三种方法。

1）同时按<Win+R>快捷键，其中<Win>键是键盘上的开始菜单键。在弹出的窗口中输入"cmd"，单击"确定"按钮，即可打开cmd。

2）可以通过所有程序查找搜索到cmd。单击"cmd.exe"按钮或按<Enter>键即可打开cmd。

3）在"C:\WINDOWS\system32"路径下找到cmd.exe，双击"cmd"文件。

打开cmd后，输入"python"，按<Enter>键，出现">>>"符号后，说明已经进入Python交互式编程环境，如图1-15所示。此时如果输入"exit()"即可退出Python。

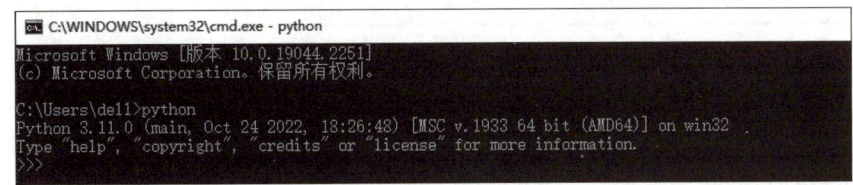
图1-15 Python交互式编程环境

（2）带图形界面的Python Shell-IDLE（Python GUI）

IDLE是Python自带的一个编辑器，是开发Python程序的基本IDE（集成开发环境）。当安装好Python以后，IDLE就自动安装好了，不需要另外去找，基本功能有语法加亮、段落缩进、基本文本编辑、TABLE键控制、调试程序。

在Windows系统下安装好Python后，可以在"开始"菜单中找到IDLE，选择"IDLE（Python 3.11

64-bit）"选项，如图1-16所示，单击即可打开环境界面，如图1-17所示。

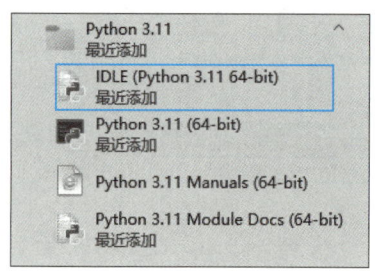

图1-16 "IDLE（Python 3.11 64-bit）"选项

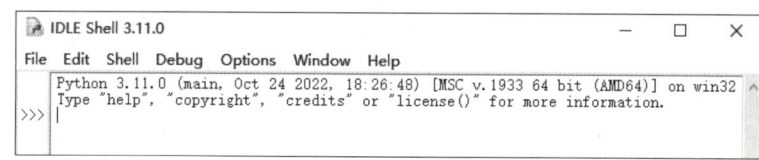

图1-17 IDLE界面

（3）命令行版本的Python Shell–Python 3.11

命令行版本的Python Shell–Python 3.11的打开方法和IDLE的打开方法类似。在Windows系统下的"开始"菜单中选择"Python 3.11（64-bit）"（命令行版本的Python Shell）选项，单击后即可打开环境界面，如图1-18所示。

图1-18 Python 3.11界面

二、安装PyCharm

PyCharm是由JetBrains打造的一款Python IDE，带有一整套可以帮助Python开发者提高工作效率的工具，比如调试、语法高亮、Project管理、代码跳转、智能提示、自动完成、单元测试、版本控制等功能，是Python的一款非常优秀的集成开发环境。

扫码观看视频

PyCharm除了具有一般IDE所必备的功能外，还可以在Windows、Linux、macOS下使用。PyCharm还适合开发大型项目（Web开发、自动化运维等），因为一个项目通常会包含很多源文件；每个源文件的代码行数是有限的，通常在几百行之内；每个源文件各司其职，共同完成复杂的业务功能。

PyCharm版本分为Professional版本（专业版）和Community版本（社区版），其中Community版本是免费的，Professional版本是付费的，对于初学者来说两者差距不大。PyCharm不同版本的特点见表1-1。

表1-1 PyCharm不同版本的特点

Professional版本	Community版本
提供Python IDE所有功能，支持Web开发	轻量级的Python IDE，只支持Python开发
支持Django、Flask、Google App等	免费、开源、集成Apache2的许可证
支持JavaScript、CoffeeScript、TypeScript、CSS、Cython	智能编辑器、调试器、支持重构和错误检查
支持远程开发、Python分析器、数据库和SQL语句	字符串以16-bit Unicode字符串存储

下面介绍PyCharm的Community版本的安装方法。

1. 下载PyCharm

打开PyCharm官网，单击"Download"位置。在打开的下载页面中单击"Community"下的"Download"按钮，下载Community版，如图1-19所示。

单元1　认识Python

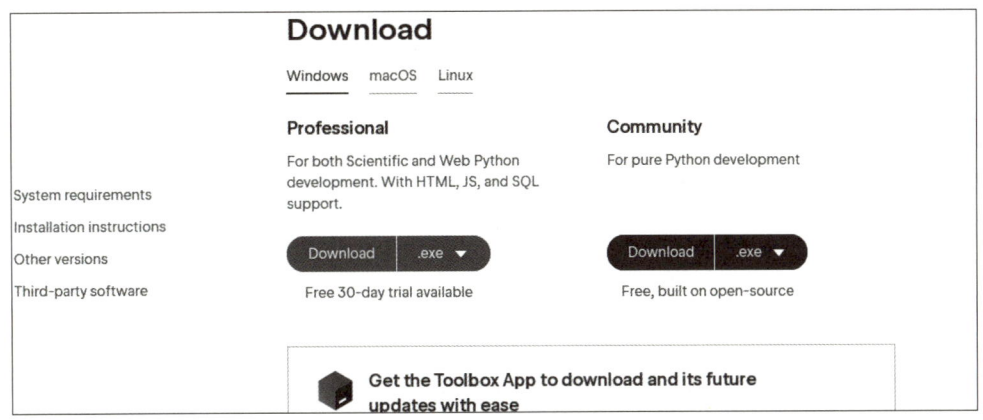

图1-19　下载PyCharm安装包

2. 安装PyCharm

1）解压下载好的安装包，双击PyCharm-community-2022.2.3.exe文件，运行安装程序。单击"Next"按钮后进入"Installation Options"（安装选项）页面，复选框全部勾选上，然后单击"Next"按钮，如图1-20所示。

2）进入"Choose Start Menu Folder"页面，直接单击"Install"按钮进行安装，如图1-21所示。

3）安装完成后单击"Next"按钮，最后单击"Finish"按钮，完成PyCharm的安装，如图1-22所示。

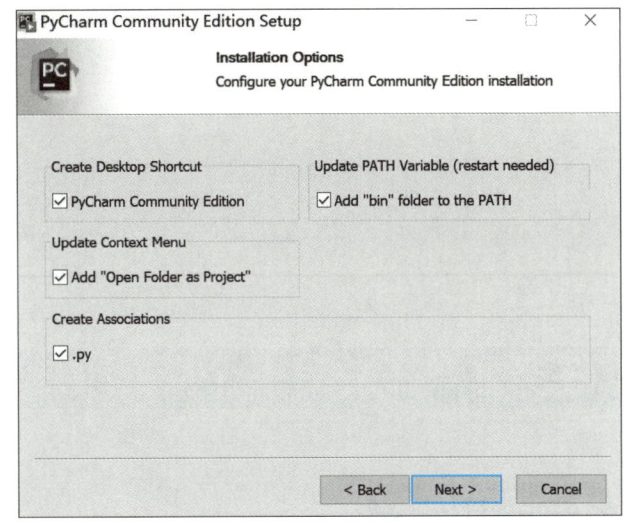

图1-20　设置安装选项

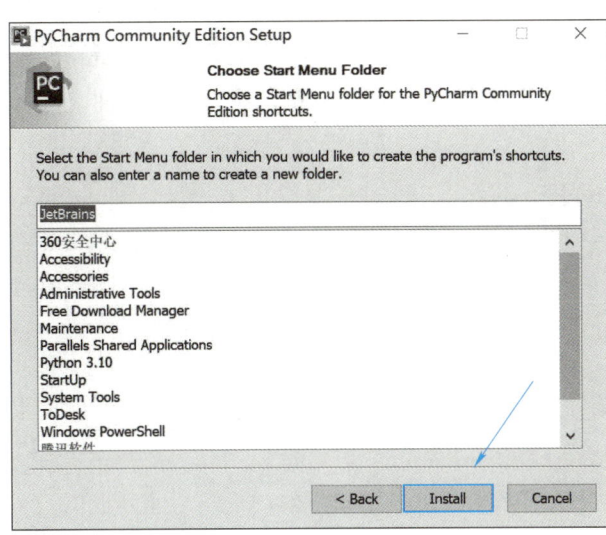

图1-21　安装PyCharm

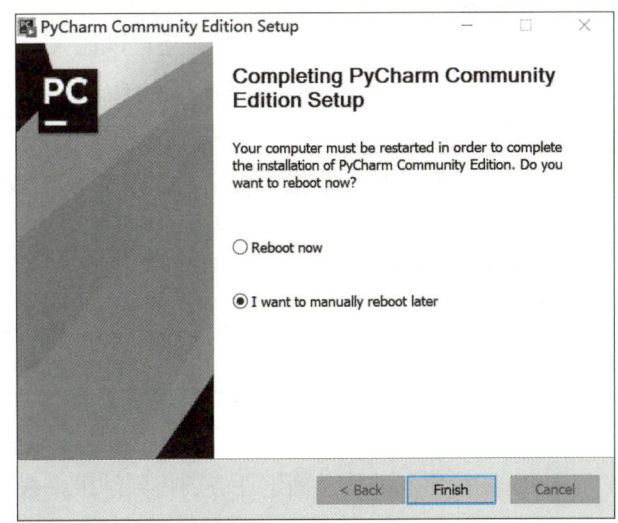

图1-22　PyCharm安装完成

任务记录

搭建Python开发环境，并检测环境搭建是否成功。

— 13 —

任务记录表

任务名称		任务日期	
姓　　名		学　　号	

任务实施过程记录（对本任务的实施步骤和错误操作进行记录）：

任务总结（对本任务的难点和问题进行记录，如完成任务过程中遇到的问题、解决问题的思路、解决问题的方法和学到的内容等）：

任务评价（教师填写）：

任务2　开发第一个Python程序

🡒 任务描述

在日常生活中，按照一定的程序和步骤做好各项工作，有助于提高效率和工作质量。规范流程不仅可以帮助人们有效地完成日常工作，还可以让人们更好地理解事物之间的联系，从而更好地把握事物的发展规律。学习Python程序的开发流程和编码规范，可以使代码更优雅、清晰，提高代码的可读性，降低Python程序的维护难度。

本任务将带领大家使用PyCharm开发第一个Python程序。

🡒 知识准备

一、Python程序的开发流程

Python程序的开发从确定任务到得到结果一般要经历五个步骤，如图1-23所示。

图1-23　Python程序开发流程图

需求分析：对要解决的问题进行详细分析，弄清楚问题的要求，包括需要输入什么数据、要得到什么结果、最后应输出什么等。

算法设计：设计出解决问题的方法和具体步骤。

编写程序：按照Python语法规定，利用文本编辑器或集成开发环境编写Python程序，生成Python源文件（*.py）。

运行程序：Python解释器解释并执行源文件，得到运行结果。

编写程序说明书：如同正式的产品都有产品说明书一样，正式提供给用户使用的程序，也必须向用户提供程序说明书。

二、Python的编码规范

任何一种编程语言都有一些约定俗成的编码规范，Python也不例外。下面介绍一些常见的Python编码规范。

1．注释

为了提高程序的可读性，源程序都应加上必要的注释。Python允许有多种注释方式，常用的有单行注释和多行注释。

1）单行注释：在所需注释的行前面加上英文"#"号，或者用光标选中所需注释的行，按快捷键<Ctrl+/>进行注释。单行注释也可以放在一行中的其他内容的右侧，以"#"开始以后的内容为注释。例如：

```
# 程序开始
print('hello Python')    #这是单行注释
```

2）多行注释：以三重引号（单引号或双引号）开始，同样以三重引号结束可以进行多行注释。也可以按住鼠标左键，选中所需注释的全部行，再按<Ctrl + />快捷键。例如：

```
'''
print("Hello Python")
print("Hello Python")
print("Hello Python")
'''
print("Python多行注释符：3对单引号已成功注释")
"""
print("Hello Python")
print("Hello Python")
print("Hello Python")
"""
```

2．缩进

Python极为独特的一点就是可以依靠代码块的缩进来体现代码之间的逻辑关系。例如，对于选择结构来说，行尾的冒号以及下一行的缩进表示一个代码块的开始，而缩进结束则表示一个代码块的结束。

在Python中最好使用4个空格进行悬挂式缩进，并且同一级别的代码块的缩进量必须相同。例如：

```
x = 10              #x赋值为10
y = 20              #y赋值为20
if x > y:           #如果x大于y
    print(x)        #输出x的值
else:               #如果x小于等于y
    print(y)        #输出y的值
```

> **特别提醒**
> 在Python中使用缩进时不提倡使用<Tab>键，更不要将<Tab>键和空格混用。

3. 语句换行

Python建议每行代码的长度不要超过80个字符。对于过长的代码建议进行换行。换行有以下两种方式：

1）可以在行尾使用续行符"\"来表示下面紧接的一行仍属于当前语句。例如：

```
test = 'https://www.python.'\
       'org/downloads/'\
       'windows/'
```

上面的代码等价于下面的语句：

```
test = 'https://www.python.org/downloads/windows/'
```

2）根据Python会将圆括号中的行隐式连接起来这个特点，可以使用圆括号包含多行内容。例如，上述语句又可用以下形式表示：

```
test = ('https://www.python.'
        'org/downloads/'
        'windows/')
```

4. 使用必要的空格与空行

使用必要的空格与空行增强代码的可读性。一般来说，运算符两侧、函数参数之间、逗号后面建议使用空格进行分隔。而不同功能的代码块之间、不同的函数定义以及不同的类定义之间则建议增加一个空行以提高程序的可读性。

任务实施

下面介绍使用PyCharm编写和运行第一个Python程序的方法。

使用PyCharm编辑器编写Python程序可分为以下几个步骤：

步骤一： 运行PyCharm，选择"New Project"，创建一个新的Python项目，名字为MyFirstProgram，如图1-24所示。在打开的"Create Project"对话框中添加项目相关信息。Location表示该项目的保存路径，Base interpreter用来指定Python解释器的版本。在"New environment using"下拉列表中选择默认的"Virtualenv"选项，在"Base interpreter"中选择Python安装目录下的python.exe，取消勾选"Create a main.py welcome script"复选框，然后单击"Create"按钮。

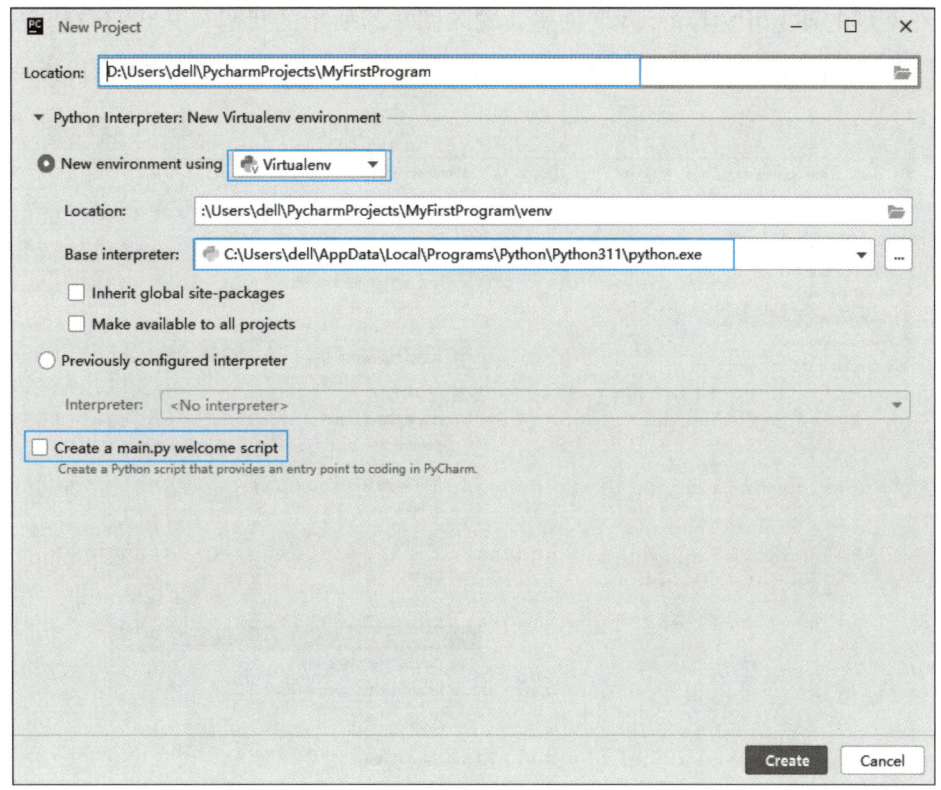

图1-24　配置新项目环境

> **知识链接**
>
> Virtualenv是一个虚拟环境管理器，它可以创建多个虚拟环境，为不同项目提供独立的Python运行环境，以解决不同项目间多版本的冲突问题。在不继承全局安装包的情况下，在Virtualenv环境中安装所需包时，会自动安装到该虚拟环境下，不会对其他项目环境有任何影响。

步骤二：右击项目，在菜单栏中选择"New"→"Python File"命令，新建一个Python文件，如图1-25所示。

步骤三：在弹出的对话框中输入主文件名为"HelloPython"，再按<Enter>键，就创建了一个扩展名为.py的Python程序文件（扩展名自动添加），如图1-26所示。

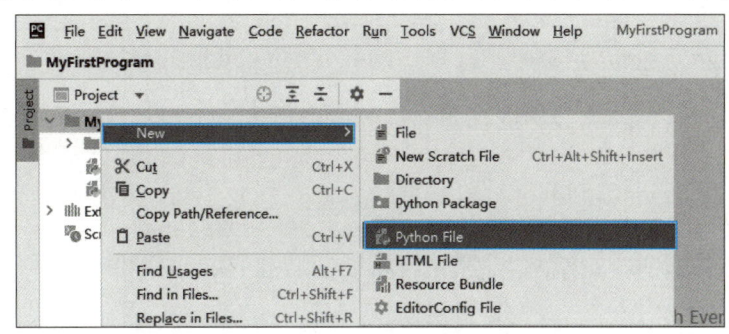

图1-25　新建Python文件

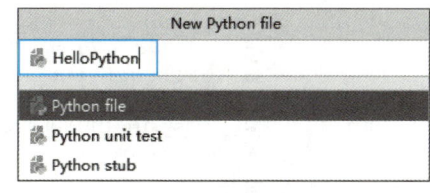

图1-26　命名文件

> **知识链接**
>
> Python程序的源文件扩展名为".py"。如果要在PyCharm的项目中导入已经编写好的源文件，可以将源文件放到项目文件夹的根目录下，这样源文件可显示在项目中。

步骤四： 在新建的HelloPython.py文件里，输入图1-27所示的代码，并在空白处右击选择"Run' HelloPython'"命令，表示输出一段"Hello Python"字符串。运行成功后，Run窗口将显示运行结果，如图1-28所示。

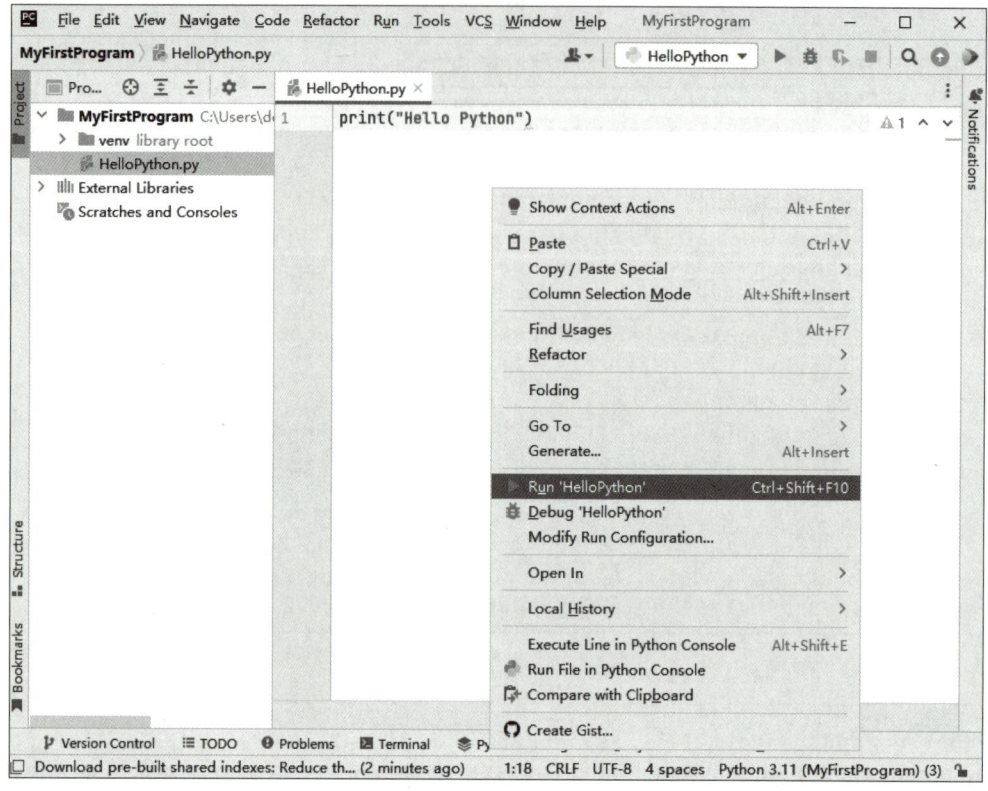

图1-27 编写程序

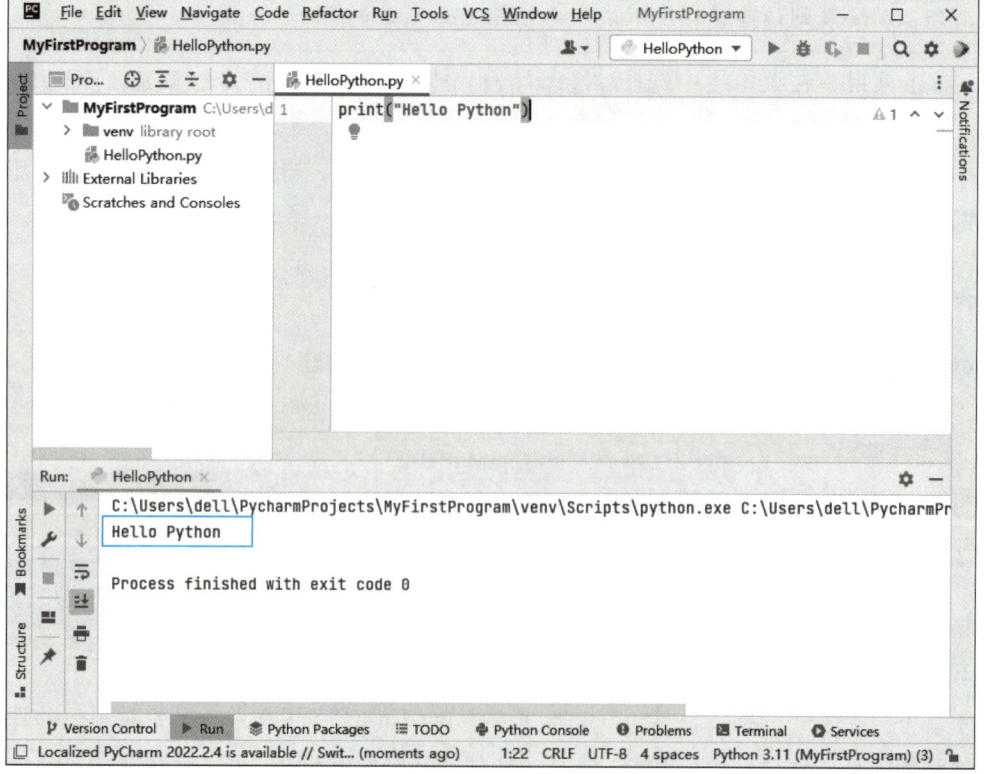

图1-28 运行"HelloPython"示例

除了可以在PyCharm中的代码区域编辑代码之外，还可以通过工具栏中的Python Console（Python交互式模式）直接输入代码并执行，可以立刻得到结果。读者可以通过单击"Tools"→"Python or Debug Console"命令（或者单击PyCharm窗口下方工具栏中的"Python Console"选项卡，如图1-29所示）打开Python Console窗口，使用">>>"形式的交互模式，如图1-30所示。在本书中，正文示例和任务实施部分的代码均使用代码区域或交互式模式进行编写。

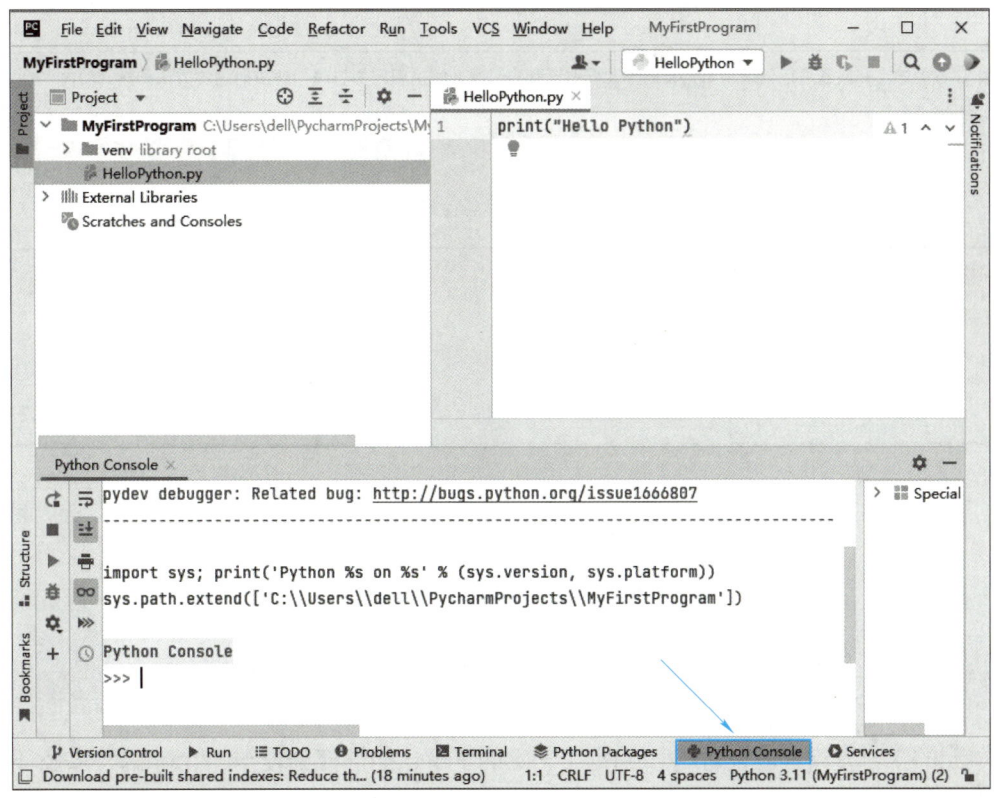

图1-29　单击下方工具栏中的"Python Console"选项卡

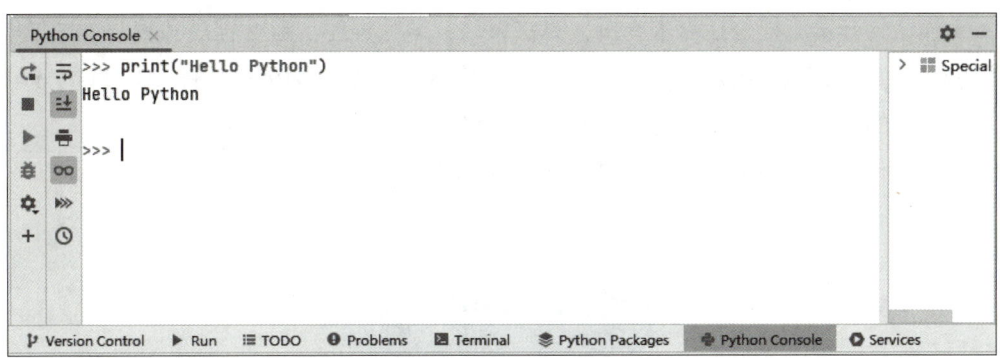

图1-30　Python交互式模式

任务记录

使用PyCharm开发第一个Python程序。

任务记录表

任务名称		任务日期	
姓　　名		学　　号	

任务实施过程（对本任务的实施步骤和错误操作进行记录）：

任务总结（对本任务的难点和问题进行记录，如完成任务过程中遇到的问题、解决问题的思路、解决问题的方法和学到的内容等）：

任务评价（教师填写）：

单元小结

本单元主要介绍了Python的产生与发展、Python的应用领域、语言特点、开发工具、开发流程和编码规范。

通过本单元的学习，读者应该对Python有了一定的了解，能够充分理解Python的特点及环境搭建，可以熟练地搭建Python开发环境，使用PyCharm编写并运行简单的Python程序。读者应重点掌握以下内容：

1）Python语言具有简单易学、免费开源、解释性、可移植性、可扩展性、面向对象和类库丰富等特点。

2）Python程序的开发流程包括需求分析、算法设计、编写程序、运行程序和编写程序说明书。

3）使用PyCharm开发Python程序的一般步骤为：新建项目→新建Python文件→编写代码→运行程序。

4）Python常用的注释方式包括单行注释和多行注释两种。

5）Python依靠代码块的缩进来体现代码之间的逻辑关系。

习　题

1．使用PyCharm编写并运行一个简单的Python程序，在控制台输出"这是我的第一个Python程序！"。

2．将第1题的Python程序在命令行模式下运行。

单元 2

语法基础

单元导读

　　Python作为一种面向对象的高级程序设计语言，在编写时具有严格的语法规范，学习Python程序设计前首先需要熟悉并掌握其语言元素的使用方法。如何将信息存储到Python中？该如何进行一些算术和逻辑运算？

　　本单元将详细介绍Python中的一些基本语法规则，如基本数据类型、变量与关键字，常用的运算符与使用方法，以及基本的输入与输出功能。

单元目标

素质目标
- 增强规范意识，养成良好的编程习惯。
- 培养解决实际问题的能力。
- 培养创新精神和实践能力。
- 做有理想、敢担当、能吃苦、肯奋斗的新时代青年。

知识目标
- 了解Python的基本语法规则。
- 了解Python中的变量和变量类型。
- 了解Python中的标识符，能准确判断标识符的合法性。
- 了解Python中的关键字，会借助工具查看关键字信息。
- 掌握Python的输入输出功能。
- 理解并掌握Python的常用运算符。

> 🎯 能力目标
> - 能够将现实生活中的信息通过变量在Python程序中显示。
> - 能够正确判断变量所要用的数据类型，实现学生信息的录入与打印。
> - 能够通过Python运算符进行不同类型的数值运算，实现表达式的变身。
> - 能够在Python中完成基本的输入输出，开发记事本程序。

任务1 实现学生信息的录入与打印

↗ 任务描述

在电子信息时代，面对庞大复杂的数据，人们通过计算机技术将其存储进计算机和网络中。对于每年新增的学生信息，学校需要遵循一定的规范将其录入信息系统，这样才能更好地进行信息的查询和打印。

本任务将带领大家编写Python程序，实现学生信息的录入与打印。

↗ 知识准备

一、Python语法规则

Python语法规则是指编写Python程序时所要遵循的规则，下面针对几种常见的规则进行说明。

1. 缩进

缩进常指文本与页面边界之间的距离，在Python中，缩进的语法规则如下：

1）在类定义、函数定义、选择结构、循环结构、异常处理结构、with块中，行尾的冒号表示缩进的开始。

2）Python程序是依靠代码块的缩进来体现代码之间的逻辑关系的，缩进结束就表示一个代码块结束了。

3）同一个级别的代码块的缩进量必须相同。

4）一般而言，以4个空格为基本缩进单位。

在下面的代码块中，第一个单词for是顶着页面边界写的，与边界间没有空格，在第一行末尾有个冒号表示缩进的开始，之后的2~4行距离页面边界均有空格，2~4行相较于第一行的缩进便表示在逻辑关系上，其隶属于第一行所表示的代码块，同理，第三行较之第二行更进一步缩进，那么第三行代码在逻辑上是隶属于第二行代码的。

```
for i in range(10)：
    if(i>5)：              # 4个空格缩进
        print(i*2)        # 8个空格缩进
    print(i)              # 4个空格缩进
```

若代码的缩进没有按照要求使用，那么代码在运行时会提示无法识别语句或直接显示语法错误，例如将上方代码块中的最后一行多添加一个空格,那么这句语句便找不到相应的级别,从而无法运行。

```
for i in range(10):
    if(i>5):                    # 4个空格缩进
        print(i*2)              # 8个空格缩进
     print(i)                   # 5个空格缩进
```

将上方代码执行后,会因为缩进不一致从而出现图2-1所示的提示信息。

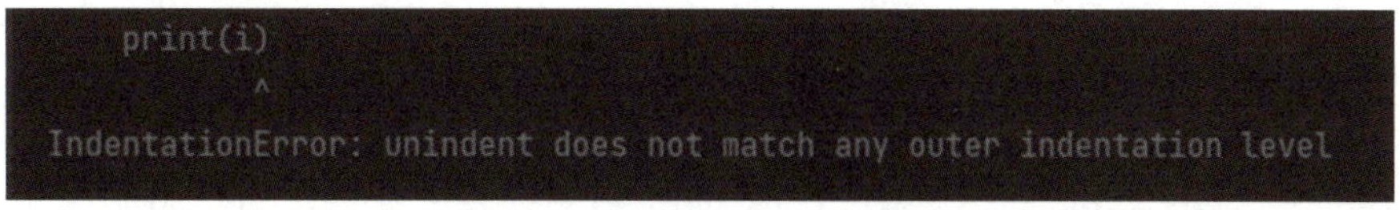

```
    print(i)
    ^
IndentationError: unindent does not match any outer indentation level
```

图2-1 缩进不一致后的提示信息

2. import语句

通过程序可以实现多种多样的功能,像一些精密的科学运算、图像处理等,想要实现这些功能就需要编写相应的功能语句。

在Python中不同的功能语句常分布在不同的模块中,例如负责科学运算的语句在一个库中,负责图像处理的语句则在另一个库中,使用这些功能语句时需要先将其所在的库导入。导入语句便是import语句。

每个import语句只导入一个模块,最好按标准库、扩展库、自定义库的顺序依次导入,如下面的代码块所示。

```
import csv
import random
import datetime
import pandas as pd
import matplotlib.pyplot as plt
```

一些常用标准库见表2-1,常用扩展库见表2-2。

表2-1 常用标准库

标 准 库	说 明
builtins	内建函数默认加载
os	操作系统接口
sys	Python自身的运行环境
functools	常用的工具
json	编码和解码JSON对象
logging	记录日志,调试
multiprocessing	多进程
threading	多线程
copy	复制
time	时间
datetime	日期和时间
calendar	日历
hashlib	加密算法

(续)

标 准 库	说 明
random	生成随机数
re	字符串正则匹配
socket	标准的BSD Sockets API
shutil	文件和目录管理
glob	基于文件通配符搜索

表2-2 常用扩展库

扩 展 库	说 明
requests	使用的是urllib3,继承了urllib2的所有特性
urllib	基于HTTP的高层库
scrapy	爬虫
beautifulsoup4	HTML/XML的解析块
celery	分布式任务调度模块
redis	缓存
Pillow(PIL)	图像处理
xlsxwriter	仅写Excel功能,支持xlsx
xlwt	仅写Excel功能,支持xlsx,2013或更早的Office版本
xlrd	仅读Excel功能
elasticsearch	全文搜索引擎
pymysql	数据库连接库
mongoengine/pymongo	MongoDB Python接口
matplotlib	画图
numpy/scipy	科学计算
django/tornado/flask	Web框架
xmltodict	XML转Dict
SimpleHTTPServer	简单的HTTP Server,不使用Web框架
gevent	基于协程的Python网络库
fabric	系统管理
pandas	数据处理库
scikit-learn	机器学习库

3. 代码优化

代码有序整齐不仅可读性高,也便于程序员理解程序的运行逻辑。有关代码优化的建议主要有:在每个类、函数定义和一段完整的功能代码之后增加一个空行;在运算符两侧各增加一个空格;在逗号后面增加一个空格等。示例代码如下所示。

```
def buttonStartClick():
    print("点击按钮")
    ...

def buttonStopClick():
    print("停止按钮")
    ...

def buttonResetClick():
    print("重置按钮")
    ...
```

上面的代码块中，每个函数之间均有空格隔开，使代码看起来更为整洁。

若语句超过屏幕宽度，最好使用续行符"\"，或者使用圆括号将多行代码括起来表示是一条语句。

对于复杂的表达式，建议在适当的位置加上括号，使得各种运算的隶属关系和顺序更加明确、清晰。示例代码如下所示。

```
age = 24
subject = "计算机"
college = "非重点"
if (age>25 and subject=="电子信息工程") or \
   (college=="重点" and subject=="电子信息工程" ) or\
   (age<=28 and subject=="计算机"):
    print("恭喜，你已获得我公司的面试机会!")
else：
    print("抱歉，你未达到面试要求")
```

上面的代码块中，if后的判断条件较多，全写在一行会超过屏幕的宽度，此时通过续行符"\"将语句拆分为3部分，分开写在3行，并将每一部分都使用括号括住，提高了代码的可读性。

4．注释

计算机并不识别与运算注释的内容，仅供编写者观看。可以把一些语句语法、语句功能、代码修改时间等各种信息通过注释的方式写入代码中，起到提示的作用，同时也能帮助之后接手程序的编程人员更好地理解代码，提高程序的可读性。前文已介绍了单行注释和多行注释的方法，下面分别通过例2-1和例2-2演示注释的使用。

例2-1 使用单行注释。

```
name = input(' 请输入学生的姓名：')
#input() 是输入函数，提示用户输入学生姓名
sno = input(' 请输入学生的学号：')
#input() 是输入函数，提示用户输入学生学号
```

执行程序，运行结果如下所示。

```
请输入学生的姓名：王小美
请输入学生的学号：001
```

从程序的运行结果中，可以看到"#"号后面的内容都没有显示出来。这是因为它们被注释了，所以并没有被执行。

例2-2 使用多行注释。

```
name = input(' 请输入学生的姓名 ：')
# 使用多行注释开始
"""
sno = input(' 请输入学生的学号 ：')
#这里是单行注释
sex = input(' 请输入学生的性别 ：')
"""
#多行注释结束
print(' 学生姓名是：', name)
```

执行程序，运行结果如下所示。

请输入学生的姓名：王小美
学生姓名是：王小美

从程序的运行结果中，可以看到被三引号包含的内容全部都没有执行，这是因为它们被注释了。同时也可以发现，多行注释是可以包含单行注释的。

二、基本数据类型

1. 常用内置对象

对象是Python语言中最基本的概念，Python中的对象有内置对象、标准库对象和扩展库对象。内置对象可以直接使用，如数字、字符串、元组、列表、字典等；标准库对象需要导入之后才能使用，如正弦函数sin(x)，随机数产生函数random( )等；扩展库对象则需要先安装相应的扩展库然后才能导入并使用。

一些常用的内置对象见表2-3。

表2-3 常用内置对象

对象类型	类型名称	示 例	简要说明
数字	int float complex	1234 3.14,1.3e5 3+4j	数字大小没有限制，内置支持复数及其运算
字符串	str	'swfu',"student",' ' 'Python' ' ',r'abc',R'bcd'	使用单引号、双引号、三引号作为定界符，以字母r或R引导的表示原始字符串
字节串	bytes	b'hello world'	以字母b引导，可以使用单引号、双引号、三引号作为定界符
列表	list	[1,2,3] ['a','b',['c',2]]	所有元素放在一对方括号中，其中的元素可以是任意类型
元组	tuple	(2,−5,6),(3,)	不可变，所有元素放在一对圆括号中 如果元组中只有一个元素，后面的逗号不能省略
字典	dict	{1:'food',2:'taste',3:'import'}	所有元素放在一对大括号中 元素形式为"键：值"

(续)

对象类型	类型名称	示例	简要说明
集合	set	{'a','b','c'}	所有元素放在一对大括号中 元素不允许重复
布尔型	bool	True,False	逻辑值、关系运算符、成员测试运算符、同一性测试运算符组成的表达式的值一般为True或False
空类型	NoneType	None	空值
异常	Exception ValueError TypeError		Python内置大量异常类，分别对应不同类型的异常
文件		f=open('data.dat','rb')	open是Python的内置函数，使用指定的模式打开文件，返回文件对象
其他可迭代对象		生成器对象、range对象、zip对象、enumerate对象、map对象、filter对象等	具有惰性求值的特点 除range对象之外，其他对象中的元素只使用一次
编程单元		函数（使用def定义） 类（使用class定义） 模块（类型为module）	类和函数都属于可调用对象 模块用来集中存放函数、类、常量或其他对象

2. 数值

Python中的数值类型包含整型、浮点型和复数类型。

（1）整型

在Python中，只有一种整数类型，不再对整型和长整型进行区分。英文表示为integer，简写为int，可以表示正数、负数和零。Python的整数类型与其他语言表示的整数类型不相同，Python整型能表示的数值仅与机器支持的内存大小有关。

Python中整型的表示方法和数学上一样，可以采用二进制、八进制、十进制、十六进制等，整数的不同进制表示见表2-4。

表2-4 整数的不同进制表示

进制	基本数	特点	示例
十进制	0,1,2,3,4,5,6,7,8,9	十进一	118
二进制	0,1	二进一	0b1110110
八进制	0,1,2,3,4,5,6,7	八进一	0o166
十六进制	0,1,2,3,4,5,6,7,8,9 A,B,C,D,E,F	十六进一	0x76

在生活中常用十进制，十进制以10为基数，用0～9表示，满足"逢十进一"的进位规则和"借一当十"的借位规则。

在计算机中，大多数情况下采用二进制，因为计算机将任何事物都表示成0和1组成的代码串。二进制以2为基数，用0b前缀和0、1表示，满足"逢二进一"的进位规则和"借一当二"的借位规则。例如，十进制的10采用二进制表示为00001010。

八进制以8为基数，用0o前缀和1～7表示，满足"逢八进一"的进位规则和"借一当八"的借位规则。例如，十进制的10采用八进制表示为12。计算方法是将10转换为二进制数00001010，再将二进制数三位组合，00001010为012。

十六进制以16为基数，用0x前缀和0~9、A~F表示，满足"逢十六进一"的进位规则和"借一当十六"的借位规则。例如，十进制的10采用十六进制表示为A。计算方法是将10转换为二进制数00001010，再将二进制数四位组合，00001010为0A。

（2）浮点型

浮点型数据一般指平时所用到的一些带小数点的小数，浮点型由整数部分与小数部分组成。Python中的浮点类型有两种表示形式：十进制和科学记数法。

十进制数形式由数字0~9和小数点组成，且必须有小数点，因此，在十进制表示形式下，浮点型数据被称为小数，如0.123、12.85、26.98等；科学记数法形式由十进制数加阶码标志e或E以及阶码（只能为整数，可以带符号）组成，在科学记数法表示形式下，该类型数据被称为浮点数。例如，把10用e替代，2.34×10^9就是2.34e9，或者23.4e8；0.0000023可以写成2.3e-6等。浮点数可以采用十进制表示也可以采用科学记数法表示，但是对于很大或很小的浮点数，就必须用科学记数法表示。在使用科学记数法时，e或E之前必须有数字，且e或E后面的指数必须为整数。一些浮点型数据的示例如下所示。

```
3.1415      #十进制计数法
-3.1415     #十进制计数法
2.34e9      #科学计数法
2.3e-2      #科学计数法
```

知识链接

整数和浮点数在计算机内部存储的方式是不同的。整数运算永远是精确的，而浮点数运算则可能会有四舍五入的误差。在Python中，每个浮点数占8B，它能表示的数值范围是-1.8^{308}~1.8^{308}。

（3）复数

复数是一个实数和虚数的组合，一个复数是一对有序浮点型（x，y），表示为x+yj，其中，x是实数部分，y是虚数部分。复数在科学计算中得到广泛应用，但是在使用过程中需要注意：

1）虚数不能单独存在，它总是和一个值为0.0的实数部分构成一个复数。

2）复数由实数部分和虚数部分构成。

3）实数部分和虚数部分都是浮点型。

4）虚数部分后面必须有j或J。

复数示例如下所示。

```
64.23+1j
-1.23-3.5j
```

3. 字符串

（1）字符串表示

字符串作为Python中常用的数据类型，拥有多种定义形式，可通过单引号、双引号和三引号（三个连续的单引号或者双引号）来表示文本信息。单引号与双引号定义的字符串必须在一行，三引号定义的字符串则可以分布在多行。

例2-3 打印字符串。

```
# 通过单引号表示字符串
print('python')
# 通过双引号表示字符串
print("python")
#通过三引号多行表示字符串
print("""py
thon""" )
```

执行程序，运行结果如下所示。

```
python
python
py
thon
```

' '或" "本身作为定界符，不是字符串的一部分，因此在字符串"python"中的字符为python。若想在输出的字符中包含字符'，则可以通过不同的定界符即" "或""" """来将其括起来。若输出的字符中包含与定界符相同的字符，则需要使用转义字符\来标识。示例代码如下所示。

```
print("'python'")       # 在双引号定界符中输出字符单引号
print('"python"')       # 在单引号定界符中输出字符双引号
print("\"python\"")     # 通过转移字符 \ 解除里面引号的作用
```

执行程序，运行结果如下所示。

```
'python'
"python"
"python"
```

（2）字符串运算符

在字符串中，可通过一些特定的运算符对其进行处理，从而完成某些功能。相应的运算符及功能描述见表2-5。

表2-5　字符串运算符

运 算 符	功 能 描 述
+	字符串连接
*	重复输出字符串
[]	通过索引获取字符串中字符
[:]	截取字符串中的一部分
in	成员运算符，如果字符串中包含给定的字符则返回True
not in	成员运算符，如果字符串中不包含给定的字符则返回True
r/R	原始字符串，所有的字符串都是直接按照字面的意思来使用，没有转义特殊或不能打印的字符

例2-4 使用字符串运算符。

```
a = 'Hello'
b = 'Python'
print(a+b)
print(a*2)
print(a[1])
print(a[1:4])
print("H" in a)
print("M" not in a)
print(R'he\nllo')
```

执行程序,运行结果如下所示。

```
HelloPython
HelloHello
e
ell
True
True
he\nllo
```

(3) 字符串方法

Python作为面向对象的语言,每个对象都有着相应的方法,字符串也是一样。常用的字符串方法见表2-6。

表2-6 字符串方法

方 法 名	作 用
split()	通过分隔符对指定的字符串进行分割
repalce()	对字符串中的指定内容进行替换
strip()	返回去除两侧(不包括内部)空格的字符串
format()	字符串格式化

例2-5 使用字符串方法。

```
a = 'www.baidu.com'
print(a.split('.'))

a = 'There is apples'
b = a.replace('is','are')
print(b)

a = ' python is cool '
print(a.strip())

a = '{} is my love'.format('Python')
print(a)
```

执行程序,运行结果如下所示。

```
['www', 'baidu', 'com']
There are apples
python is cool
Python is my love
```

4. 布尔类型

布尔类型是一种特殊的整型，它只有True（真）和False（假）两个值，分别对应整数1和0。每一个Python对象都具有布尔值（True或False）。布尔值默认为False的对象见表2-7。

表2-7 布尔值默认为False的对象

序　号	对　　象
1	None
2	False（布尔型）
3	0（整型 0）
4	0L（长整型 0）
5	0.0（浮点型 0）
6	0.0+0.0j（复数 0）
7	" "（空字符串）
8	[ ]（空列表）
9	( )（空元组）
10	{ }（空字典）

布尔类型常用于逻辑运算。

例2-6 使用布尔值。

```
a = True                        # 表示逻辑值为真
if(a):                          # 进行逻辑判断，若为真，执行之后语句
    print("逻辑为真时执行的操作")
else:                           # 若不为真，执行之后语句
    print("逻辑为假时执行的操作")
```

执行程序，运行结果如下所示。

```
逻辑为真时执行的操作
```

5. 列表类型

列表是Python中使用较为频繁的数据类型之一，它可以放置任意数量、任意类型的数据，这些数据被称为元素。列表中的元素用中括号[ ]括起来，用逗号分隔不同的元素，元素的个数和值可以随意修改。列表类型的格式如下所示。

```
list = [ 元素1，元素2，元素3]
```

由于列表中的元素可以是任意类型的数据，所以列表中的元素可以是整型，也可以是字符串类型，还可以是列表类型。嵌套列表的格式如下所示。

```
list=[ 元素 1, '元素 2',[ 元素3，元素4 ]]
```

可以发现，列表类型可以很好地存储序列类的基本信息，像学生信息（学号、姓名、成绩），职工信息（工号、姓名、工资）等，下面通过例2-7演示列表的使用。

例2-7 创建列表类型数据。

```
stu1_list = ['10001','张勇','男',85.5]      #将张勇的信息存入列表stu1_list
stu2_list = ['10002','李莉','女',90.0]      #将李莉的信息存入列表stu2_list
stu3_list = ['10003','王军','男',89.5]      #将王军的信息存入列表stu3_list
print(stu1_list)                            #打印列表stu1_list的值
print(stu2_list)                            #打印列表stu2_list的值
print(stu3_list)                            #打印列表stu3_list的值
```

执行程序，运行结果如下所示。

```
['10001', '张勇', '男', 85.5]
['10002', '李莉', '女', 90.0]
['10003', '王军', '男', 89.5]
```

6. 元组类型

Python的元组与列表类似，所以元组也被称为不可修改的列表。但是需要注意的是，元组的元素不能修改，元组的元素用小括号（）括起来。元组类型的格式如下所示。

```
tuple = (元素1，元素2，元素3)
```

由于元组中的元素可以是任意类型的数据，所以元组中的元素可以是整型，也可以是字符串类型，还可以是元组类型。嵌套元组的格式如下所示。

```
tuple = (元素1，'元素2'，(元素31，元素32))
```

同样可以使用元组类型来表示一些序列信息。

例2-8 创建元组类型数据。

```
stu1_tuple = ('10001','张勇','男',85.5)     #将张勇的信息存入列表stu1_tuple
stu2_tuple = ('10002','李莉','女',90.0)     #将李莉的信息存入列表stu2_tuple
stu3_tuple = ('10003','王军','男',89.5)     #将王军的信息存入列表stu3_tuple
print(stu1_tuple)                           #打印列表stu1_tuple的值
print(stu2_tuple)                           #打印列表stu2_tuple的值
print(stu3_tuple)                           #打印列表stu3_tuple的值
```

执行程序，运行结果如下所示。

```
('10001', '张勇', '男', 85.5)
('10002', '李莉', '女', 90.0)
('10003', '王军', '男', 89.5)
```

7. 字典类型

字典是Python中的映射数据类型，由"键—值"对组成。字典可以存储任意类型的元素，其用花括号{ }括起来。字典的每个键值key=>value对用冒号":"分隔，每个键值对之间用逗号","分隔。字典类型的格式如下所示。

```
dict = {键1：值1，键2：值2，键3：值3}
```

由于字典中的元素可以是任意类型的数据，所以字典中的元素可以是整型，也可以是字符串类型，还可以是字典类型。字典嵌套字典的格式如下所示。

dict = { 键 1：值 1, 键 2：值 2, { 键 31：值 31, 键 32：值 32}}

使用字典类型存储数据最大的优点是查找速度快。例如，在学生信息中，要实现根据学生姓名来查找成绩，采用列表形式时需要两个列表，其中一个列表的作用是存放学生姓名，还需要一个列表存放学生的成绩。如果采用字典形式，则只需要一个字典类型。

例2-9 创建字典类型数据。

```
# 列表形式
names_list = ['张勇', '李莉', '王军']
scores_list = [85.5,90,0,89.5]
# 字典形式
d = {'张勇'：85.5, '李莉'：90.0, '王军'：89.5 }
```

本例代码中，在list中给定一个名字，要查找对应的成绩，先要在names_list中找到该名字对应的位置，再从scores_list中取出对应的成绩，list越长，耗时越长。在字典中，只需要一个"名字"-"成绩"的对照表，就可以直接根据名字查找成绩，无论这个表有多大，查找速度都不会变慢。

三、变量

变量是指在程序运行过程中，能够储存计算结果或能表示值的量。通俗地讲，变量是在程序运行过程中记录数据用的。

1. 变量定义

在Python中，变量主要由变量名、变量值、变量赋值三部分组成。其中变量名也就是变量本身，每一个变量都有自己的名称；变量值为每一个变量其本身存储的值；变量赋值即通过等号将等号右侧的值赋给等号左侧的变量。因此，变量可以表示为如下格式：

变量名 = 变量值

每个变量在使用前必须赋值，变量赋值之后该变量才会被创建。在定义变量之后，后续可直接使用变量名进行相关操作。因此，变量名在首次出现的时候表示定义变量，之后出现表示变量的使用。

例2-10 变量的定义与使用。

```
name = "小明"              #name首次出现,此处为定义变量,name为变量名
print("学生的姓名是：",name) #name第二次使用,此处为使用变量name
```

执行程序，运行结果如下所示。

学生的姓名是： 小明

2. 变量的命名

现实生活中，任何一个实体都有名字，以便进行相应操作。同样，现实实体在Python程序中也应该有其相对应的名字，这个"名字"就被称为变量名。

例2-11 变量名的示例代码如下所示。

```
name      # 这是一个变量名，在系统中表示姓名
age       # 这是一个变量名，在系统中表示年龄
pinyin    # 这是一个变量名，在系统中表示学生姓名的拼音
sex       # 这是一个变量名，在系统中表示性别
sno       # 这是一个变量名，在系统中表示学号
tel       # 这是一个变量名，在系统中表示电话号码
email     # 这是一个变量名，在系统中表示邮箱地址
scores    # 这是一个变量名，在系统中表示成绩
```

如上所示，name、age、sex、scores等都是变量名，它们分别对应系统中姓名、年龄、性别、成绩等实体的名字。同样，如果需要计算学生的平均成绩，也可以定义一个新的变量名，比如ave。具体定义什么变量名，需要编程人员自行决定，但要尽量做到见名知意。

当定义好变量名之后，这些变量名相当于外壳，而使用时需要的是外壳里的内容。例如，想获取某个学生的姓名，需要的不是name变量名，而是name变量所代表的内容。在Python中变量所代表的内容称为"值"，对变量的引用进行操作，其实是对变量所代表的具体内容进行操作。

例2-12 变量值示例代码如下所示。

```
'1008610015'     # 这是一个值，字符串类型
王小美            # 这是一个值，中文字符串
True             # 这是一个值，布尔类型
64.0             # 这是一个值，浮点类型
64               # 这是一个值，整型类型
```

在Python中，将变量名和值关联起来的操作称为变量赋值。比如：scores是一个变量名，64.0是一个值，那么变量名和值连接起来的过程就称为变量的赋值过程。该过程可以表述为scores=64.0。其中，"="是赋值符号，"="左边是变量，右边是值。

例2-13 变量的赋值。

```
name = '王小美'                # 将 '王小美' 赋给 name
sex = '女'                    # 将 女 赋给 sex
sno = '1008610015'            # 将 '1008610015' 赋给 sno
scores = 64.0                 # 将 64.0 赋给 scores
print('学生姓名是：', name)     #print() 是输出函数，将学生姓名输出到界面
print('学生性别是：', sex)      #print() 是输出函数，将学生性别输出到界面
print('学生学号是：', sno)      #print() 是输出函数，将学生姓名输出到界面
print('学生成绩是：', scores)   #print() 是输出函数，将学生成绩输出到界面
```

执行程序，运行结果如下所示。

```
学生姓名是：王小美
学生性别是：女
学生学号是：1008610015
学生成绩是：64.0
```

变量在使用前并不需要定义，但是必须声明以及初始化。同时，变量在赋值的那一刻完成了变量类型和值的初始化。

在Python中对变量进行命名时，需要遵循以下规则：

1）变量名只能由字母、数字或下划线的任意组合构成。
2）变量名的首字母为字母或下划线，不能是数字。
3）不能使用Python中的关键字作为变量名。
4）变量名区分英文字母的大小写，如student和Student是不同的变量。

例2-14 变量命名示例。

```
student              #变量名由字母组成，符合规则
studentNum           #变量名由大写字母与小写字母组成，符合规则
studentNum01         #变量名由大小写字母和数字组成，符合规则
studentNum_01        #变量名由字母，数字，下划线组成，符合规则
student Num01        #变量名中有空格，不合法
01student            #变量名首字符为数字，不合法
```

对于不合法的变量名，系统会如何处理？示例代码如下所示。

```
01age = 18
```

程序运行结果如下所示。

```
01age = 18
SyntaxError: invalid token
```

可以看到，当变量命名不合法时，系统会提供相应的报错提示。所以一定要遵循变量命名的规则，对Python变量进行正确命名。

3. 变量类型

Python属于强类型脚本语言，Python解释器会根据赋值或运算来自动推断变量类型。Python还是一种动态类型语言，变量的类型也是可以随时变化的。可以通过type( )函数来得到数据的类型，语法格式如下所示。

```
type(被查看类型的数据)
```

例2-15 查看变量类型。

```
x = 3                #为变量x赋值
print(type(x))       #通过type查看数据类型
x = 'hello world'    #修改变量x的值
print(type(x))       #打印变量x的数据类型
x = [1,2,3]          #修改变量x的值
print(type(x))       #打印变量x的数据类型
```

执行程序，运行结果如下所示。

```
<class 'int'>        #数据类型为整数类型
<class 'str'>        #数据类型为字符串类型
<class 'list'>       #数据类型为列表类型
```

4. 数据类型转换

在某些情况下得到的数据类型是固定的，而使用此变量时则需要另外一种数据类型。这时便需要对数

据类型进行转换。在Python中变量的数据类型在特定的场景下是可以相互转换的，如字符串转数字，数字转字符串等，常见的转换函数见表2-8。

表2-8　常见的转换函数

函　　数	说　　明
int(x)	将x转换为一个整数
float(x)	将x转换为一个浮点数
str(x)	将x转换为字符串

例2-16 数据类型转换。

```
num = 18
print(type(num),num)             #通过type查看数据类型
num = str(num)
print(type(num),num)
```

执行程序，运行结果如下所示。

```
<class 'int'> 18
<class 'str'> 18
```

> **知识链接**
>
> 任何数据类型都可以转换为字符串数据类型，但是字符串数据类型想要转换为数值类型时则需要该字符串中仅含有数字，当浮点数转换成整数时会丢失精度。

四、关键字

关键字是指Python语言中已经使用且具有特殊功能的标识符。为了避免冲突，不能使用关键字进行变量命名。

为了避免错用，可以通过代码查看Python中的关键字有哪些。

```
import keyword
print(keyword.kwlist)
```

Python中的每个关键字在Python中都有其特殊的含义，关键字说明见表2-9。

表2-9　关键字说明

关　键　字	含　　义
False	常量，逻辑假
None	常量，空值
True	常量，逻辑真
and	逻辑与运算
as	在import或except语句中给对象起别名
assert	断言，用来确认某个条件必须满足，可用来帮助调试程序
break	用在循环中，提前结束break所在层次的循环
class	用来定义类
continue	用在循环中，提前结束本次循环

(续)

关 键 字	含 义
def	用来定义函数
del	用来删除对象或对象成员
elif	用在选择结构中，表示else if的意思
else	可以用在选择结构、循环结构和异常处理结构中
expect	用在异常处理结构中，用来捕获特定类型的异常
finally	用在异常处理结构中，用来表示不论是否发生异常都会执行的代码
for	构造for循环，用来迭代序列或可迭代对象中的所有元素
from	明确指定从哪个模块中导入什么对象
global	定义或声明全局变量
if	用在选择结构中
import	用来导入模块或模块中的对象
in	成员测试
is	同一性测试
lambda	用来定义lambda表达式，类似于函数
nonlocal	用来声明nonlocal变量
not	逻辑非运算
or	逻辑或运算
pass	空语句，执行该语句时什么都不做，常用作占位符
raise	用来显式抛出异常
return	在函数中用来返回值，如果没有指定返回值，表示返回空值None
try	在异常处理结构中用来限定可能会引发异常的代码块
while	用来构造while循环结构
with	上下文管理，具有自动管理资源的功能
yield	在生成器函数中用来返回值

五、内置函数

Python提供了大量的内置函数，当进行开发编程时，可以直接调用这些内置函数来实现各种功能，完成需求。这些函数封装在内置模块中，并且进行了大量优化，具有非常快的运算速度，推荐优先使用。

Python中一些常用的内置函数见表2-10。

表2-10 常用的内置函数

函 数 名	作 用
abs(x)	返回数字x的绝对值或复数x的模
all(iterable)	如果对于可迭代对象中所有元素x都等价于True，则返回True；对于空的可迭代对象也返回True
any(iterable)	只要可迭代对象iterable中存在元素x使得bool(x)为True，则返回True；对于空的可迭代对象，返回False
ascii(obj)	把对象转换为ASCII码表示形式，必要的时候使用转义字符来表示特定的字符
bin(x)	把整数x转换为二进制串表示形式
bool(x)	返回与x等价的布尔值True或False

(续)

函 数 名	作 用
bytes(x)	生成字节串，或把指定对象x转换为字节串表示形式
callable(obj)	测试对象obj是否可调用。类和函数是可调用的，包含__call__()方法的类的对象也是可调用的
complex(real,[imag])	返回复数
chr(x)	返回Unicode编码为x的字符
delattr(obj, name)	删除属性，等价于del obj.name
dir(obj)	返回指定对象或模块obj的成员列表，如果不带参数则返回当前作用域内的所有标识符
divmod(x, y)	返回包含整商和余数的元组((x-x%y)/y, x%y)
enumerate(iterable[,start])	返回包含元素形式为(0,iterable[0]),(1, iterable[1]),(2,iterable[2]),…的迭代器对象
eval(s[,globals[,locals]])	计算并返回字符串s中表达式的值
exit()	退出当前解释器环境
filter(func, seq)	返回filter对象，其中包含序列seq中使得单参数函数func返回值为True的那些元素，如果函数func为None则返回包含seq中等价于True的元素的filter对象
float(x)	把整数或字符串x转换为浮点数并返回
globals()	返回包含当前作用域内全局变量及其值的字典
hash(x)	返回对象x的哈希值，如果x不可哈希，则抛出异常
help(obj)	返回对象obj的帮助信息
hex(x)	把整数x转换为十六进制串
id(obj)	返回对象obj的标识（内存地址）
input([提示])	显示提示，接收键盘输入的内容，返回字符串
int(x[,d])	返回浮点数（float）、分数（Fraction）或高精度实数（Decimal）x的整数部分，或把d进制的字符串x转换为十进制并返回，d默认为十进制
isinstance(obj class or type)	测试对象obj是否属于指定类型（如果有多个类型则需要放到元组中）的实例
len(obj)	返回对象obj包含的元素个数，适用于列表、元组、集合、字典、字符串以及range对象和其他可迭代对象
list([x])、set([x])、tuple([x])、dict([x])	把对象x转换为列表、集合、元组或字典并返回，或生成空列表、空集合、空元组、空字典
locals()	返回包含当前作用域内局部变量及其值的字典
map(func, *iterables)	返回包含若干函数值的map对象，函数func的参数分别来自于iterables指定的每个迭代对象
max(x)、 min(x)	返回可迭代对象x中的最大值、最小值，要求x中的所有元素之间可比较大小，允许指定排序规则和x为空时返回的默认值
next(iterator[, default])	返回可迭代对象x中的下一个元素，允许指定迭代结束之后继续迭代时返回的默认值
oct(x)	把整数x转换为八进制串
open(name[, mode])	以指定模式mode打开文件name并返回文件对象
ord(x)	返回1个字符x的Unicode编码
print()	基本输出函数
quit()	退出当前解释器环境
range([start,] end [, step])	返回range对象，其中包含左闭右开区间[start,end)内以step为步长的整数
reduce(func,sequence[,initial])	将双参数的函数func以迭代的方式从左到右依次应用至序列seq中的每个元素，最终返回单个值作为结果。在Python 2.x中该函数为内置函数，在Python 3.x中需要从functools中导入reduce函数再使用

(续)

函 数 名	作　用
reversed(seq)	返回seq（可以是列表、元组、字符串、range以及其他可迭代对象）中所有元素逆序后的迭代器对象
round(x [，小数位数])	对x进行四舍五入，若不指定小数位数，则返回整数
sorted()	返回排序后的列表
str(obj)	把对象obj直接转换为字符串
sum(x, start=0)	返回序列x中所有元素之和，返回start+sum(x)
type(obj)	返回对象obj的类型
zip(seq1 [，seq2 [...]])	返回zip对象

任务实施

现某学校的学生信息见表2-11，编写Python程序，实现学生信息的录入与打印。

表2-11　学生信息表

学　号	姓　名	性　别	联系电话	籍　贯
10010	赵浩	男	13500000000	河南郑州
10011	钱森	男	13800000000	河南三门峡
10012	孙羽	女	13300000000	山东泰安
10013	李明	女	18200000000	江苏无锡
10014	周泰	男	15500000000	安徽黄山

完成本任务需要设置不同的变量来分别存储学生的不同信息，例如对每一个学生都设置5个变量来分别存储他们的学号、姓名、性别、联系电话和籍贯信息。

1）定义用来存储5位学生信息的变量，并赋值。

2）利用print( )函数将学生信息打印出来。

核心代码如下所示。

```
# 学生1的信息
stu1_num = 10010
stu1_name = '赵浩'
stu1_sex = '男'
stu1_tel = 13500000000
stu1_city = '河南郑州'
# 学生2的信息
stu2_num = 10011
stu2_name = '钱森'
stu2_sex = '男'
stu2_tel = 13800000000
stu2_city = '河南三门峡'
# 打印学生的信息
print(stu1_num,stu1_name,stu1_sex,stu1_tel,stu1_city)
print(stu2_num,stu2_name,stu2_sex,stu2_tel,stu2_city)
```

完整实施代码见配套素材，最终执行程序，运行结果如下所示。

```
10010  赵浩  男  13500000000  河南郑州
10011  钱森  男  13800000000  河南三门峡
10012  孙羽  女  13300000000  山东泰安
10013  李明  女  18200000000  江苏无锡
10014  周泰  男  15500000000  安徽黄山
```

如果每个学生的信息都采用独立的变量存储，在面对大数据量时会使代码显得冗长，读者后期可尝试通过列表或元组（将在单元4详细介绍）的方式来存储学生的信息。

任务记录

编写Python程序，实现学生信息的录入与打印。

任务记录表

任务名称		任务日期	
姓　　名		学　　号	

任务实施过程记录（对本任务的实施步骤和错误操作进行记录）：

任务总结（对本任务的难点和问题进行记录，如完成任务过程中遇到的问题、解决问题的思路、解决问题的方法和学到的内容等）：

任务评价（教师填写）：

任务2　实现表达式的变身

任务描述

在工作或生活中难免会同时接到多项任务，这就需要对各项任务进行梳理，将各项任务按轻重缓急进行分类，重要的事情、紧急的事情先完成，这样既能保证条理清晰、有条不紊，又能保证高效率、高质量。同理，程序中的运算符也有优先级次序，当一个表达式有多个运算符出现时，应先算高优先级运算符连接的表达式，再算低优先级运算符连接的表达式。

本任务将带领大家编写Python程序，通过运算符的不同组合实现表达式的变身。

知识准备

一、运算符

1. 算术运算符

算术运算符是运算符的一种，一般用来处理四则运算，如加减乘除，还有取余运算、幂运算等。具体见表2-12。

表2-12 算术运算符

运算符	描述
+	加：两个对象相加
-	减：得到一个负数或者一个数减去另一个数
*	乘：两个数相乘或是返回一个被重复若干次的字符串
/	除：一个数除以另一个数
%	取余：返回除法的余数
**	幂：a**b为返回a的b次幂
//	取整除：一正一负时向下取整数

例2-17 使用算术运算符。

```
print(1+1)        #加法运算
print(1-1)        #减法运算
print(2*2)        #乘法运算
print(4/2)        #除法运算
print(9//2)       #整除运算
print(-9//2)      #整除运算
print(9%2)        #取余运算
print(2**3)       #幂运算
```

执行程序，运行结果如下所示。

```
2
0
4
2.0
4
-5
1
8
```

2. 比较运算符

比较运算符用于对两个变量或表达式的结果进行大小、真假等比较，返回的结果为布尔型，即只能是True或False。Python中的比较运算符见表2-13。

表2-13 比较运算符

运 算 符	描 述
==	等于：比较两个对象a、b是否相等，如果a=b则返回True
!=	不等于：比较两个对象a、b是否不相等，如果a!=b则返回True
>	大于：返回a是否大于b，如果a>b则返回True
<	小于：返回a是否小于b，如果a<b则返回True
>=	大于或等于：返回a是否大于等于b，如果a>=b则返回True
<=	小于或等于：返回a是否小于等于b，如果a<=b则返回True

例2-18 使用比较运算符。

```
a = 10
b = 20
print(a==b)          #比较a和b的值是否相等
print(a!=b)          #比较a和b的值是否不相等
print(a>b)           #比较a是否大于b的值
print(a<b)           #比较a是否小于b的值
print(a>=b)          #比较a是否大于或等于b的值
print(a<=b)          #比较a是否小于或等于和b的值
```

执行程序，运行结果如下所示。

```
False
True
False
True
False
True
```

3. 赋值运算符

符号"="具有赋值的作用，因此也被称为赋值运算符。赋值运算符比较特殊，它的作用是把等号右边的值赋给等号左边。Python中的赋值运算符见表2-14。

表2-14 赋值运算符

运 算 符	描 述
=	简单的赋值运算符，将右侧操作数的值分配给左操作数
+=	加法赋值运算符，将右操作数相加到左操作数，并将结果分配给左操作数
-=	减法赋值运算符，从左操作数中减去右操作数，并将结果分配给左操作数
*=	乘法赋值运算符，将左操作数乘以右操作数，并将结果分配给左操作数
/=	除法赋值运算符，将左操作数除以右操作数，并将结果分配给左操作数
//=	取整除赋值运算符，并将结果分配给左操作数
**=	幂赋值运算符，执行幂运算，并将结果分配给左操作数
%=	取模赋值运算符，将左操作数除以右操作数的模数，并将结果分配给左操作数

> **小技巧：**
> 对于+=、-=等赋值运算符，可以将其等价看作于如下格式：
> a+=b　　　等价于　　　a=a+b

例2-19 使用赋值运算符。

```
a = 30                  #为a赋值
b = 20                  #为b赋值
a+=b                    # a = a + b
print(a)
a-=b                    # a = a - b
print(a)
a*=b                    # a = a * b
print(a)
a/= b                   # a = a / b
print(a)
a//=b                   # a = a // b
print(a)
a**=b                   # a = a ** b
print(a)
a%=b                    # a = a % b
print(a)
```

执行程序，运行结果如下所示。

```
50
30
600
30.0
1.0
1.0
1.0
```

4．逻辑运算符

将布尔值参与的运算称为逻辑运算，在Python中，逻辑运算符有and、or、not三种，运算方法见表2-15。

表2-15 运算方法

运算符	操作数	结果	说明
and	True and True	True	当两个操作数均为True时，运算结果才为True
	True and False	False	
	False and True	False	
	False and False	False	
or	True or True	True	只要有一个操作数为True，运算结果就为True
	True or False	True	
	False or True	True	
	False or False	False	
not	True	False	操作数为True，则运算结果为False；操作数为False，则运算结果为True
	False	True	

例2-20 使用逻辑运算符。

```
a = True
b = False

print(a and a)
print(a and b)
print(b and a)

print(a or a)
print(a or b)
print(b or a)

print(not a)
print(not b)
```

程序运行结果如下所示。

```
True
False
False
True
True
True
False
True
```

5. 成员运算符

Python中的成员运算符用于判断指定序列中是否包含(in)或者不包含(not in)某个值,如果判断条件为包含(in),那么指定序列中包含某个值,返回True,否则返回False。反之,如果判断条件为不包含(not in),那么指定序列中不包含某个值,返回True,否则返回False。成员运算符见表2-16。

表2-16 成员运算符

运算符	描述
in	如果在指定的序列中找到值返回True,否则返回False
not in	如果在指定的序列中没有找到值返回True,否则返回False

例2-21 使用成员运算符。

```
a = 1
b = 20
list = [0,1,2,3,4,5]
print(a in list)
print(b not in list)
```

执行程序,运行结果如下所示。

True
True

6. 身份运算符

Python中的身份运算符用于判断两个标识符是不是引用自一个对象,当运算符是is时若两个标识符引用的是同一个对象则返回True,否则返回False,当运算符是is not时,如果两个标识符引用的不是同一个对象则返回True,否则返回False。身份运算符见表2-17。

表2-17 身份运算符

运算符	描述
is	x is y,类似id(x)==id(y),如果引用的是同一个对象则返回True,否则返回False
is not	x is not y,类似id(x)!=id(y),如果引用的不是同一个对象则返回True,否则返回False

例2-22 使用身份运算符。

a = 10
b = 10
print(a is b)
print(a is not b)

执行程序,运行结果如下所示。

True
False

7. 位运算符

在计算机中,数据是以二进制的方式进行存储的。Python中的位运算符便是指对二进制位的运算。常用的位运算符及其功能见表2-18。

表2-18 位运算符

运算符	描述
&	按位与运算符。参与运算的两个二进制位均为1时,结果才为1,否则为0
|	按位或运算符。参与运算的两个二进制位有一个为1时,结果就为1
^	按位异或运算符。参与运算的两个二进制位不同时,结果为1,否则为0
~	取反运算符。对每个二进制位取反,即1变为0,0变为1
<<	左移运算符。运算数的各二进制位全部左移若干位,运算符右边的数指定移动的位数,移出位丢弃,移进位补0
>>	右移运算符。运算数的各二进制位全部右移若干位,运算符右边的数指定移动的位数,移出位丢弃,移进位补0

8. 运算符优先级

前文介绍了Python中的多种运算符,其中各个运算符的案例中多是单独使用,那么如果在一个表达式中同时出现算术运算符、布尔运算符等多种运算符时,应该如何计算?下面来学习Python中各运算符的优先级,具体见表2-19。

表2-19 运算符优先级

运 算 符	描 述
**	指数运算（最高优先级）
* / % //	乘，除，取模和取整除
+ -	加法、减法
>> <<	右移，左移位运算符
&	按位与
^ |	按位异或和按位或
< > <= >=	比较运算符
== !=	等于和不等于运算符
= %= /= //= -= += *= **=	赋值运算符
is is not	身份运算符
in not in	成员运算符
not or and	逻辑运算符

例2-23 运算符优先级。

```
a=20
b=10
c=15
d=5
e=(a+b)*c/d
print(e)
```

执行程序，运行结果如下所示。

```
90.0
```

二、表达式

Python中的表达式是由变量和运算符组成的，单独的一个值可以是一个表达式，单独的变量也可以是一个表达式。表达式是一段可以被求值的代码，因此，通常会放在赋值语句的右边。表达式的表现方式多种多样，根据其功能有算数表达式、赋值表达式、条件表达式等多种表达式。一些常见表达式如下所示。

```
2+3
a>5
a==b
a in list
not a
```

知识链接

1）Python按从左至右的顺序对表达式求值。但注意在对赋值操作求值时，右侧会先于左侧被求值。

2）在选择和循环结构中，条件表达式的值只要不是False、0（或0.0等）、空值、空对象等，Python解释器均认为与True等价。

任务实施

编写Python程序，利用运算符的不同组合实现表达式的变身。

完成本任务需要定义一个初始表达式"a+b*c/d"和表达式中变量的值，然后分别利用不同运算符组合来使表达式完成"变身"，最后计算并输出表达式的值。

核心代码如下所示。

```
#定义变量
a = 20
b = 10
c = 15
d = 5
#初始化表达式
e = a + b * c / d         #30 * 15 / 5
print( "表达式 a + b * c / d 的值是：", e)
#表达式的变身
e = (a + b) * c / d       #( 30 * 15 ) / 5
print( "表达式 (a + b) * c / d 的值是：", e)
```

完整实施代码见配套素材，最终执行程序，运行结果如下所示。

```
表达式 a + b * c / d 的值是： 50.0
表达式 (a + b) * c / d 的值是： 90.0
表达式 ((a + b) * c) / d 的值是： 90.0
表达式 (a + b) * (c / d) 的值是： 90.0
表达式 a + (b * c) / d 的值是： 50.0
```

任务记录

编写Python程序，利用运算符的不同组合实现表达式的变身。

任务记录表

任务名称		任务日期	
姓　　名		学　　号	

任务实施过程记录（对本任务的实施步骤和错误操作进行记录）：

任务总结（对本任务的难点和问题进行记录，如完成任务过程中遇到的问题、解决问题的思路、解决问题的方法和学到的内容等）：

任务评价（教师填写）：

任务3 开发记事本程序

▲ 任务描述

早在几千年前,人们的祖先就创造了文字。可那时候要记录一件事情,就把文字刻在龟甲和兽骨上,或者把文字铸刻在青铜器上。后来人们又把文字写在竹片、木片或者纸上记录下来。但是这种记事方式在阅读、携带、保存等方面都很不方便。利用Python开发一个记事本程序,可以帮助人们方便、高效地记录重要信息。

本任务将带领大家编写Python程序,利用Python的输入输出功能开发记事本程序。

▲ 知识准备

一、Python输入

Python提供了input( )函数,可以将用户从外界输入的数据以字符串的形式读入计算机内部。input( )函数的一般格式如下所示。

```
x = input('提示:')
```

当代码运行到input( )函数时,Python交互式命令行就在等待输入了。这时,可以输入任意字符,然后按<Enter>键完成输入,刚刚输入的内容便存放到设置的变量中了。

例2-24 利用input( )函数输入数据信息。

```
name = input(' 请输入学生的姓名:')
num = input(' 请输入学生的学号:')
sex = input(' 请输入学生的性别:')
score = input(' 请输入学生的成绩:')
```

执行程序,运行结果如下所示。

```
请输入学生的姓名:王明
请输入学生的学号:10016
请输入学生的性别:男
请输入学生的成绩:92
```

注意: 使用input( )函数时,无论用户输入的是什么类型的数据,存储时都当作字符串来看待。若想得到其他数据类型,需要进行数据类型转换。

例2-25 输入数据的数据类型转换。

```
num = input(' 请输入一个整数:')
print(type(num))                    #查看数据类型
num = int(num)                      #转换为int类型
print(type(num))                    #查看转换后的类型
```

执行程序,运行结果如下所示。

```
请输入一个整数：18
<class 'str'>                          # 字符串类型
<class 'int'>                          # 整数类型
```

二、Python输出

若想将程序中的内容展示到屏幕上可通过输出函数来实现。Python中提供了print( )函数，可以将想展示的内容在控制台上显示。print( )函数能够输出的内容包括数字、字符串、含有运算符的表达式。

例2-26 利用print( )函数输出数据。

```
name = input(' 请输入学生的姓名：')
num = input(' 请输入学生的学号：')
sex = input(' 请输入学生的性别：')
score = input(' 请输入学生的成绩：')
print(' 学生姓名是：', name)
print(' 学生学号是：', num)
print(' 学生性别是：', sex)
print(' 学生成绩是：', score)
```

执行程序，运行结果如下所示。

```
请输入学生的姓名：王明
请输入学生的学号：10016
请输入学生的性别：男
请输入学生的成绩：92
学生姓名是： 王明
学生学号是： 10016
学生性别是： 男
学生成绩是： 92
```

使用输出语句时可能会遇到需要输出多个变量的情况，并且各个变量需要放在与描述对应的位置上，这时可通过格式化输出来实现。

格式化输出采用占位符的方法解决一个字符串中包含多个变量的问题。占位符是插在输出语句中用于占位的符号，后面只要补全变量就可以。占位符由两部分组成：第一部分是%；第二部分是格式字符（和数据类型有关），格式说明是由%字符开始的。Python常用的占位符见表2-20。

表2-20 常用占位符

占 位 符	描　　述
%d	输出有符号整型（十进制）
%u	输出无符号整型（十进制）
%o	输出无符号整型（八进制）
%x	输出无符号整型（十六进制）
%X	输出无符号整型（十六进制大写字符）
%e	输出浮点数字（科学计数法）

(续)

占 位 符	描 述
%E	输出浮点数字（科学计数法，用E代替e）
%f	输出浮点数
%.2f	输出浮点数，保留2位小数
%s	输出字符串
%c	输出字符及其ASCII码
%%	百分号标记

例2-27 格式化输出。

```
print( 'my name is %s' % ('xiaoming'))
print('my age is %d' % (18))
print('His height is %f m' % (1.75))
print( 'name:% s age:%d height:%.2f' % ('xiaoming',18,1.75))
```

执行程序，运行结果如下所示。

```
my name is xiaoming
my age is 18
His height is 1.750000 m
name:xiaoming age:18 height:1.75
```

任务实施

编写Python程序，利用Python的输入输出开发记事本程序。记事本程序功能应包括：提醒记事日期并输入，提醒记事主题并输入，输入记事内容。

1）任务要求程序能够提醒记事日期与记事主题并输入，需要使用输入函数input( )，利用input( )函数添加提醒内容，最后通过变量来存储输入的值。

2）在输入完成后，需要使用输出函数print( )将记录的内容显示到屏幕上，并在其中提示所要输出的信息。

示例代码如下所示。

```
a=input("请输入记事日期：")       #提示输入语句，将获取到的数据赋值给变量a
b=input("请输入记事主题：")       #提示输入语句，将获取到的数据赋值给变量b
c=input("请输入记事内容：")       #提示输入语句，将获取到的数据赋值给变量c
print("记事日期为：",a)          #输出语句，并提醒输出内容
print("记事主题为：",b)          #输出语句，并提醒输出内容
print("记事内容为：",c)          #输出语句，并提醒输出内容
```

执行程序，运行结果如下所示。

请输入记事日期：2022.10.16
请输入记事主题：青年强，则国家强

请输入记事内容：青年强，则国家强。当代中国青年生逢其时，施展才干的舞台无比广阔，实现梦想的前景无比光明。全党要把青年工作作为战略性工作来抓，用党的科学理论武装青年，用党的初心使命感召青年，做青年朋友的知心人、青年工作的热心人、青年群众的引路人。广大青年要坚定不移听党话、跟党走，怀抱梦想又脚踏实地，敢想敢为又善作善成，立志做有理想、敢担当、能吃苦、肯奋斗的新时代好青年，让青春在全面建设社会主义现代化国家的火热实践中绽放绚丽之花。

任务记录

编写Python程序，利用Python的输入输出，开发记事本程序。

任务记录表

任务名称		任务日期	
姓　　名		学　　号	

任务实施过程记录（对本任务的实施步骤和错误操作进行记录）：

任务总结（对本任务的难点和问题进行记录，如完成任务过程中遇到的问题、解决问题的思路、解决问题的方法和学到的内容等）：

任务评价（教师填写）：

单元小结

本单元主要介绍了Python的基础语法规则、基本数据类型以及一些常用的内置函数和基本输入输出语句，之后介绍了在Python中如何对数据进行运算，以及如何进行简单的输入和输出。

通过本单元的学习，读者应能了解Python程序的编写规则，完成简单的程序编写，并重点掌握以下内容。

1) 变量名只能包括字母、数字和下划线，且第一个字符必须是字母或下划线，不能是数字。

2) Python中的变量赋值不需要声明类型，且变量使用前必须先赋值，因为变量指向的内存对象只有在赋值后才会被创建。

3) Python的数字类型包括int（整型）、float（浮点型）和complex（复数型）；布尔类型只有"True"和"False"两种；字符串是以单引号或双引号括起来的任意文本。

4) Python常用的运算符包括算术运算符、赋值运算符、关系运算符、逻辑运算符、成员运算符、身份运算符和位运算符。

5) input( )函数用于获取用户键盘输入的字符，print( )函数用于输出数据。

习 题

1．编写一个程序，实现两个数的交换。

2．编写一个程序，通过键盘输入圆的半径，计算圆的面积与周长，并将计算结果打印到屏幕上。

3．将下列学生的信息以键盘输入的方式录入计算机，全部输入完成后，将信息打印在屏幕上。

学生姓名	性别	年龄	学号
张小明	男	19	001
王小美	女	18	002
李刚	男	19	003

4．编写程序，已知a=25.6，b=3，c=8，d=13.4，e=28，f=65，x=(e*d−b*f)/(a*d−b*c)，y=(a*f−e*c)/(a*d−b*c)，求出x和y的值，并将其打印在屏幕上。

单元 3

流程控制

单元导读

在Python程序开发中，经常会遇到根据不同的条件而做出不同选择的情况，还会遇到需要重复执行某一个操作的情况。针对这些问题，Python提供了条件判断语句以及循环语句来解决。

本单元将详细介绍Python中的流程控制。首先介绍判断语句，包括if语句、if-else语句和嵌套的if语句，之后介绍循环语句，包括while循环和for循环语句，并通过多个任务帮助读者更好地理解流程控制。

单元目标

素质目标

- 培养分析问题、提前规划的良好习惯。
- 增强总结规律、将事物化繁为简的能力。
- 培养自信果敢、自强不息、永不懈怠、锐意进取的精神风貌。

知识目标

- 了解Python的流程控制。
- 了解Python的条件判断语句。
- 掌握if语句的基本形式和使用方法。
- 了解Python的循环语句。
- 掌握for循环的语法格式和执行过程。
- 掌握while、do-while语句的基本格式和使用方法。
- 理解continue语句和break语句的作用。

> **能力目标**
> ○ 能够通过程序代码绘制对应流程图，通过流程图写出相应代码。
> ○ 能够应用条件判断语句解决实际问题，通过if语句设计飞机行李托运费计算程序。
> ○ 能够应用循环语句开发"进步一点点"游戏。

任务1 描述"猜数字"游戏流程

任务描述

做事情之前需要先对问题进行分析，然后制订好计划，最后付诸行动，不然很容易陷入混乱。同理，在编写程序前，也应该先分析程序的功能和流程，然后进行重要步骤规划，即绘制流程图，最后根据流程图逐步编程实现。

本任务将带领大家使用流程图描述"猜数字"游戏流程。

知识准备

一、流程图

设计程序解决某一个问题时，会首先拟定一个解决方案，可以通过人类语言和数学语言对其进行描述，这样做通俗易懂。但是如果描述不够直观，则容易造成歧义，因此在更多场合是采用流程图的方式进行描述。

流程图是一种用于表示算法或代码流程的框图组合，它以不同类型的框图代表不同种类的程序步骤，每两个步骤之间用箭头连接起来。

程序流程图表示程序的运行顺序，是一种常用的表示算法的图形化工具。换言之，程序流程图就是通过画图的方法表达程序运行的所有路径，通过使用箭头和框图把程序运行的方向与步骤展示出来。

常用程序流程图的基本符号如图3-1所示。

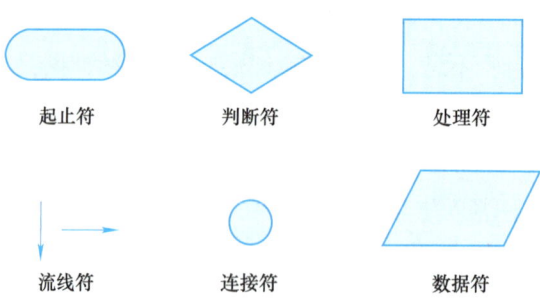

图3-1 常用程序流程图的基本符号

1）起止符表示算法的起始或结束。

2）判断符用于对给定的条件进行判断，根据判断的结果来选择流程方向。它只有一个入口，可以有若干个出口，但有且仅有一个出口被激活。

3）处理符表示算法中的具体处理步骤。

4）流线符表示数据流，箭头指示流向。

5）连接符用于连接因页面写不下而断开的流程线，对应的连接符应有同一标记。

6）数据符表示未指定媒体的数据，可用于输入和输出，比较通用。

二、基本结构

在进行程序开发时，无论是简单的算法还是复杂的算法，都可以由顺序结构、选择结构和循环结构这三种基本结构组合而成。

顺序结构：程序从上到下顺序地执行代码，中间没有任何判断和跳转，直到程序结束。

选择结构：程序根据判断条件的布尔值选择性地执行部分代码，让程序知道在什么条件下该执行什么代码。常用的如if-else语句。

循环结构：程序反复地运行某一段代码，直到不满足循环条件才终止循环。常用的如while循环、for循环。

三种基本结构的流程图如图3-2所示。

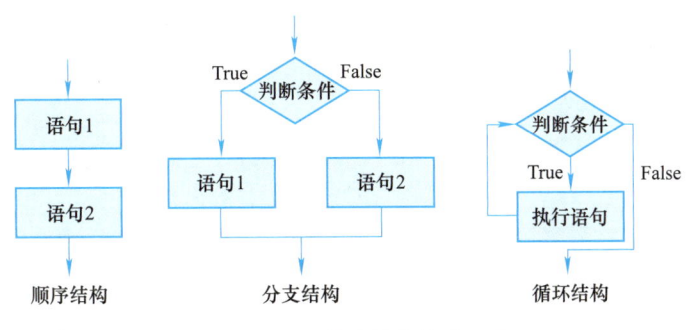

图3-2　三种基本结构的流程图

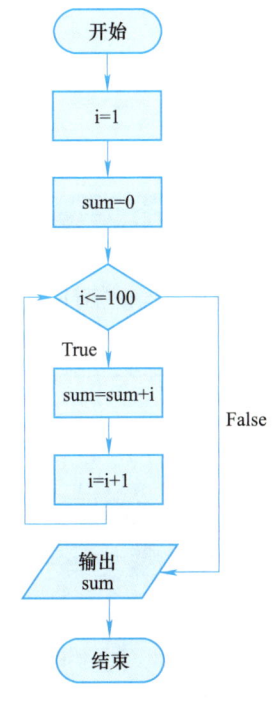

图3-3　程序流程图

例3-1　绘制数字累加和程序的流程图。如计算1+2+3+…+100的结果。

程序要求计算1~100的累加和，仔细观察后可以发现以下特点：1~100的数字是依次递增的；全是加法运算。根据其特点可以发现这是一个需要进行重复操作执行的情况，对比三种基本结构可以选定循环结构来处理此类问题。

根据分析绘制对应的程序流程图如图3-3所示。

任务实施

使用流程图描述"猜数字"游戏流程。

"猜数字"游戏要求用户输入一个数据，然后和预设好的"幸运数字"进行比较，如果相同，则输出"这竟然都被你猜到了！"，否则输出"猜错喽，再接再厉！"，最后输出"游戏结束。"

根据任务要求绘制"猜数字"游戏流程图，如图3-4所示。

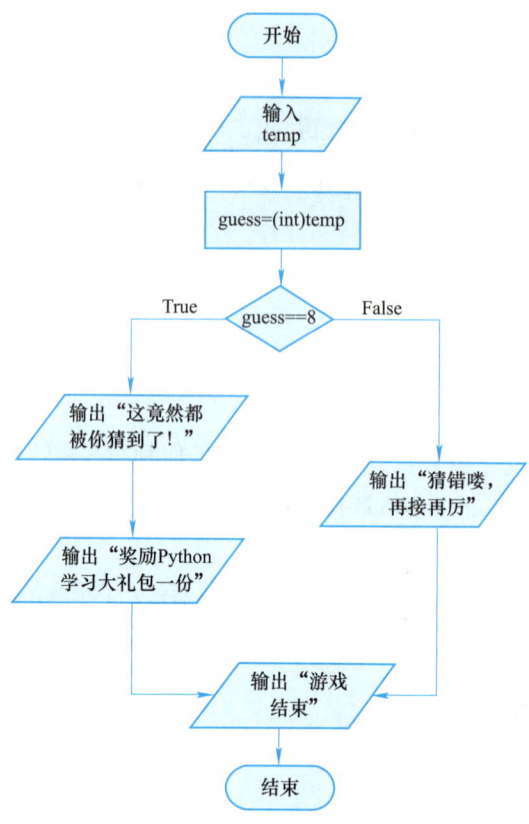

图3-4 "猜数字"游戏流程图

📌 任务记录

使用流程图描述"猜数字"游戏流程。

任务记录表

任务名称		任务日期	
姓　　名		学　　号	

任务实施过程记录（对本任务的实施步骤和错误操作进行记录）：

任务总结（对本任务的难点和问题进行记录，如完成任务过程中遇到的问题、解决问题的思路、解决问题的方法和学到的内容等）：

任务评价（教师填写）：

任务2 设计飞机行李托运费计算程序

任务描述

飞机的行李托运系统可以根据行李重量的不同将托运费用分为不同等级,当行李重量达到某一条件时,自动计算出所要缴纳的托运费用。正所谓"化繁为简,分而治之",在Python程序中,当遇到需要根据是否满足某个条件(行李重量)来决定是否执行某些指定操作时,就可以利用条件判断语句来解决问题。

本任务将带领大家编写Python程序,通过条件判断语句设计飞机行李托运费计算程序。

知识准备

一、if 语句

在Python提供的多种条件判断语句中,if语句是最简单的判断语句。if语句实现单分支结构时,使用可以返回一个布尔值的表达式作为分支条件来进行控制。if语句的基本语法格式如下所示。

```
if    判断条件:
      条件成立执行的语句      # 注意执行语句的缩进
```

其中,判断条件需要使用布尔表达式,在布尔表达式的后面使用冒号(:)。下面的语句便是条件成立时所执行的语句,注意使用缩进。在Python中,通过将块中的代码行缩进构成代码块,相同缩进的语句组成一个语句块。程序会先计算判断条件的布尔值,如果结果为True,则执行下面的语句;相反的,如果结果为False,则语句不执行,直接执行判断语句的后续代码。if语句执行流程图如图3-5所示。

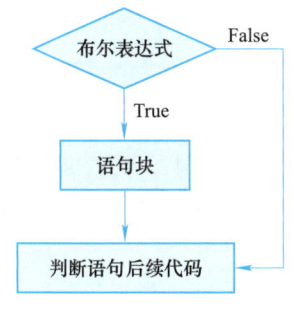

图3-5 if语句执行流程图

例3-2 利用if语句判断年龄。

```
age = 25                        # 定义判断的变量
print("判断开始")
if age>18:                      # 确定判断条件,变量满足条件
    print("此人已成年。")        # 判断为真时执行的语句
print("判断结束")                # 判断结束
```

上述程序中,定义了变量age并赋值为25,之后通过if语句判断age是否大于18,若判断结果为真,则执行if之后的语句。执行程序,运行结果如下所示。

```
判断开始
此人已成年。
判断结束
```

如果将例3-2中的age变量值修改为16,思考程序会如何运行,结果会是什么?

```
age = 16                        # 定义判断的变量
```

```
    print("判断开始")
    if age>18:                          # 确定判断条件，变量不满足条件
        print("此人已成年。")            # 判断为真时执行的语句
    print("判断结束")                    # 判断结束
```

可以发现，将变量age的值修改后不满足if的判断条件了，不满足if判断条件时则不执行if后的语句，因此程序运行结果如下所示。

```
判断开始
判断结束
```

通过上面的示例可以看出，只有在满足判断条件时，才会执行if语句下方缩进的代码块，若不满足判断条件，则跳过缩进代码块中的内容，直接执行后续语句。

二、if-else

使用if语句仅能实现单分支选择结构，只能在判断条件为真时指定要执行的语句，那么在不满足条件的情况下，又该如何执行某段代码？

if-else语句能够实现双分支结构，满足条件时执行一段代码，不满足条件时执行另外一段代码。

if-else语句语法格式如下所示。

```
if  判断条件：
    分支一
else：
    分支二
```

在上述格式中，程序会先计算判断条件的布尔值，如果结果为True，则执行分支一中的所有语句；如果结果为False，则执行分支二中的所有语句。通过else语句，程序可以选择执行。

if-else语句执行流程图如图3-6所示。

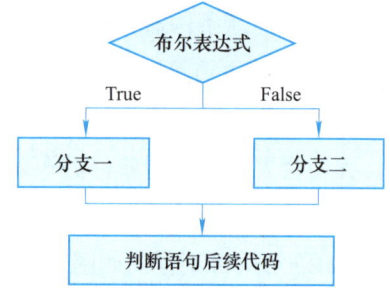

图3-6 if-else语句执行流程图

例3-3 利用if-else语句判断年龄。

```
age = 20                                # 定义判断的变量
print("判断开始")
if age>18:                              # 定义判断条件
    print("此人是成年人。")              # 判断为真时执行的语句
else:                                   # 分支语句
    print("此人是未成年人。")            # 判断为假时执行的语句
print("判断结束")                        # 判断结束
```

与例3-2相比，本程序中添加了额外的else语句，但if的判断处理依然成立，定义的变量age为20，满足if后的判断条件，因此执行if条件判断后的语句。若执行了if后面的语句，则else后面的语句不再执行。执行程序，运行结果如下所示。

```
判断开始
此人是成年人。
判断结束
```

现将例3-3中的age变量值修改为15，思考程序会如何运行，运行结果会不会改变？

```
age = 15                              # 定义判断的变量
print("判断开始")
if age>18：
    print("此人是成年人。")           # 判断为真时执行的语句
else：                                # 分支语句
    print("此人是未成年人。")         # 判断为假时执行的语句
print("判断结束")                     # 判断结束
```

可以发现，将变量age的值修改后，无法满足if的判断条件，这时便无法执行if后面的语句，但因为使用了if-else语句，为双分支结构，当if的判断条件不成立时便执行else后面的语句，程序运行结果如下所示。

```
判断开始
此人是未成年人。
判断结束
```

通过以上示例，可以总结出if-else判断语句的作用：当满足一定条件时，执行指定的代码，否则执行不满足条件时指定的代码。

例 3-4 利用if-else语句实现对数字奇偶的判断。

```
a = 3                                 # 定义判断的变量
print("判断开始")                     # 判断开始
if a % 2 == 0：                       # 定义判断条件
    print(a，"是偶数")                # 判断为真时执行的语句
else：                                # 分支语句
    print(a，"是奇数")                # 判断为假时执行的语句
print("判断结束")                     # 判断结束
```

执行程序，运行结果如下所示。

```
判断开始
3 是奇数
判断结束
```

三、if-elif

当需要判断的情况大于两种情况时，if和if-else语句显然是无法完成判断的。所以可以使用if-elif语句来实现多路分支。

if-elif语句的语法格式如下所示。

```
if   判断条件一：
    分支一
elif 判断条件二：
    分支二
elif 判断条件三：
    分支三
…
elif 判断条件N：
    分支N
else：
    分支N+1
# 注意分支代码块的缩进
```

其中，elif是else if的缩写。为了实现多分支结构，程序中可以有多个elif。上述格式的运行步骤如下：

步骤一：程序计算判断条件一的布尔值，如果结果为True，则执行分支一。判断结束。

步骤二：如果判断条件一的布尔值为False，则计算判断条件二的布尔值，如果为True，则执行分支二。判断结束。

步骤三：如果判断条件二的布尔值为False，则继续判断条件三的布尔值。如果为True，则执行分支三。判断结束。

步骤四：如果上一个判断条件的布尔值为False，则计算下一个判断条件布尔表达式的值，依此类推，直至结束。

步骤五：如果全部判断条件的结果都为False，则执行else后面的语句。

在if-elif语句中，程序从上往下判断，根据布尔表达式的结果来决定执行哪个分支。如果某个布尔表达式为True，把该表达式对应的分支执行后，就忽略剩下的elif语句，判断结束。

if-elif语句执行流程图如图3-7所示。

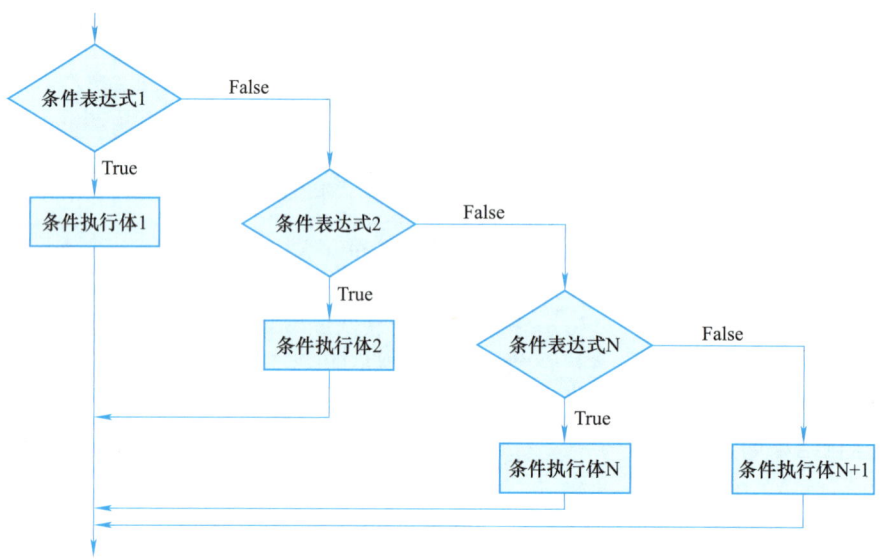

图3-7 if-elif语句执行流程图

例3-5 利用if-elif语句实现年龄判断。

```
age = 20                          # 定义判断的变量
print("判断开始")                  # 判断开始
if age>=18：                      # 定义判断条件
    print("这是一个成年人。")       # 判断为真时执行的语句
elif age>=6：                     # 定义判断条件二
    print("这是一个青少年。")       # 判断二为真时执行的语句
elif age>=3：                     # 定义判断条件三
    print("这是一个儿童。")        # 判断三为真时执行的语句
else：                            # 其他情况
    print("这是一个婴幼儿。")      # 所有判断都不为真时执行的语句
print("判断结束")                  # 判断结束
```

在例3-5中，定义变量age的值为20，满足了第一个if语句的条件判断，执行if后面的语句，而在if-elif语句中当一个条件成立时便不在执行其他的语句，判断结束。执行程序，运行结果如下所示。

```
判断开始
这是一个成年人。
判断结束
```

若将变量age的值修改为15,其余代码不变,则不满足代码中的第一个if判断,这时程序不执行if后面的语句,继续运行到第一个elif语句的条件判断,若满足条件,则执行对应的语句,之后不再执行其他判断,判断结束。执行程序,运行结果如下所示。

```
判断开始
这是一个青少年。
判断结束
```

若将变量age的值修改为5,其余代码不变,则不满足代码中的第一个if判断,代码继续运行到第一个elif语句中的判断,依然不满足条件,代码继续运行到下一个elif语句中的判断,这时判断条件成立,执行对应语句,不再执行其他判断,判断结束。执行程序,运行结果如下所示。

```
判断开始
这是一个儿童。
判断结束
```

若将变量age的值修改为1,其余代码不变,则不满足if条件判断,同时也不满足之后的elif语句中的条件判断,当不满足任何一个条件时便执行else后面的语句。执行程序,运行结果如下所示。

```
判断开始
这是一个婴幼儿。
判断结束
```

通过上面的案例,可以发现if-elif条件判断会从上往下匹配,当某个布尔表达式为True时,执行对应的分支语句,后续的elif和else都不再执行。若全部的布尔表达式都不为True时,便执行else后面的语句。

四、if嵌套

使用if语句进行条件判断时,如果希望在条件成立的执行语句中增加新的条件判断,则可以使用if嵌套,也就是说,整个if或if-else语句可以放在另一个if或if-else语句中。

if嵌套语句的语法格式如下所示。

```
if 外层判断条件:
    if 内层判断条件:
        内层条件执行体1
    else:
        内层条件执行体2
else:
    外层条件执行体
```

语法格式中的条件判断有两层,程序首先执行外层的if条件判断,若结果为True,则执行内层的if条件判断,否则直接执行外层else中的执行体。执行内层if条件判断时,若结果为True,执行内层条件执行体1,否则执行内层条件执行体2。

if嵌套语句的执行流程图如图3-8所示。

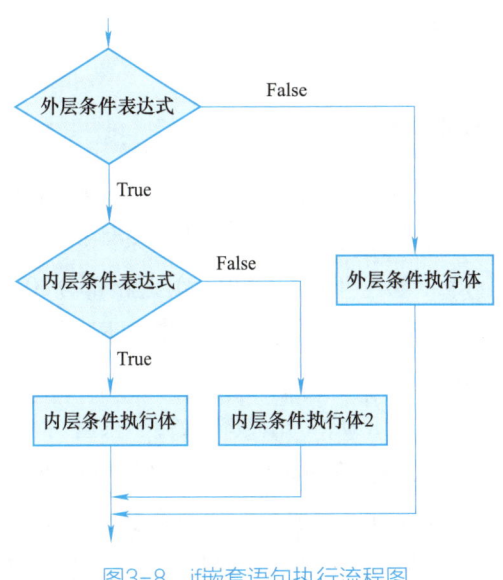

图3-8 if嵌套语句执行流程图

例3-6 使用if嵌套。

```
high = 100                              # 定义判断的变量
age = 12                                # 定义判断的变量
if high<=120：                          # 定义外层判断条件
    if age<=16：                        # 定义内层判断条件
        print("免费乘车。")             # 内层判断为真时执行的语句
    else：                              # 内层分支语句
        print("需要买票。")             # 内层判断为假时执行的语句
else：                                  # 外层分支语句
    print("请购票后乘车")               # 外层判断为假时执行的语句
```

上述代码中，定义了身高变量high和年龄变量age，代码首先运行到第一个if判断，根据代码缩进可以看出if语句下面的4行代码是这个if的执行语句，由变量high的值可知满足第一个if的条件判断，可执行其后的执行语句，在执行语句中是第二个if条件判断，由于变量age的值满足第二个if的条件判断，因此执行此if后的执行语句。

执行程序，运行结果如下所示。

免费乘车。

在例3-6中，外层if-else语句实现了对身高的判断，内层if-else语句实现了对年龄的判断，完成了对身高小于120且年龄小于16的人员免票的判断。现对身高变量进行修改，令high=150，观察输出结果。

修改变量后high的值不满足外层if的条件判断，因此会直接执行外层else中的语句，程序运行结果如下所示。

请购票后乘车

现继续对身高和年龄变量同时进行修改，令high=120，age=17，思考输出结果。

修改后的变量high满足外层if的条件判断，可执行外层if的执行语句，在执行语句即内层if中，变量age不满足内层if的条件判断，因此执行内层if-else中else语句后面的内容，程序运行结果如下所示。

需要买票

注意：

if嵌套语句逐层缩进，保持同级缩进相同。嵌套的内层if语句可以是简单的if语句，也可以是if-else语句，还可以是if-elif-else语句。

任务实施

编写Python程序，通过条件判断语句设计飞机行李托运费计算程序。

假设飞机上个人托运行李的条件是：行李重量在20kg以下免费托运，20～30kg（含20kg）超出部分5元/kg；30～40kg（含30kg）超出部分10元/kg；40～50kg（含40kg和50kg）超出部分15元/kg；50kg以上不允许个人携带。由于行李在不同的重量时所需的费用不同，那么需要对行李的重量进行判断，分情况来处理。

1）利用input( )函数输入行李重量。

2）根据行李重量值判断等级，同时计算并输出相应的行李托运费。

本任务首先需要判断行李重量是否大于0，在确定数值有意义的情况下再判断该值处于哪个范围。因此，可以利用嵌套的if语句来完成本任务，并在内嵌if语句中利用if-elif-else语句实现多次判断。

示例代码如下所示。

```
money=0
luggage=int(input("请输入行李重量："))              #利用input( )函数输入行李重量

if (luggage>0)：                                  # 行李重量大于0
    if(luggage<20)：                              # 行李重量在20kg以下免费托运
        print("免费托运")
    elif(20<=luggage<30)：                        # 20～30kg超出部分5元/kg
        money+=(luggage-19)*5
        print(f"你本次需要付费{money}元")
    elif(30<=luggage<40)：                        # 30～40kg超出部分10元/kg
        money+=(luggage-29)*10
        print(f"你本次需要付费{money}元")
    elif(40<=luggage<=50)：                       # 40～50kg超出部分15元/kg
        money+=(luggage-39)*15
        print(f"你本次需要付费{money}元")
    else：                                        # 50kg以上不允许个人携带
        print("超过50kg的行李不允许个人携带！")
else：
    print('数据输入错误！')                        # 输出数据错误提示
```

执行程序，运行结果如下所示。

请输入行李重量：25
你本次需要付费30元

读者可以修改输入的行李重量，查看其他的运行结果。

↗ 任务记录

编写Python程序，通过条件判断语句设计飞机行李托运费计算程序。

任务记录表

任务名称		任务日期	
姓　　名		学　　号	

任务实施过程记录（对本任务的实施步骤和错误操作进行记录）：

任务总结（对本任务的难点和问题进行记录，如完成任务过程中遇到的问题、解决问题的思路、解决问题的方法和学到的内容等）：

任务评价（教师填写）：

任务3　开发"进步一点点"游戏

任务描述

党的二十大报告把"自信自强、守正创新，踔厉奋发、勇毅前行"写进大会的主题，强调的就是要以什么样的精神状态继续前进。大到国家，强国建设、民族复兴需要全国人民踔厉奋发、勇毅前行；小到个人，每个人在自己的本职工作中也应勤劳向上，追求进步。

每天努力朝向自己的目标进步一点点，积极进取，坚持不懈，就可以离成功越来越近。本任务将带领大家编写Python程序，利用Python的循环结构，开发"进步一点点"游戏。

知识准备

在计算机程序设计中，什么是循环？计算机程序周而复始地重复同样的步骤，就称为循环。Python循环有两种类型：一种是重复一定次数的循环；另一种是重复直至发生某种情况时结束的循环。

Python主要提供了两种循环语句：for循环和while循环。

一、for循环

1. for循环语法格式

在Python中，for循环也叫for-in循环，是一个序列迭代器，可以遍历任何有序的序列，如字符串、列表、元组和字典等。

for-in循环的执行流程图如图3-9所示。

for循环的基本语法格式如下所示。

```
for  循环变量  in  序列：
    循环体
```

在上述格式中，循环变量的值受for循环控制，该变量会在每次循环开始时依次被赋值为序列中的每个元素，因此循环体中不能对该变量赋值。序列中有几个元素，for循环的循环体就执行几次，元素的个数决定循环次数。

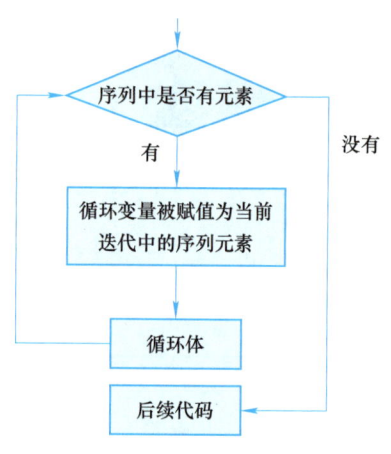

图3-9　for-in循环的执行流程图

例3-7　使用for-in循环结构。

```
print("循环开始")
for i in "Python":                    #第一次取出字符中的P赋值给变量 i
    print(i)
print("循环结束")
```

执行程序，运行结果如下所示。

```
循环开始
P
y
```

```
t
h
o
n
循环结束
```

在上述for循环代码中，首先会取出字符序列"Python"中的字符P，并赋值给变量i，紧接着在下面的循环体中打印，之后返回for-in循环，看序列中是否还有元素，若有则依次赋值给变量i，继续执行循环体语句，直到序列中没有元素，然后循环结束。

上述代码中循环的序列为字符串，除了字符串外还能循环列表、元组和字典等。

例3-8 使用循环列表打印序列中的数字。其中，[1,2,3,4,5]为列表（单元4中会详细介绍）。

```python
print('循环开始')
for i in [1, 2, 3, 4, 5]:              # 循环打印序列中的数字
    print(i)
print('循环结束')
```

执行程序，运行结果如下所示。

```
循环开始
1
2
3
4
5
循环结束
```

2. range( )函数

Python提供了一个内置range( )函数，它能返回一系列连续增加的整数，经常和for循环一起用于遍历整个序列。range( )函数的语法格式有3种。

（1）range(num)

获取一个从0开始，到num结束的数字序列(不含num本身)。如range(5)获得的数据为[0,1,2,3,4]。

例3-9 range(num)示例代码如下所示。

```python
for i in range(5):
    print(i)
```

执行程序，运行结果如下所示。

```
0
1
2
3
4
```

（2）range(start,end)

获取一个从start开始，到end结束的数字序列(不含end本身)。如range(5,10)获得的数据为[5,6,7,8,9]。

例3-10 range(start,end)示例代码如下所示。

```
for i in range(5,10):
    print(i)
```

执行程序，运行结果如下所示。

```
5
6
7
8
9
```

（3）range(start,end,step)

获取一个从start开始，到end结束的数字序列(不含end本身)，数字之间的步长以step为准(step默认为1)。如range(5,10,2)获得的数据为[5,7,9]。

例3-11 range(start,end)示例代码如下所示。

```
for i in range(5,10,2):
    print(i)
```

执行程序，运行结果如下所示。

```
5
7
9
```

例3-12 通过for循环与range( )函数，计算1+2+3+…+1000的和。

```
sum = 0                              # 定义结果变量
for i in range(1, 1001):             # 建立1-1000的循环
    sum += i                         # sum = sum + i
print('1+2+3+...+1000=', sum)        #打印最终结果
```

执行程序，运行结果如下所示。

```
1+2+3+...+1000= 500500
```

3. 嵌套for循环

嵌套循环是指在循环结构中又嵌套了其他完整的循环结构，其中内层循环作为外层循环的循环体执行。嵌套for循环的基本语法格式如下所示。

```
for 循环变量 in 序列：              #外层循环
    ...
    for 循环变量 in 序列：          #内层循环
        循环体                    #内层循环体
    ...
```

例3-13 使用嵌套for循环。

```
for i in range(4):                          #外层循环，循环4次
    for j in range(3):                      #内层循环，循环3次
        print("*",end='\t')                 #打印输出*，并采用制表的方式对齐数据
print("\n")                                 #换行
```

执行程序，运行结果如下所示。

```
* * *
* * *
* * *
* * *
```

本例代码是一段打印*号的循环结构，第一行代码为外层循环，共循环4次，表示行数。剩下的三行代码为外层循环的循环体，其中又包含一个内层循环，内层循环循环3次，表示列数，内层循环体代码为打印。由于内层循环是外层循环的循环体，所以外层循环每循环一次，内层循环便会执行一遍，即循环一轮，达到外层循环输出时每一行中都有三列的目的。

例3-14 利用嵌套for循环实现打印9×9乘法表。

```
for i in range(1, 10):            # 外层循环
    for j in range(1, 10):        # 内层循环
        if j <= i:                # 内层循环语句
            print('%d*%d=%-2d' % (j, i, i*j), end=' ')
    print()
```

执行程序，运行结果如下所示。

```
1*1=1
1*2=2  2*2=4
1*3=3  2*3=6  3*3=9
1*4=4  2*4=8  3*4=12  4*4=16
1*5=5  2*5=10 3*5=15  4*5=20  5*5=25
1*6=6  2*6=12 3*6=18  4*6=24  5*6=30  6*6=36
1*7=7  2*7=14 3*7=21  4*7=28  5*7=35  6*7=42  7*7=49
1*8=8  2*8=16 3*8=24  4*8=32  5*8=40  6*8=48  7*8=56  8*8=64
1*9=9  2*9=18 3*9=27  4*9=36  5*9=45  6*9=54  7*9=63  8*9=72  9*9=81
```

注意：在使用嵌套for循环时，一定要注意空格缩进的问题。

二、while 循环

1. while循环

while循环是指只要条件满足，就不断循环，条件不满足时退出循环。其基本语法格式如下所示。

```
while 布尔表达式：
    循环体
```

在上述语法格式中，只要布尔表达式为True，循环体就会被执行。循环体执行完毕后再次计算布尔表达式，如果结果依然为True，再次执行循环体，直至布尔表达式为False，循环结束。

while循环语句执行流程图如图3-10所示。

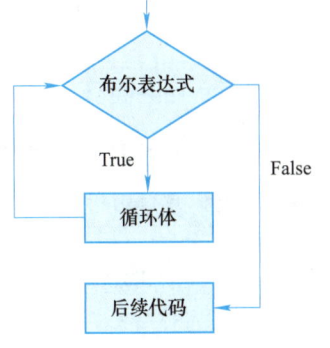

图3-10 while循环语句执行流程图

例3-15 使用while循环。

```
i=0
while i<5：
    print(i)
    i+=1
```

执行程序，运行结果如下所示。

```
0
1
2
3
4
```

在本例中，使用while循环进行判断时需对其所要判断的变量进行声明，即将变量i初始化为0，之后根据while判断的结果对循环体进行循环，最终循环5次。

知识链接

使用while循环时，同样需要注意冒号及语句缩进。

while循环语句是"先判断，后执行"。如果刚进入循环时条件就不满足，则循环体一次也不执行。还需要注意的是，一定要有语句修改判断条件，使其有为假的时候，否则将出现"死循环"。

例 3-16 利用while循环计算1～100之间所有奇数的和。

```
odd_sum = 0                              #定义变量存储计算结果
n = 99                                   #定义循环所用变量
print(' 循环开始 ')                       #循环开始
while n > 0：                             #循环条件
    odd_sum = odd_sum + n                #循环语句
    n = n - 2                            #循环语句
print(' 循环结束 ')                       #循环结束
print('1～100 之间所有奇数的和为:', odd_sum)  #打印结果
```

在本例中，odd_sum为计算结果，变量n初始值为100以内最大奇数99，在循环体内依次减2。在每次循环开始时，会首先判断n是否为正数。如果判断为True，则执行循环体，更新计算结果，在循环体内部变量n依次减2，直到变为-1时，不再满足while条件，循环退出。

执行程序，运行结果如下所示。

```
循环开始
循环结束
1～100 之间所有奇数的和为：2500
```

2．嵌套while循环

在while语句中同样可以实现嵌套循环，嵌套while循环的语法格式如下所示。

```
while  布尔表达式：                        #外层循环
    …
    while  布尔表达式：                    #内层循环
        循环体                            #内层循环体
    …
```

执行循环嵌套时，如果外层循环的循环条件为True，则开始执行外层循环的循环体，而内层循环被作为外层循环的循环体来执行。当内层循环的循环条件为False时，则跳出内层循环，结束外层循环的当次循环，开始下一次循环。

例 3-17 使用嵌套while循环。

```
i = 1                              # 定义外层循环变量
while i <= 5:                      # 定义外层循环条件
    j = 1                          # 定义内层循环变量
    while j <= i:                  # 定义内层循环条件
        print(j, end=' ')          # 内层循环语句
        j = j + 1                  # 内层循环语句
    i = i + 1                      # 外层循环语句
    print()                        # 换行
```

执行程序，运行结果如下所示。

```
1
1 2
1 2 3
1 2 3 4
1 2 3 4 5
```

在本例中使用了两层while循环，外层循环变量i用于控制打印的行数，内层循环变量j用于控制每行打印的数字，每一行的行号和列数相同，第一次外循环执行时内循环执行一次，第二次外循环执行时内循环执行两次，以此类推。

三、break 和continue

Python提供了break和continue关键字，用以对循环进行直接结束和临时跳过。

1. break语句

break语句用在for和while循环中，用于终止循环语句，常用在当某个外部条件被触发（一般通过if语句检查），需要立刻从循环中退出时。如果使用在嵌套循环中，break语句只对所在的循环起作用。

例如，下面是一个普通循环语句：

```
for i in range(5):
    print(i)
```

上面的循环语句运行结果是打印出0~4的数字，接下来通过break语句提前终止循环，看看结果如何。

例3-18 使用break语句。

```
for i in range(5):
    if(i==3):
        break
    print(i)
```

执行程序，运行结果如下所示。

```
0
1
2
```

最初的代码实现的是一个循环5次，每次打印一个数的功能；代码修改后，会在每次循环时判断当前值是否为3，若为3，则执行下面的break语句，终止当前循环，因此3以后的数值便不会再打印出来了。

例3-19 利用break的特性设计一个程序：用户输入数字并求和，直到输入0退出。

```
input_sum = 0                      #定义变量
```

```
while True:                               #设置循环条件
    n = int(input(' 请输入一个数字 '))      #用户输入
    if n == 0：                            #判断是否为0
        break                              #判断为真则停止循环
    input_sum += n                         #累加求和
print(' 输入非零数字的和为:', input_sum)    #输出结果
```

执行程序，运行结果如下所示。

```
请输入一个数字 8
请输入一个数字 5
请输入一个数字 6
请输入一个数字 4
请输入一个数字 0
输入非零数字的和为：23
```

2. continue语句

continue语句也是用在for和while循环中，作用是跳过当前循环的剩余语句，结束本次循环，继续进行下一轮循环。

continue语句语法格式如下所示。

```
for 变量 in 序列：
    语句1
    continue
    语句2
```

因为continue能够跳过当前循环的剩余语句，所以在触发continue语句后语句2是不会生效的，直接进入下一轮循环。

例3-20 使用continue语句。

```
for i in range(5):
    if(i==3):
        continue
    print(i)
```

执行程序，运行结果如下所示。

```
0
1
2
4
```

本例中的for循环共循环5次，每次打印输出一个数字，但是通过if判断会在i等于3时执行continue语句，从而跳过当前循环中的输出语句，直接进入下一轮循环，所以在最后结果中不会打印数字3。

例3-21 设计一个程序，输入两个班级中每个班级里的3个学生成绩，统计成绩不低于80分的人数。

```
count = 0
for i in range(1, 3):                              # 外层循环
    print(' 请输入第 ', i, ' 个班级的学生成绩 ')
    for j in range(1, 4):                          #内层循环
```

```
            print(' 请输入第 ', j, ' 个学生成绩 ')
            score = int(input())                #用户输入数据
            if score < 0：                       #判断是否为0
                print(' 输入负数，进入下一个班级 ')
                break                           #终止循环
            if score < 80：
                continue                        #进行下一轮循环
            count += 1
print(' 成绩不低于 80 分的人数为：', count)
```

执行程序，运行结果如下所示。

```
请输入第 1 个班级的学生成绩
 请输入第 1 个学生成绩
 91
 请输入第 2 个学生成绩
 88
 请输入第 3 个学生成绩
 56
 请输入第 2 个班级的学生成绩
 请输入第 1 个学生成绩
 87
 请输入第 2 个学生成绩
 66
 请输入第 3 个学生成绩
 70
 成绩不低于 80 分的人数为： 3
```

3. pass语句

Python还提供了pass语句。pass是空语句，作用是保持程序结构的完整性。如果在需要有语句的地方没有任何语句，则解释器会提示语法错误。因此，Python提供了pass语句作为占位语句。

例3-22 pass语句示例代码如下所示。

```
for i in range(5)：
    if(i<=3)：
        print(i)
    else：
        pass
```

执行程序，运行结果如下所示。

```
0
1
2
3
```

本例依然是个循环5次的for循环，通过if判断会在变量i的值小于等于3时打印出i的值，其他情况时，由于pass是空语句，程序会忽视该语句，不做任何事情。

4. else语句

前面学习的if条件判断语句中用到了else，不过除了判断语句，while和for循环中也可以使用else语句。当循环正常退出时，会执行else语句。

例3-23 示例代码如下所示。

```
for i in range(3):
    print(i)
else:
    print("end")
```

本例首先通过一个for循环打印输出0~2的数值，for循环结束后便执行else中的语句，程序运行结果如下所示。

```
0
1
2
end
```

需要注意的是，当循环是由break语句中断时，else语句就不执行，也就是说，break语句也会跳过else代码块。示例代码如下所示。

```
for i in range(3):
    if i==2 :
        break
    print(i)
else:
    print("end")
```

本例代码中依然是个0~2的循环，不同的是当循环到2时会执行break语句中断循环，因为循环中断，所以else后的语句无法执行，程序运行结果如下所示。

```
0
1
```

任务实施

编写Python程序，利用Python的循环结构开发"进步一点点"游戏。

1）定义变量hard和lazy分别用于记录用户努力和懒惰的收获，并赋初值为1。

2）定义变量days1和days2分别记录一年努力或懒惰的天数。

3）使用while循环，判断条件为days<=365，在循环中进行计算每天努力0.1的收获，以及偷懒0.1的结果。

4）利用print()打印一年后的收获结果。

示例代码如下所示。

```
#定义变量
days1=1
days2=1
hard=1
lazy=1
while True:  #循环
    #输出提示
```

```
print("请输入您的选择（1.每天努力0.1；2.每天偷懒0.1）：")
user = int(input())    #输入用户选择
if  user < 1 or user > 2:
    print("输入错误，请重新输入！")      #输出错误提示
    continue                              #结束本次循环
elif user == 1:
    while (days1 <= 365):
        hard = 1.1 * hard
        days1 = days1 + 1
    print("每天进步一点点，一年后收获为", hard)
elif user == 2:
    while (days2 <= 365):
        lazy=0.9*lazy
        days2 = days2 + 1
    print("每天懒惰一点点，一年后结果为",lazy)
```

执行程序，运行结果如下所示。

```
请输入您的选择（1.每天努力0.1；2.每天偷懒0.1）：
1
每天进步一点点，一年后收获为 1283305580313390.2
请输入你的选择（1.每天努力0.1；2.每天偷懒0.1）：
2
每天懒惰一点点，一年后结果为 1.9884558162725795e-17
请输入你的选择（1.每天努力0.1；2.每天偷懒0.1）：
```

从本任务中可以看到，持之以恒是获得成功最重要的因素之一。只有牢记天天向上的力量，保持持之以恒的工匠精神，才能达到更好的结果。

任务记录

编写Python程序，利用Python的循环结构开发"进步一点点"游戏。

任务记录表

任务名称		任务日期	
姓　　名		学　　号	

任务实施过程记录（对本任务的实施步骤和错误操作进行记录）：

任务总结（对本任务的难点和问题进行记录，如完成任务过程中遇到的问题、解决问题的思路、解决问题的方法和学到的内容等）：

任务评价（教师填写）：

单 元 小 结

本单元主要讲解了Python中的流程控制语句,包括条件判断语句和循环语句。在条件判断语句中介绍了if、if-else、if-elif以及嵌套if语句;在循环语句中介绍了for循环、while循环以及关键字break和continue。

通过本单元的学习,读者应能了解Python的程序结构,并重点掌握以下内容。

1)程序流程图表示程序的运行顺序,是一种常用的表示算法的图形化工具。

2)条件判断语句有简单的if语句、if-else语句、if-elif-else语句和嵌套的if语句。

3)循环语句有while语句和for语句两种。一般情况下,这两种语句均可处理同一个问题,它们可以相互替代。

4)for语句经常与range( )函数一起使用,range( )函数是Python的内置函数,可创建一个整数列表。

5)一个循环语句的循环体内包含另一个完整的循环结构,称为循环的嵌套。

6)使用break语句和continuc语句可提前结束正在执行的循环操作。但要注意的是,break语句是跳出整个循环,而continue语句是结束本次循环,执行下一次循环。

习 题

1.编写一个程序,使用while循环计算1~100之间所有奇数的和。

2.编写一个程序,通过嵌套循环在屏幕上打印出九九乘法表。

3.编写一个程序,利用if嵌套,通过输入一个年份来判断这一年是否属于闰年。

(满足以下条件之一的年份是闰年:1)能被4整除,但不能被100整除;2)既能被100整除,又能被400整除。不符合这两个条件的年份不是闰年。)

4.编写一个程序,打印出100~1000之间所有水仙花数,并计算水仙花数的个数。水仙花数是一个3位数,它的每个数位上的数字的3次幂之和等于它本身(例如:$1^3+5^3+3^3=153$)。

单元 4

列表、元组、字典和集合

单元导读

在实际开发过程中,常常会遇到需要处理大量数据的问题,其特点是数据量很大,数据之间存在一定的内在关系。例如,一个班有100个学生,如果用字符串变量存储学生的名字,那么需要100个变量,可见用字符串变量来处理这样的数据将十分不方便,甚至出现不能处理的情况。这时就可以使用数据容器来解决这类问题。数据容器就是一种可以容纳多份数据的数据类型,根据特点的不同,可以将数据容器划分为列表、元组、字典和集合。通过使用不同的数据容器,不仅可提高代码的简洁性,还可以改善数据查询时的性能,增加代码的可维护性。

本单元将详细介绍Python中列表、元组、字典和集合等数据容器的使用方法,让读者进一步掌握其在程序设计中的应用,体会到合理选择、恰当搭配的重要性。

单元目标

素质目标

- 增强解决问题、根据实际情况选择合适方法的能力。
- 培养团队互助、合作共赢的精神。
- 养成温故知新的习惯。
- 感受编程与生活的联系,进一步体会编程服务于生活。

知识目标

- 掌握什么是列表以及列表的常见操作。
- 掌握列表的嵌套使用及循环遍历。
- 掌握元组的使用方法。

- 掌握元组的循环遍历。
- 理解列表和元组的区别。
- 掌握什么是字典以及字典的常见操作。
- 掌握什么是集合以及集合的常见操作。

能力目标

- 能够定义列表并正确使用相关方法，实现"邀请同学共建项目"的功能。
- 能够定义元组，实现键盘上相邻字母的输出。
- 能够利用字典设计商品仓库，实现查找商品的功能。
- 能够定义集合，编写问卷调查活动程序。
- 能举一反三，选择恰当的数据容器编程解决实际问题。

任务1 邀请同学共建项目

任务描述

"单丝不成线，独木不成林。"团队的力量是巨大的，团队合作可以完成个人无法独立承担的大项目。通常一个项目的成功实施需要多位成员进行团队合作。如果你是项目发起人，你会邀请谁？在项目组建实施过程中，有些受邀人由于各种原因可能无法参加，也可能出现项目功能增多或者资金不足等情况，导致受邀人员变化，这就需要团队调整邀请名单。

本任务将带领大家编写Python程序，利用列表实现修改邀请人员、发出邀请等功能，邀请同学共建项目程序。

知识准备

一、列表的定义与访问

列表（list）是Python中使用最频繁的数据类型，它可以满足大多数集合类的数据结构。在Python中，一个列表中的数据类型可以各不相同，可以同时分别为整数、实数、字符串等基本类型，甚至是列表、元组、字典、集合以及其他自定义类型的对象，它是Python最通用的复合数据类型。

Python的列表与其他语言中的数组有些类似，但是又强大得多。在实际应用中，可以使用列表结构存储数据，使程序能够更加灵活地处理数据，更加易于开发、阅读、测试和维护。

在形式上，列表用中括号"[]"标识，所有的元素放在"[]"中，元素间用逗号分隔，如[1,2,'abc',3]。列表中可以含有0个元素，称为空列表。

1. 定义

在Python中，列表定义的语法格式如下所示。

列表对象 = [元素1,元素2,元素3,…,元素N]

例4-1 使用列表常量创建列表。

```
list1 = ['abcd',789,2.23,'happy',98.5]
print(list1[1:3])
```

变量list1的类型为列表，列表中的元素可以是不同类型的。如果执行以上代码，将会在屏幕上显示list中第2和第3个元素，运行结果如下所示。

```
[789,2.23]
```

除了上述方法外，还可以使用list()或range()等函数来创建列表。

例4-2 创建列表的方法。

```
list2 = list()
list3 = list(('A','BC',3))
list4 = list(range(1,5))          #利用range()函数创建一个列表
list5 = [1,2,['A','B'],3]         #列表中可以嵌套列表
```

如果输出上述列表，将会在屏幕上显示对应的列表信息，运行结果如下所示。

```
[]
['A','BC',3]
[1,2,3,4]
[1,2,['A','B'],3]
```

2. 访问

列表中的所有元素都是有编号的，每个元素都分配一个数字（索引）来表示它的位置。列表索引值以0为开始值，从左到右第一个索引是0，第二个索引是1，以此类推。−1则是从末尾开始的第一个位置。这些元素可以通过编号分别访问。

通过索引获取列表元素值的格式如下所示。

列表名[索引]

例4-3 访问列表中的值。

```
print ("list3[0]：", list3[0])
print ("list4[-2]：", list4[-2])
```

执行程序，运行结果如下所示。

```
list3[0]：A
list4[-2]：3
```

与字符串不同的是，列表的各元素值是可以被修改的，但必须使用索引来为某个特定的、位置明确的元素赋值。

二、列表的常见操作

1. 合并与乘法

对列表进行操作时，可以使用加法运算符（+），实现两个列表的合并。示例代码如下所示。

```
list1 = [1,2]
list2 = [3,4]
list3 = list1+list2
```

输出上述列表list3的结果如下所示。

[1, 2, 3, 4]

可以使用星号（*）乘以一个整数来产生新的序列，即利用乘法运算，创建具有重复值的列表。示例代码如下所示。

list1 = [1,2]
list2 = list1*3

输出上述列表list2的结果如下所示。

[1, 2, 1, 2, 1, 2]

2. 常用方法

Python中列表常见的内置函数用法示例表见表4-1。

表4-1 常见内置函数用法示例表

操作名称	操作方法	举例说明
获取列表长度	可以利用内置函数len()求列表长度	len(list1)
列表更新	可以通过赋值的方式更新元素的值	list1[2]=6
获取列表元素最大值	可以利用max()	max(list1)
获取列表元素最小值	可以利用min()	min(list1)
其他类型对象转换成列表	可以利用list()	list(tup)
测试列表中是否所有元素都等价于True	可以使用all()函数	all(list4)
用来测试列表中是否有等价于True的元素	可以利用any()	any(list4)

可以采用面向对象的方式调用列表的方法，如列表对象.方法（参数），常用方法见表4-2，包括增加、删除、查找、计数和排序等操作。

表4-2 列表常用方法

方 法	说 明
append(x)	将x追加至列表尾部
extend(L)	将列表L中所有元素追加至列表尾部
insert(index, x)	在列表index位置处插入x，该位置后面的所有元素后移并且在列表中的索引加1，如果index为正数且大于列表长度则在列表尾部追加x，如果index为负数且小于列表长度的相反数则在列表头部插入元素x
remove(x)	在列表中删除第一个值为x的元素，该元素之后所有元素前移并且索引减1，如果列表中不存在x则抛出异常
pop([index])	删除并返回列表中下标为index的元素，如果不指定index则默认为-1，弹出最后一个元素；如果弹出中间位置的元素则后面的元素索引减1；如果index不是[-L, L]区间上的整数则抛出异常
clear()	清空列表，删除列表中所有元素，保留列表对象
index(x)	返回列表中第一个值为x的元素的索引，若不存在值为x的元素则抛出异常
count(x)	返回x在列表中的出现次数
reverse()	对列表所有元素进行原地逆序，首尾交换
sort(key=None, reverse=False)	对列表中的元素进行原地排序，key用来指定排序规则，reverse为False表示升序，True表示降序

此外，还可以使用Python关键字del来进行删除操作。这里要注意的一点是，del不是函数，也不是某个对象的内置方法，它是Python的一个关键字。示例代码如下所示。

color = ['white','black','blue','green']
del color[1:]   #删除列表color中的元素

```
print(color)              #输出此时color的值
del color                 #删除变量color
print(color)              #color已经不存在了
```
执行上述代码，输出的结果如下所示。

```
['white']
NameError：name 'color' is not defined
```

三、切片操作

与使用索引来访问单个元素类似，使用切片操作可以访问一定范围内的元素，即可以通过指定范围索引对列表进行分片取值。一般来说，切片操作需要提供两个索引作为边界，第一个索引是包含在切片内的，而第二个索引不包含在切片内。切片是提取序列的一部分，所以切片的结果仍然是一个序列。在形式上，切片是使用2个冒号分隔的3个数字来完成的，语法格式如下所示。

[start:end:step]

其中，start表示切片开始的位置，默认为0；end表示切片截止（不包含）的位置（默认为列表长度）；step表示切片的步长（默认为1）。当start为0时可以省略，当end为列表长度时可以省略，当step为1时可以省略，省略步长时还可以同时省略最后一个冒号。当step为负整数时，表示反向切片，这时start应该在end的右侧。

例4-4 通过切片取值。

```
list1 = [1,2,['A','B'],3,4,5]
list2 = list1[1:3]
print(list2)
list1[3:4] = []           #将列表list1的第4个元素用空值覆盖，即删除
                          #注意范围不包括下标4
print(list1)
```

执行程序，运行结果如下所示。

```
 [2, ['A', 'B']]
[1, 2, ['A', 'B'], 4, 5]
```

四、嵌套与循环遍历

列表的嵌套指的是列表的元素也是列表，如下所示。

```
courses = [['语文','数学','英语'],['地理', '历史'],
           ['物理','化学','生物']]
```

嵌套列表可以理解为行列矩阵，上述列表可以理解为有3行列表，每一行列表中有若干个元素，访问子列表可以使用索引，访问子列表中的元素需要使用行和列两个索引。

例4-5 列表的嵌套。

```
courses = [['语文','数学','英语'],['地理', '历史'],
           ['物理','化学','生物']]

print(courses[0])            #列表
print(courses[0][1])         #字符串
print(courses[0][1][1:])     #字符串切片
```

执行程序，运行结果如下所示。

```
['语文', '数学', '英语']
数学
学
```

如果希望访问嵌套列表的每个元素，或者说希望对列表中的元素进行逐个处理，可以使用循环遍历，通常使用for循环和while循环来实现。

例4-6 使用for循环遍历列表。

```
color = ['white','black','blue','green']
for item in color：
    print(item, end=",")           #显示列表中的各个元素，以逗号分隔
```

使用while循环遍历列表，需要先获取列表的长度，将列表长度作为循环条件。下面的示例中首先使用range()构造了一个初始值为1，步长为4，终值为26的列表，即[1，5，9，13，17，21，25]，然后使用while循环，将计算得到的值（求每个元素的平方）添加到空列表result中。

例4-7 使用while循环遍历列表。

```
la = list(range(1,26,4))
i = 0
result = []
while i<len(la)：
    result.append(la[i]*la[i])
    i += 1
print(result)
```

执行程序，运行结果如下所示。

```
[1, 25, 81, 169, 289, 441, 625]
```

任务实施

编写Python程序，利用列表实现具有修改邀请人员、发出邀请等功能的"邀请同学共建项目"程序。

1）邀请。如果要邀请一个同学共同完成项目，这里需要创建一个列表guests，存储受邀人的名字，然后使用这个列表打印出邀请消息。

2）修改。当受邀人无法参与项目时，需要另外邀请一位同学。以步骤1）编写的程序为基础，在程序末尾添加一条输出语句，说明哪位同学无法参与。修改邀请名单，用新邀请者的姓名代替无法参加者的姓名，并再次打印邀请消息，向名单中的同学发出邀请。

3）添加。由于项目功能增多，可以邀请更多的同学参与。以上述步骤为基础，在程序末尾添加一条输出语句，指出项目需要更多的同学。使用insert()函数分别将新增的同学添加到名单的开头、中间和末尾。最后再次打印邀请消息，向名单中的同学发出邀请。

4）缩减。假设项目因为资金不足需要缩小团队规模，以上述步骤编写的程序为基础，在程序末尾添加一条输出语句，说明只能邀请两位同学的消息。使用pop()函数不断删除名单中的同学，直到只有两位同学为止。每次从名单中弹出一位同学时，打印一条消息，向该同学表示歉意。对于余下的两位同学中的每一位，都打印一条消息，指出其依然在受邀人之列。最后使用del()函数将名单中的两位同学删除，让名单变成空的。打印该名单，核实程序结束时名单确实是空的。

示例代码如下所示。

```
guests = ["XiaoMing", "XiaoWang", "XiaoLi", "XiaoZhang"]
for guest in guests：
```

```python
        print(guest + ",我可以邀请你一起完成项目吗?")

print(guests[2] + "不能一起完成项目!" + "\n")
guests[2] = 'Jack'
for guest in guests：
        print(guest + ",我可以邀请你一起完成项目吗?")

print("我们的项目需要更多的人!" + "\n")
guests.insert(0，'ZhangSan')
guests.insert(3，'LiSi')
guests.append('WangWu')
for guest in guests：
        print(guest + ",我可以邀请你一起完成项目吗?")

print("sorry,我只能邀请两位同学完成项目!" + "\n")
while len(guests) > 2：
    honored = guests.pop()
    print(honored + ",很抱歉,我们不能一起完成项目!")
print("—————————")
for guest in guests：
    print(guest + ",我仍然希望你能和我一起完成项目!")
del guests[0]
del guests[0]
print(guests)
```

↗ 任务记录

编写Python程序，利用列表实现具有修改邀请人员、发出邀请等功能的"邀请同学共建项目"程序，并检查运行结果是否正确。

任务记录表

任务名称		任务日期	
姓　　名		学　　号	

任务实施过程记录（对本任务的实施步骤和错误操作进行记录）：

任务总结（对本任务的难点和问题进行记录，如完成任务过程中遇到的问题、解决问题的思路、解决问题的方法和学到的内容等）：

任务评价（教师填写）：

任务2 输出键盘上的相邻字母

➤ 任务描述

知识是用来解决生活问题的工具,工具的使用是解决实际问题的关键。键盘是用来输入字符和数字的工具,为了更好地了解并使用键盘,需要先熟悉键盘上的键位。

本任务将带领大家编写Python程序,利用元组保存键盘上的字母,根据输入计算机键盘上的任意一个字母,输出键盘上的相邻字母。若这个字符左边或者右边没有字母时,则输出"*"。

➤ 知识准备

元组(tuple)是包含0个或多个元素的不可变的序列类型。在Python中,元组可以看成不可变的列表,一旦创建,其中任意元素都不能被替换或删除,但可以包含可变对象(如list)。从形式上,元组的所有元素放在一对圆括号"()"中,元素之间使用逗号分隔,如果元组中只有一个元素,则必须在最后增加一个逗号。

一、元组的定义与访问

1. 定义

可以用赋常量值形式或tuple()函数创建元组。

例4-8 定义元组。

```
empty_tuple = ()              #空元组,与列表不同,使用圆括号
empty_tuple = tuple()         #或者使用tuple()

a = (1,)                      #创建只有一个元素的元组时,需要以逗号结尾
                              #含有多个元素时不需要
print("a:",a)
a2 = 1,                       #声明元组的括号可以省略
print("a2:",a2)
b = tuple((1,2,3))
print("b:",b)
c = ('C','Java',1997)         #元组中包含不同类型的数据
print("c:",c)

print(tuple('Python'))        #将其他序列转换为元组类型
```

执行程序,运行结果如下所示。

```
a: (1,)
a2: (1,)
b: (1, 2, 3)
c: ('C', 'Java', 1997)
('P', 'y', 't', 'h', 'o', 'n')
```

需要注意的是，在Python中，使用逗号分隔的多个值的集合的默认数据类型是元组。当函数（详见单元5）返回的是多个对象时，默认类型也是元组。

2. 访问

通过下标索引即可读取不同的元素值，语法格式为元组名[索引]。

例4-9 访问元组。

```
a = ('C','Python','Java')
print(a[1])                    #输出：Python
print(a[1][2])                 #输出：t
```

元组与列表非常相似，只是元组中的元素值不能被修改。但是可以对元组进行连接组合，产生新的元组。

例4-10 修改元组。

```
tup = tuple('abcdefg')         #把字符串转换为元组
#修改元组元素操作是非法的
#tup[1] = 'x'
tup = tup + (1,2)
print(tup)
```

执行上述代码，可得到一个新的元组：('a', 'b', 'c', 'd', 'e', 'f', 'g', 1, 2)。当执行"tup[1] = 'x'"时，会报错"TypeError: 'tuple' object does not support item assignment"，即元组元素值不可被修改。

二、元组的常见操作

列表和元组都属于有序序列，都支持使用双向索引访问其中的元素，以及使用count()方法统计指定元素的出现次数和index()方法获取指定元素的索引，len()、map()、filter()等大量内置函数和+、in、is等运算符也都可以作用于列表和元组。

1. 合并与乘法

同样的，元组也可以使用加法运算符（+）合并多个元组，使用乘法运算符（*）重复多个元组。示例代码如下所示。

```
a = (1,2,3)
b = (4,5,6)
c = a+b
print("c: ",c)
d = a*2
print("d: ",d)
```

执行程序，运行结果如下所示。

```
c: (1, 2, 3, 4, 5, 6)
d: (1, 2, 3, 1, 2, 3)
```

2. 删除

元组元素除了不可被修改外，也不可以被删除，但可以使用del语句删除整个元组对象。元组对象被删除后，就不可以再被访问了，否则会引发异常。示例代码如下所示。

```
tup = tuple('abcdefg')
del tup
```

若执行的是"del tup[1]",则会提示"TypeError:'tuple' object doesn't support item deletion"错误信息。

3. 成员判断

可以用in操作符判断对象是否属于元组,示例代码如下所示。

```
a = (1,2,3,1,2,3)
print(2 in a)                    #输出True
```

4. 元组的方法

同样的,可以采用面向对象的方式来调用元组的方法。例如,使用元组对象的index()方法获取指定元素在元组中首次出现的下标,使用count()方法统计指定元素出现的次数等。

例 4-11 使用元组的方法。

```
a = (1,2,3,1,2,3)
print(a.index(2))                #输出:1
print(a.count(1))                #输出:2
```

此外,元组和列表可以相互转换。如果想要修改其元素值,可以通过内置函数list()和tuple(),将元组转换成列表,修改完成后再转换成元组。

例 4-12 元组与列表的转换。

```
tup = tuple('abcdefg')           #把字符串转换为元组
aList = list(tup)                #把元组转换成列表
print(aList)
aList.append(666)
tup = tuple(aList)               #把列表转换成元组
print(tup)
```

执行程序,运行结果如下所示。

```
['a', 'b', 'c', 'd', 'e', 'f', 'g']
('a', 'b', 'c', 'd', 'e', 'f', 'g', 666)
```

三、元组与列表的区别

元组属于不可变(immutable)序列,不可以直接修改元组中元素的值,也无法为元组增加或删除元素。而列表是可变序列。

两者在操作上有很多相似之处,如检索、切片等。但元组没有提供append()、extend()和insert()等方法,无法向元组中添加元素;同样,元组也没有remove()和pop()方法,也不支持对元组元素进行del操作。因此不能从元组中删除元素,只能使用del命令删除整个元组。

元组也支持切片操作,但是只能通过切片来访问元组中的元素,而不允许使用切片来修改元组中元素的值,也不支持使用切片操作来为元组增加或删除元素。

Python对元组做了大量优化,对其访问速度比列表更快。因此,若创建序列主要用于检索或类似用途,建议用元组;若涉及元素的频繁修改,建议用列表。

元组是不可变序列,因此它可以作为字典的键,而列表不可以。另外,为确保数据不被修改,元组还可以作为函数的参数进行传递。

📌 任务实施

编写Python程序,利用元组保存键盘上的字母。根据所输入的计算机键盘上的任意一个字母,输出键盘上相邻的字母。若这个字符左边或者右边没有字母,则输出"*"。

1)利用input()方法接收用户通过键盘输入的字母。

2)定义元组,由于键盘上的字母排序固定,因此可以选择元组来保存数据。

3)使用index()方法获取输入的字母在元组中首次出现的下标,进行定位输出,输出相邻的元素。

示例代码如下所示。

```
x=input("请输入计算机键盘上任意一个字母:")
tp=tuple("*QWERTYUIOP*ASDFGHJKL*ZXCVBNM*")    #定义元组,存储键盘上的字母
n=tp.index(x)
print("键盘上相邻的字母是:")
print(tp[n-1],tp[n+1])
```

执行程序,运行结果如下所示。

请输入计算机键盘上任意一个字母:A
键盘上相邻的字母是:
* S

📌 任务记录

编写Python程序,利用元组保存键盘上的字母。根据输入,输出相应的结果,即键盘上相邻的字母,并检查运行结果是否正确。

任务记录表

任务名称		任务日期	
姓　　名		学　　号	

任务实施过程记录(对本任务的实施步骤和错误操作进行记录):

任务总结(对本任务的难点和问题进行记录,如完成任务过程中遇到的问题、解决问题的思路、解决问题的方法和学到的内容等):

任务评价(教师填写):

任务3　设计商品仓库

📌 任务描述

生活中，字典是一本特殊的书，它按字母排列顺序列出一种语言的单词，解释它们的意思，并提供关于一个单词的许多其他信息。类似的，在Python中也可以使用字典，通过"字"来查找其对应的"含义"。恰当利用计算机工具，可以帮助人们提高查找效率。例如，在购物时，页面上会显示商品列表，根据用户输入的商品序号，页面上显示相应的商品名称。

本任务将带领大家编写Python程序，利用字典设计商品仓库，提高查找商品的效率，并在用户输入"Q"或"q"时，退出程序。

📌 知识准备

映射是通过键值查找一组数据值信息的过程，由键值对组成，通过键可以找到其映射的值。例如，手机通讯录的姓名和电话之间就存在映射关系，只要定位到特定姓名，就可以查找到对应的电话号码。其中，姓名就类似于"键"，而手机号码就类似于对应的"值"。

字典（dictionary）是Python中内置的映射类型，是包含若干"键:值"元素的无序可变序列，字典中的每个元素包含用冒号分隔开的"键"和"值"两部分，不同元素之间用逗号分隔，所有的元素放在一对大括号"{}"中。其中，键可以是Python中任意不可变数据，也就是说在同一个字典中，键（Key）必须是唯一的，而值是可以重复的。

字典是Python中较灵活的内置数据类型之一，也是Python语言中唯一的映射类型。字典是一个容器，可以存储多个数据。字典中的值并没有特殊的顺序，它们都存储在一个特定的键里，键可以是数字、字符串或元组等。此外，由于字典中的元素（键值对）是无序的，因此不能对字典进行索引、切片等操作。

一、字典的定义与访问

1. 定义

在Python中，字典定义的语法格式如下所示。

```
字典对象 = {键1:值1,键2:值2,…,键n:值n}
```

字典对于值的类型并没有过多的限制，但是键的类型必须是数字、字符串或元组等不可变类型。一个空字典可以用一对花括号"{}"表示，也可以用dict()函数创建，示例代码如下所示。

```
empty_dict = {}              #空字典
empty_dict = dict()          #或者使用dict()

#如果字典不为空，那么键和值之间要用":"隔开，元素（键值对）之间用","隔开
dict1 = {'weight':100,'height':1.83}
```

● **例4-13** 通过赋值的方式创建字典。

```
dict2 = {}
dict2["id"] = 101
dict2["name"] = "Lisa"
dict2["age"] = 18
print("dict2: ",dict2)          #dict2:{'id': 101, 'name': 'Lisa', 'age': 18}
```

● **例4-14** 利用内置函数dict()对已有数据快速创建字典。

```
dict3 = dict([(1,'a'),(2,'b'),(3,'c')])
print("dict3: ",dict3)
dict4 = dict(a=1,b=2,c=3)
print("dict4: ",dict4)
```

执行程序，运行结果如下所示。

dict3: {1: 'a', 2: 'b', 3: 'c'}
dict4: {'a': 1, 'b': 2, 'c': 3}

另外，内置函数fromkeys()也可以创建字典，使用给定的键，创建一个新的字典对象，每个键默认对应的值为None。

● **例4-15** 利用内置函数fromkeys()创建字典。

```
dict5 = {}.fromkeys(['id','name','age'])
print("dict5: ",dict5)
dict5['id'] = '100'
print("dict5: ",dict5)
```

执行程序，运行结果如下所示。

dict5: {'id': None, 'name': None, 'age': None}
dict5: {'id': '100', 'name': None, 'age': None}

需要注意的是，fromkeys()是字典的方法，不能单独使用，例4-15的程序代码中给定了键的内容，但值的内容为空。

2. 访问

访问字典里的值和访问序列元素是一样的，通过方括号"[]"把相应的键放入其中，即以键作为下标可以读取字典元素，若键不存在则会抛出异常。示例代码如下所示。

```
aDict = {'name':'Dong', 'sex':'male', 'age':37}
print(aDict['name'])              #输出：Dong
print(aDict['tel'])               #键不存在，抛出异常
```

上述代码中由于键不存在而引发的异常其实是可以避免的。

（1）使用操作符in检查键是否存在

● **例4-16** 使用操作符in检查指定的键是否在字典对象中存在。

```
aDict = {'name':'Dong', 'sex':'male', 'age':37}
if 'age' in aDict:
    print(aDict['age'])           #输出：37
```

使用操作符in可以检查指定的键是否在字典对象中存在，如果存在，则返回True，否则返回False。

（2）利用get()方法

使用字典内置的get()方法可以获取指定键对应的值，并且可以在键不存在的时候返回指定值，如果不

指定，则默认返回None。语法格式如下所示。

```
dict.get(key,default=None)
```

例 4-17 get()方法的使用。

```
>>> aDict.get('name')            #键存在，返回对应的值
'Dong'
>>> aDict.get('city')            #键不存在，返回None值
None
>>> aDict.get('city','不存在')    #键不存在，返回指定参数default的值
'不存在'
>>> aDict.get('age','不存在')     #键存在，参数default无效
37
```

二、字典的常见操作

1. 字典元素的读取

除了在上一部分中提到的访问方式外，还可以使用字典对象的items()方法返回字典的"键—值"对列表；使用字典对象的keys()方法可以返回字典的键列表；使用字典对象的values()方法可以返回字典的值列表。示例代码如下所示。

```
>>> aDict={'name':'Dong', 'sex':'male', 'age':37}
>>> aDict.keys()                 #返回所有键
dict_keys(['name', 'sex', 'age'])
>>> aDict.values()               #返回所有值
dict_values(['Dong', 'male', 37])
>>> aDict.items()                #返回所有键值对
dict_items([('name', 'Dong'), ('sex', 'male'), ('age', 37)])
```

2. "键—值"对的增加与修改

除了查找之外，还经常会对字典对象存储的"键—值"对进行增加与修改。

当以指定键为下标为字典赋值时，若键存在，则可以修改该键的值；若不存在，则表示添加一个"键—值"对。示例代码如下所示。

```
>>> aDict['age'] = 38            #修改元素值
>>> aDict                        #此时aDict的值
{'age': 38, 'name': 'Dong', 'sex': 'male'}
>>> aDict['address'] = 'SDIBT'   #增加新元素
>>> aDict                        #此时aDict的值
{'age': 38, 'address': 'SDIBT', 'name': 'Dong', 'sex': 'male'}
```

3. 常用方法

Python内置了一些字典的常用方法，包括获取、删除、清空和复制等，见表4-3。其中，dicts为字典名，key为键，value为值。

表4-3 字典的常用方法

方　　法	说　　明
dicts.get(key,default)	键存在则返回相应值，否则返回默认值
dicts.pop(key,default)	键存在则返回相应值，同时删除"键—值"对，否则返回默认值
dicts.keys()	返回所有的键信息
dicts.values()	返回所有的值信息
dicts.items()	返回所有的"键—值"对
dicts.popitem()	删除字典的最后一个"键—值"对，并将其以元组(key,value)的形式返回（注意：如果字典为空，会产生KeyError异常）
dicts.clear()	删除所有的"键—值"对
del dicts[key]	删除字典中的某个"键—值"对
dicts.copy()	复制字典
dicts.update(dicts2)	更新字典，参数dicts2为更新的字典

利用copy()方法可以返回一个具有相同"键—值"对的新字典，新产生的字典不等同于原字典，因此对其中一个字典对象进行修改操作时，不会影响另一个字典对象。

例4-18 字典常用方法——copy()方法的使用。

```
dict1 = {1:'a',2:'b',3:'c'}      #定义字典
dict2 = dict1.copy()
dict2[1] = 'm'
print(dict1)                      #输出：{1：'a', 2：'b', 3：'c'}
print(dict2)                      #输出：{1：'m', 2：'b', 3：'c'}
```

执行程序，运行结果如下所示。

{1：'a', 2：'b', 3：'c'}
{1：'m', 2：'b', 3：'c'}

update()方法可以向指定的字典中添加另一个字典中的"键—值"对。

例4-19 字典常用方法——update()方法的使用。

```
dict1 = {1:'a',2:'b',3:'c'}      #定义字典
dict2 = {1:'x'}
dict1.update(dict2)
print(dict1)

dict3 = {4:'d'}
dict1.update(dict3)              #向字典dict1中添加字典dict3
print(dict1)
```

执行程序，运行结果如下所示。

{1: 'x', 2: 'b', 3: 'c'}
{1: 'x', 2: 'b', 3: 'c', 4: 'd'}

三、字典的遍历和嵌套

使用keys()、values()和items()等内置方法，与for和in配合，就可以用来遍历字典对象中的所有数据。

● **例4-20** 字典的遍历。

```
counts = dict([(1,'a'),(2,'b'),(3,'c')])
print("遍历所有的键：  ", end="")
for key in counts:
    print(key, end=',')

print("\n遍历所有的值：  ", end="")
for value in counts.values():
    print(value, end=',')
```

执行程序，运行结果如下所示。

遍历所有的键： 1,2,3,
遍历所有的值： a,b,c,

如同列表和元组一样，字典中的"键—值"对也可以嵌套。

● **例4-21** 字典的嵌套。

```
students = {'xiaoZhang':{'scores':[95,92,90],'grade':'A+'},
            'xiaoWang':{'scores':[90,85,82],'grade':'A'},
            'xiaoLi':{'scores':[74,80,72],'grade':'B'}
}
```

任务实施

编写Python程序，利用字典设计商品仓库，提高查找商品的效率，并在用户输入Q或q时，退出程序。

本任务中"商品仓库"的商品描述具有映射关系，因此可以使用字典数据容器来存储。

1）定义字典变量goods，用来保存商品编号和对应商品名。

2）定义列表变量num，用来保存查找到的商品名。

3）利用while语句循环输出商品编号和商品名，并接收键盘输入值。

4）利用isdigit()方法检测字符串是否只由数字组成。如果是，则进一步判断数字的合法性，若输入的数字在范围内，则输出相应的值，并将其添加到列表中，否则给出错误提醒；如果不是，判断输入是否为"q"或"Q"，进而输出列表值并判断是否退出程序；其他情况均提示输入格式有误。

示例代码如下所示。

```
goods = {'1':'大米', '2':'香油','3': '小米','4': '食盐','5': '味精'}
num = []
while true:
    for i,v in goods.items():
        print(i,v)
    a = input("输入你想要的产品[输入q则退出]: ")
    if a.isdigit():
        if a > i:
            print("输入的内容有误，请重新输入！")
        else:
            print(goods[a])
            num.append(goods[a])
```

```
        elif a.upper()=="Q":
            print(num)
            exit("退出")
        else：
            print("输入的格式错误")
```

执行程序，运行结果如下所示。

1 大米

2 香油

3 小米

4 食盐

5 味精

输入你想要的产品[输入q则退出]：3

小米

1 大米

2 香油

3 小米

4 食盐

5 味精

输入你想要的产品[输入q则退出]：q

['小米']

任务记录

编写Python程序，利用字典设计商品仓库，提高查找商品的效率，并检查运行结果是否正确。

任务记录表

任务名称		任务日期	
姓　　名		学　号	

任务实施过程记录（对本任务的实施步骤和错误操作进行记录）：

任务总结（对本任务的难点和问题进行记录，如完成任务过程中遇到的问题、解决问题的思路、解决问题的方法和学到的内容等）：

任务评价（教师填写）：

任务4　实现问卷调查

📌 任务描述

问卷调查是指通过制定详细周密的问卷，要求被调查者据此进行回答以收集资料。它是人们在社会调查研究活动中用来收集资料的一种常用工具，调研人员借助这一工具对社会活动过程进行深入了解，获取所需信息。同学A想在学校中进行问卷调查活动，为了调查的客观性和科学性，他先根据被调查的学生数N，随机生成N个1～500之间的随机整数。对于随机生成的重复的数字，只保留一个，不同的数对应着不同同学的学号。然后把这些数从小到大排序，按照排好的顺序去找同学做调查。

本任务将带领大家编写Python程序，利用集合协助同学A实现问卷调查，并完成"去重"与排序工作。

📌 知识准备

集合(set)是Python中的一种无序的不含重复元素的可变序列，使用一对大括号"{}"作为定界符。集合中包含0个或多个元素，多个元素之间使用逗号分隔。同一个集合内的每个元素都是唯一的，元素之间不允许重复，这是集合的一个重要特点。集合中只能包含数字、字符串、元组等不可变类型（或者说可哈希）的数据，而不能包含列表、字典、集合等可变类型的数据。

一、集合的定义与访问

1. 定义

可以通过一对大括号"{}"将元素括起来创建集合，或利用set()函数创建集合。

◎例4-22 集合的创建。

```
set1 = {1,2,3}
set2 = {'Python','Java','C'}
# 创建空集合时要注意
empty_set = {}                  #此时创建的不是空集合，而是空字典
print(type(empty_set))          #输出结果：<class 'dict'>
empty_set = set()               #创建空集合只能用set()函数
```

使用set()函数还可以将其他类型数据转换为集合，示例代码如下所示。

```
>>> set1 = set(range(5,10))
    {5, 6, 7, 8, 9}
>>> set2 = set([2,4,6])                    #将列表转换为集合
    {2, 4, 6}
>>> set3 = set('ABCD')                     #将字符串转换为集合
    {'C', 'A', 'D', 'B'}
>>> set4 = set([0, 2, 4, 0, 1, 2, 3, 7, 8])   #自动去除重复
    {0, 1, 2, 3, 4, 7, 8}
```

2. 访问

由于集合是无序序列，因此不能通过索引的方式访问集合中的元素，只能通过遍历来访问集合中所有的元素。此外，集合也同样支持使用in和not in检查元素是否在集合中。

例4-23 集合的遍历与成员检查。

```
>>> s_set = set('ABCD')
>>> 'E' in s_set
    False
>>> 'E' not in s_set
    True
>>> for c in s_set:
        print(c,end=',')
    D,C,B,A,
```

二、集合的常见操作

1. 添加与删除

向集合中添加元素可以使用add()和update()方法，不同之处在于，add()方法是把指定的值作为一个元素添加到集合中，而update()方法是将指定值拆分后，将个体添加到集合中，即一次性添加多个元素。

例4-24 添加集合元素。

```
>>> students = {'小刘','小张','小王'}
>>> students.add('小李')
    {'小刘', '小李', '小王', '小张'}
>>> students.update('小赵')
    {'小刘', '赵', '小李', '小', '小张', '小王'}
```

如果希望使用update()方法实现和add()相同的效果，可以将输出语句改为：

students.update({'小赵'})

当某个集合不再被使用时，可以使用del关键字删除整个集合。而移除集合中的对象，可以使用pop()方法，弹出并删除一个元素；remove()方法，直接删除指定元素；clear()方法，清空集合。

例4-25 删除元素或集合。

```
a = {1,5,7,3,9}
a.pop()                 # 1
a.pop()                 # 3
print(a)
a.add(2)
print(a)
a.remove(7)
print(a)
del a
```

执行程序，运行结果如下所示。

```
{5, 7, 9}
{2, 5, 7, 9}
{2, 5, 9}
```

最后一步使用del关键字删除了整个集合，这时，如果依然"print(a)"，会发生"name 'a' is not defined"错误。

2. 集合运算

跟数学中学习的集合概念类似，Python中集合也支持交集、并集、差集、包含等数学集合运算。可以使用运算符和内置方法实现相关操作，见表4-4。

表4-4 集合的运算符和内置方法

运算符	内置方法	说明
A&B	A.intersection(B)	交集，返回一个新集合，包含同时在集合A和B中的元素
A|B	A.union(B)	并集，返回一个新集合，包含在集合A和B中的所有元素
A-B	A.difference(B)	差集，返回一个新集合，包含在集合A中但不在集合B中的元素
A^B	A.symmetric_difference(B)	补集，返回一个新集合，包含集合A和B中元素，但不包含同时在集合A、B中的元素
A<=B	A.issubset(B)	A是否为B的子集。如果集合A和B相同或者A是B的子集，则返回True，否则返回False
A>=B	A.issuperset(B)	A是否为B的超集。如果集合A和B相同或者A是B的超集，则返回True，否则返回False

例4-26 集合的运算。

```
A = {'数学','语文','英语','物理','化学','生物'}
B = {'数学','语文','英语','政治','地理','历史'}

print(A & B)
print(A | B)
print(A - B)
print(A ^ B)
print(A.issubset(B))
print(A.issuperset(B))
```

执行程序，运行结果如下所示。

```
{'英语', '语文', '数学'}
{'政治', '地理', '英语', '生物', '语文', '数学', '历史', '物理', '化学'}
{'生物', '物理', '化学'}
{'政治', '地理', '生物', '历史', '物理', '化学'}
False
False
```

除上述方法外，还可以使用isdisjoint()方法，判断两个集合是否包含相同的元素，如果没有返回True，则返回False。示例代码如下所示。

```
A = {1,2,3}
B = {3,4,5}
print(A.isdisjoint(B))        #输出False
B.remove(3)
print(A.isdisjoint(B))        #输出True
```

任务实施

编写Python程序，利用集合协助同学A实现问卷调查，并完成"去重"与排序工作。

由于集合可以用来去重，而sorted()函数可以对集合进行排序，所以完成本任务需要执行以下步骤。

1）通过input()方法接收用户输入。

2）定义空集合sn，用集合实现自动去重（集合里面的元素是不可重复的）。

3）使用random模块调用randint()方法生成N个1～500之间的随机整数，并将其添加到集合中，打印输出集合的值。

4）利用sorted()进行排序。

示例代码如下所示。

```python
import random

N = int(input('请输入随机数的个数N：'))
sn = set([])        #定义集合sn

for i in range(N):       # 生成N个1～500之间的随机整数
    num = random.randint(1,500)
    sn.add(num)
print(sn)
print(sorted(sn))        # 排序
```

执行程序，运行结果如下所示。

```
请输入随机数的个数N：5
{194, 42, 461, 340, 279}
[42, 194, 279, 340, 461]
```

📌 任务记录

编写Python程序，利用集合协助同学A实现问卷调查，进行去重与排序工作，并检查运行结果是否正确。

任务记录表

任务名称		任务日期	
姓　　名		学　　号	

任务实施过程记录（对本任务的实施步骤和错误操作进行记录）：

任务总结（对本任务的难点和问题进行记录，如完成任务过程中遇到的问题、解决问题的思路、解决问题的方法和学到的内容等）：

任务评价（教师填写）：

单元小结

本单元主要介绍了列表、元组、字典和集合四种组合数据类型，重点介绍了每种结构的概念、创建和使用方法。

通过本单元的学习，读者应能够清楚四种数据类型各自的特点，在实际开发中熟练选择适合的数据类型进行编程，并重点掌握以下内容。

1）列表是使用"[]"将元素括起来的可变序列。

2）元组是使用"()"将元素括起来的不可变序列。

3）列表和元组中的元素可以是相同类型，也可以是不同类型，两者都支持双向索引。

4）字典类型是Python中的唯一映射类型，由"{}"括起来"键—值"对，字典中的"键—值"对无序。

5）字典和列表类似，字典中的数据也可以进行任意的添加、删除等操作，不同之处在于字典中通过键查找值。

6）集合是一种不存在重复元素的无序元素集，它的操作和数学中的集合相同，通过集合运算符或内置方法，完成交、并、差等集合运算。

习 题

1．根据商品信息，订单列表，执行下列操作：

商品信息

商 品 编 号	商 品 名 称	商品单价/元
101	香蕉	20
102	苹果	25
103	牛奶	60
104	面包	15
105	薯片	5

订单列表

商 品 编 号	购 买 数 量
102	3
103	2
105	1

1）打印出所有的商品信息，格式：商品编号xxx，商品名称xx，商品单价xx。

2）打印出所有订单中的信息，格式：商品编号xxx，购买数量xx。

3）打印出所有订单中的商品信息，格式：商品名称xx，商品单价xx，购买数量xx。

4）查找数量最多的订单（使用自定义算法，不使用内置函数）。

5）根据购买数量对订单列表升序排列。

2．如果两个素数之差为2，这样的两个素数就叫作"孪生数"，找出100以内的所有"孪生数"。

单元 5

函数

单元导读

在Python中，函数的重要作用就是实现分工合作的模块化程序设计。在实际开发过程中，经常会遇到很多完全相同或者非常相似的操作，这时可以将实现类似操作的代码封装为函数，然后在需要的地方调用该函数。函数就是一段封装好的、可以重复使用的代码，它使得程序更加模块化，不需要编写大量重复的代码。函数可以提前保存起来，并给它起一个独一无二的名字，只要知道它的名字就能使用这段代码。函数还可以接收数据，并根据数据的不同做出不同操作，最后反馈处理结果。

本单元将详细介绍Python中函数的使用方法，让读者进一步掌握函数在程序设计中的应用，体会到合作学习的重要性。

单元目标

素质目标

- 增强归纳总结的能力，培养团队合作能力。
- 培养自主创新、敢为人先的开拓精神。
- 突出民族自豪感，树立民族信心。
- 体会积少成多、集腋成裘，以及互助共赢的必要性和重要性。

知识目标

- 掌握函数的定义和调用方法。
- 熟悉函数参数传递的过程。
- 掌握return语句的使用方法。
- 掌握局部变量和全局变量的区别和典型用法。

- 理解递归函数的定义和使用方法。
- 了解匿名函数。
- 掌握模块的导入和使用。

能力目标

- 能够定义函数并正确调用自定义函数，实现饮品自动售货机功能。
- 能够利用函数求解汉诺塔问题。
- 能够利用函数制作2022年北京冬季奥运会奖牌榜。
- 能够利用random模块设计抽奖程序。
- 具有举一反三，灵活使用函数编程解决实际问题的能力。

任务1　设计饮品自动售货机程序

任务描述

随着无人新零售经济的崛起，商场、车站、大厦等各种场所都引入了无人饮品自动售货机，方便人们选购自己想要的饮品。购买者选择想要的饮品，通过投币或扫码的方式支付，支付成功后从出货口取出饮品。

本任务将带领大家编写Python程序，利用函数设计具有显示饮品信息、计算总额等功能的饮品自动售货机程序。

知识准备

一、函数的定义与调用

Python中函数的应用非常广泛，前面单元中已经接触过多个函数，如input()、print()、range()等函数，这些都是Python的内置函数，可以直接使用。

除了有可以直接使用的内置函数外，Python还支持自定义函数，即将一段有规律的、可重复使用的代码定义成函数，从而达到一次编写、多次调用的目的。

1. 函数的定义

定义函数，也就是创建一个函数，在Python中，函数定义的语法格式如下所示。

```
def 函数名([形式参数列表]):
    函数体
```

其中，函数定义以关键字def开始；随后是函数的名称（如print），函数名可以是任何合法的Python标识符；"[ ]"表示可选内容，如果函数需要一些输入信息，可以在括号内指定这些参数，参数可以是零个、一个或多个，当有多个参数时，各参数之间使用逗号隔开；函数定义以冒号":"结束。

函数定义之后的所有缩进代码都属于函数体。定义函数时须注意以下几点：

1)函数名后面的圆括号必不可少。

2)括号后面的冒号必不可少。

3)函数体相对于def关键字必须保持一定的空格缩进。

4)Python允许嵌套定义函数。

例5-1 定义一个名为hello()的问候函数,该函数的功能是输出"Hello"字符串。

```
#定义一个问候函数
def hello():
    print('Hello')
```

执行程序,运行结果如下所示。

```
Hello
```

2. 函数的调用

定义了函数之后,函数是不会自动执行的,需要调用它才可以执行。函数调用的一般形式如下所示。

```
函数名([实际参数列表])
```

其中,函数名指的是要调用的函数名称;实际参数列表指的是当初创建函数时要求传入的各个形式参数的值。

例5-2 编写求1~100的和的函数,然后调用函数输出结果。

```
def sum():        #定义函数
    s=0
    i=1
    while i<= 100:
        s=s+i
        i+=1
    print("sum=%d" %(s))

print("计算1~100的和:")
sum()             #调用函数输出结果
```

执行程序,运行结果如下所示。

```
计算1~100的和:
sum=5050
```

二、函数的参数

1. 形参和实参

函数的形参和实参是两个不同的概念。

形式参数又称形参,是函数所需的输入信息,在函数定义时指定形参。

例5-3 定义一个问候函数,该函数的功能是基于用户名输出不同的问候信息。可以在例5-1的hello()函数定义的括号内指定一个名字。

```
def hello(name):
    print('Hello %s' %(name))
```

其中，name被称为函数的形参。

实际参数又称实参，是调用函数时传递的数据。

例如，调用具有参数的函数时，需要传递相应的数据，如下所示。

```
hello('Python')
```

其中，圆括号中的字符串"Python"就是例5-3中函数hello(name)的实参。执行以上代码，将会在屏幕上显示问候信息"Hello Python"。

2．参数传递

当调用带参数的函数时，就会产生函数的参数传递。

函数的参数传递是指将实际参数传递给形式参数的过程，即函数在被调用时，向其传递实参，将实参引用传递给形参。

如果函数有多个形参，则需要使用逗号进行分隔，当函数在被调用时会将实参按照相应的位置依次传递给形参，也就是说将第一个实参传递给第一个形参，将第二个实参传递给第二个形参，以此类推。

例5-4 编写函数，接收两个整数，并输出其中最大数。

```
def printMax(a, b):         #定义函数printMax(a,b)，其中a和b是形参
    if a>b:
        print(a, ' is the max')
    else:
        print(b, ' is the max')

printMax(8, 5)              #调用函数printMax(a,b)，其中8和5是实参
```

函数printMax(a,b)在被调用时会将实参8传递给形参a，将实参5传递给形参b，运行结果如下所示。

```
8 is the max
```

> **知识链接**
>
> 调用函数时，指定的实际参数的数量必须和形式参数的数量一致，否则Python解释器会抛出TypeError异常，并提示缺少必要的位置参数。当实际参数类型和形式参数类型不一致，并且在函数中这两种类型之间不能正常转换，Python解释器也会抛出TypeError异常。如果指定的实际参数和形式参数的位置不一致，但它们的数据类型相同，那么程序将不会抛出异常，但有可能导致运行结果和预期不符。
>
> 因此，在调用函数时，一定要确定好实参个数、数据类型和位置，否则很有容易产生错误。

在Python中，根据实际参数的类型不同，函数参数传递方式可以分为两种，分别是值传递和引用（地址）传递。

1）值传递：适用于实参类型为不可变类型（如整数、浮点数、字符串、元组等）。

2）引用（地址）传递：适用于实参类型为可变类型（如列表，字典、集合等）。

当函数参数传递是值传递，即参数的数据类型为不可变数据类型时，若在函数内部使用"="修改形参的值，则不会影响实参的值，因为这样是把新的对象赋值给形参。

例5-5 阅读程序，分析输出结果。

```
def para_passing(x):
    x = 8           #定义形参的值
    print('函数内x =',x)
x = 5
para_passing(x)
print('函数外x =', x)
```

执行程序，运行结果如下所示。

```
函数内x = 8
函数外x = 5
```

从运行结果可以看出，在函数内修改了形参x的值，但是当函数运行结束后，实参x的值并没有改变。但是当函数参数传递是引用传递，即参数的数据类型为可变数据类型时，改变形参的值，实参的值也会一同改变。

例5-6 在函数内部修改实参列表的值。

```
def para_passing(list):
    list.append(['一班', '二班', '三班'])     #定义形参list的元素
    print('函数内list = ', list)
mylist = ['大一', '大二', '大三']
print('调用函数前，函数外list = ', mylist)
para_passing(mylist)
print('调用函数后，函数外list = ', mylist)
```

执行程序，运行结果如下所示。

```
函数调用前，函数外list =  ['大一', '大二', '大三']
函数内list = ['大一', '大二', '大三', ['一班', '二班', '三班']]
函数调用后，函数外list =  ['大一', '大二', '大三', ['一班', '二班', '三班']]
```

从运行结果可以看出，在函数内修改了形参list的元素值，当函数运行结束后，实参mylist的值也修改了。

例5-7 在函数内部修改实参字典元素的值。

```
def para_passing(dic):
    dic['age'] = 18
    print('函数内dic = ', dic )
mydic={'name':'Dong', 'age':17, 'sex': 'Male'}
print('调用函数前，函数外dic = ', mydic)
para_passing(mydic)
print('调用函数后，函数外dic = ', mydic)
```

执行程序，运行结果如下所示。

```
调用函数前，函数外dic =  {'name': 'Dong', 'age': 17, 'sex': 'Male'}
函数内dic =  {'name': 'Dong', 'age': 18, 'sex': 'Male'}
调用函数后，函数外dic =  {'name': 'Dong', 'age': 18, 'sex': 'Male'}
```

从运行结果可以看出，在函数内修改了形参dic的元素值，当函数运行结束后，实参mydic的值也修改了。

由以上两个例子可以看到，如果传递给函数的是可变序列，并且在函数内部使用下标或可变序列自身的方法增加、删除元素或修改元素时，实参也得到相应的修改。

3. 默认值参数

在定义函数时，可以为函数的参数设置默认值，这个参数被称为默认值参数。带有默认值参数的函数定义语法格式如下所示。

```
def 函数名(…,形参名=默认值):
    函数体
```

在以上语法中，使用赋值运算符(=)为某些参数指定默认值。

1）默认值参数必须出现在函数参数列表的最右端，任何一个默认值参数右边不能有非默认值参数。示例代码如下所示。

```
>>> def f(a=3,b,c=5):        #默认值参数a右边有非默认值参数b，报错误信息
    print(a,b,c)


  File "<input>", line 1
SyntaxError: non-default argument follows default argument
>>> def f(a=3,b):            #默认值参数a右边有非默认值参数b，报错误信息
    print(a,b)


  File "<input>", line 1
SyntaxError: non-default argument follows default argument
>>> def f(a,b,c=5):           #默认值参数c在最右边
    print(a,b,c)


>>>
```

2）调用带有默认值参数的函数时，可以不对默认值参数赋值，也可以为其赋值，具有很大的灵活性。若没有给带有默认值的形参传值，则直接使用该形参的默认值。示例代码如下所示。

```
>>> def say( message, times =1 ):
    print(message * times)


>>> say('hello')              #调用函数时，不对默认值参数进行赋值
hello
>>> say('hello ',3)           #调用函数时，将默认值参数赋值为3
hello hello hello
>>> say('hi ',7)              #调用函数时，将默认值参数赋值为7
hi hi hi hi hi hi hi
```

3）在Python中，可以使用"函数名.__defaults__"随时查看函数所有默认值参数的当前值，返回值为一个元组，其中的元素依次表示每个默认值参数的当前值。示例代码如下所示。

```
>>> say.__defaults__
(1,)
```

例5-8 在函数定义中使用默认值参数。

```
def new_member(name,student_id,grade="大一"):  #定义函数中使用默认值参数
```

```
        print("姓名",name)
        print("学号",student_id)
        print("年级",grade)
        print("----------------------------")
        return
# 调用函数
new_member("张三","0001")
new_member("李四","0002","大二")
```

执行程序，运行结果如下所示。

```
姓名 张三
学号 0001
年级 大一
----------------------------
姓名 李四
学号 0002
年级 大二
----------------------------
```

从程序运行结果可以看出，调用函数且不为默认值参数传递值时，默认值参数只在定义时进行一次解释和初始化。

4. 可变参数

如果希望函数参数的个数可变，往往需要用到可变参数。可变参数主要有两种形式：*parameter和**parameter，前者是接收多个实参并将其放在一个元组中，后者则是接收键值对并将其放在字典中。

(1) *parameter形式参数

可变参数*parameter，接收多个实参并将其放在一个元组中，基本语法格式如下所示。

```
def functionname([formal_args,] *var_args_tuple ):
    function_suite
    return [expression]
```

例5-9 使用可变参数*parameter。

```
>>> def demo1(*args):
        print(args)

>>> demo1('大一','大二','大三')
('大一', '大二', '大三')
```

在调用demo1()函数时，传入多个值，这些值会自左往右依次匹配函数定义时的参数，将'大一','大二','大三'组成一个元组('大一','大二','大三')。

(2) **parameter形式参数

可变参数**parameter接收键值对实参转变为字典类型，基本语法格式如下所示。

```
def functionname([formal_args,] **var_args_dict ):
    function_suite
    return [expression]
```

例5-10 使用可变参数**parameter。

```
>>> def demo2(**kwargs):
        for item in kwargs.items():
            print(item)

>>> demo2(张三='大一',李四='大二',王五='大三')
('张三', '大一')
('李四', '大二')
('王五', '大三')
```

在调用demo2()函数时，传入多个值，这些值会自左往右依次匹配函数定义时的参数，将张三='大一',李四='大二',王五='大三'转换为字典。

三、return语句

函数并非总是直接输出数据，它还可以处理一些数据，并返回一个或一组值。函数返回的值被称为返回值。

Python中，用def语句创建函数时，可以用return语句指定应该返回的值，该返回值可以是任意类型。需要注意的是，return语句在同一函数中可以出现多次，但只要有一个得到执行，就会结束函数的执行。调用函数的一方，可以使用变量来接收函数的返回结果。

函数中，使用return语句的语法格式如下所示。

return [返回值]

其中，返回值参数可以指定，也可以省略不写，省略时将返回空值None。

例 5-11 定义循环求和函数，要求把求和结果返回。

```
def sum(num1, num2):
    s = 0
    while num1 <= num2:
        s = s + num1
        num1 += 1
    return s                #使用return语句把求和结果返回

s2 = sum(1, 100)            #函数赋值给变量
print("sum=%d" %(s2))
print(sum(1, 100))          #函数返回值作为其他函数的实际参数
```

本例代码中，sum(num1, num2)函数可以用来计算1到100的和，并返回计算的结果。通过return语句指定返回值后，在调用函数时，既可以将该函数赋值给一个变量s2，用变量保存函数的返回值，也可以将其作为某个函数的实际参数。

执行程序，运行结果如下所示。

sum=5050
5050

如果函数没有return语句，或者有return语句但是没有执行到，或者只有return而没有返回值，Python将认为该函数以return None结束。

例 5-12 定义求商函数，根据判断条件有选择性地返回。

```
def quotient(dividend,divisor):         #定义求商函数
    if (divisor == 0):
```

```
            return                          #使用return语句
        else:
            return dividend/divisor         #使用return语句
a = 99
b = 3
print( a,"/" ,b," = ",quotient(a,b))        #函数调用，除数不为0

a = 99
b = 0
print( a,"/" ,b," = ",quotient(a,b))        #函数调用，除数为0
```

执行程序，运行结果如下所示。

```
99 / 3 =  33.0
99 / 0 =  None
```

本例代码中，除数b为0时，调用函数quotient(a,b)则执行语句"return"，只有return而没有返回值，运行结果中会输出"99 / 0 = None"。

> **知识链接**
>
> 1）在Python中，函数参数可以为位置参数、默认值参数、可变参数等。
> 2）Python在定义函数时不需要指定形参的类型，完全由调用者传递的实参类型以及Python解释器的理解和推断来决定，类似于重载和泛型。
> 3）Python函数定义时也不需要指定函数的类型，这将由函数中的return语句来决定，如果没有return语句或者return没有得到执行，则认为返回空值None。

任务实施

利用函数设计具有显示饮品信息、计算总额等功能的饮品自动售货机程序。要求能够展示商品信息"可口可乐：2.5元；百事可乐：2.5元；冰红茶：3元；脉动：3.5元；果缤纷：3元；绿茶：3元；茉莉花茶：3元；尖叫：2.5元"。按提示输入购买的商品和数量，计算需要支付的总金额。

本任务中饮品自动售货机具有显示饮品信息、计算总额两个主要功能，完成本任务需要进行以下操作。

1）定义函数all_goods( )，利用字典结构存储饮品信息，使用return语句返回饮品信息。
2）定义函数show_goods( )用来显示饮品信息。
3）定义函数total( )用来计算总额。
4）定义一个控制饮品自动售货机操作流程的函数main( )，在该函数中先调用show_goods( )函数展示饮品信息，用户根据展示的信息选择商品和数量，选购完之后输入"q"会调用total( )函数计算总额。

核心代码如下所示。

```
# 饮品信息
def all_goods():
    goods = {"可口可乐": 2.5, "百事可乐": 2.5, "冰红茶": 3, "脉动": 3.5, "果缤纷": 3,"绿茶": 3, "茉莉花茶": 3, "尖叫": 2.5}
    return goods

# 展示饮品信息
```

```
def show_goods():
    for x, y in all_goods().items():
        print(x, ":", str(y) + "元")

# 计算总额
def total(goods_dict):
    count = 0
    for name, num in goods_dict.items():
        total_money = all_goods()[name] * num
        count += total_money        # 总金额
    print("需要支付金额：", count, "元")
```

完整实施代码见配套资源，最终执行程序，可以多次输入购买商品和数量，当输入"q"时完成饮品购买，运行结果如下所示。

```
饮 品 自 动 售 货 机
可口可乐：2.5元
百事可乐：2.5元
冰红茶：3元
脉动：3.5元
果缤纷：3元
绿茶：3元
茉莉花茶：3元
尖叫：2.5元
输入q完成购买
请输入购物的商品：尖叫
请输入购物数量：5
请输入购物的商品：可口可乐
请输入购物数量：3
请输入购物的商品：q
需要支付金额： 20.0 元
```

任务记录

编写Python程序，利用函数设计具有显示饮品信息、计算总额等功能的饮品自动售货机程序。

任务记录表

任务名称		任务日期	
姓　　名		学　　号	

任务实施过程记录（对本任务的实施步骤和错误操作进行记录）：

任务总结（对本任务的难点和问题进行记录，如完成任务过程中遇到的问题、解决问题的思路、解决问题的方法和学到的内容等）：

任务评价（教师填写）：

任务2 求解汉诺塔问题

任务描述

汉诺塔游戏是一款风靡全球的益智游戏,它让玩家们可以通过完成各种不同的挑战,来锻炼自己的思维能力和解决问题的能力。该游戏是指在一座汉诺塔内,有3根柱子(编号A、B、C),柱子A自下而上、由大到小按顺序放置有N个盘子,如图5-1所示。

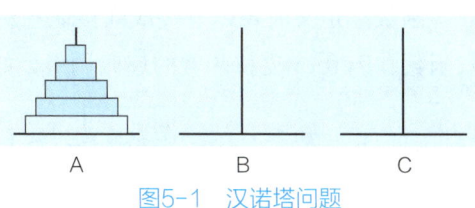

图5-1 汉诺塔问题

游戏的目标是把A柱子上的盘子全部移到C柱子上,并保持原有顺序叠好全盘。操作规则要求每次只能移动一个盘子,并且在移动过程中3根柱子上都始终保持大盘在下、小盘在上的状态,操作过程中盘子可以置于A、B、C任一柱子上。

本任务将带领大家编写Python程序,使用递归函数求解汉诺塔问题。

知识准备

一、函数的嵌套

函数在定义时还可以在其内部嵌套定义另外一个函数,此时嵌套的函数称为外层函数,被嵌套的函数称为内层函数。

例 5-13 在outer()函数中嵌套定义inner()函数。

```
def outer(a, b):              #定义外层函数outer()
    result = a + b
    print("我是外层函数")
    print(result)
    def inner():              #定义内层函数inner()
        print("我是内层函数")
```

需要注意的是,inner()函数只在定义开始到outer()函数结束范围内有效。

Python还允许在一个函数中调用另外一个函数,这就是函数的嵌套调用。

例 5-14 函数的嵌套调用。

```
def outer(a, b):              #定义外层函数outer()
    result = a + b
    print("我是外层函数")
    print(result)
    def inner():              #定义内层函数inner()
        print("我是内层函数")
    inner()   # 调用函数inner()
outer(1, 2)
```

执行程序,运行结果如下所示。

我是外层函数
3
我是内层函数

二、递归函数

函数在定义时可以直接或间接地调用其他函数。若函数直接或间接地调用自身，则这个函数被称为递归函数，Python支持函数的递归调用，如图5-2所示。

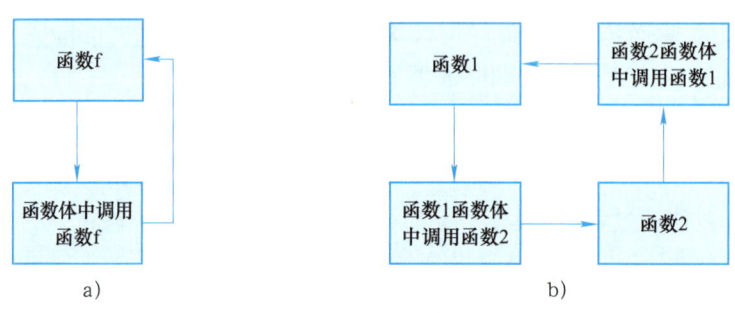

图5-2 两种递归调用

a）直接递归调用 b）间接递归调用

由于递归函数的两种递归调用都是无休止地调用自身，因此为了防止无限递归，所有递归函数都需要设定终止条件，否则会出现死循环。

递归函数的一般定义格式如下所示。

```
def 函数名([参数列表]):
    if 边界条件:
        return 结果
    else:
        return 递归公式
```

通常使用递归函数将一个难以解决的问题分解为多个易于解决的小问题。例如，对于解决结构相似的问题，采用递归的方式，将一个复杂的大型问题转化为与原问题结构相似的、规模较小的若干子问题，之后对最小化的子问题求解，从而得到原问题的解。

例5-15 用递归函数求解n！（n为整数）。

分析：当n=0时，所得的结果为1；当n>0时，所得的结果为n(n-1)！那么利用递归求解阶乘时，n=0是边界条件，n(n-1)！是递归公式。示例代码如下所示。

```
def func(num):
    if num==0:
        return 1
    else:
        return num * func(num-1)
num=int(input("请输入一个整数:"))
result=func(num)
print(f"{num}!=%d"%result)
```

执行程序，按提示输入整数4，执行结果如下所示。

请输入一个整数:4
4!=24

在程序执行时，求解func(4)转化为求解4*func(3)，想要得到func(4)的结果，必须先得到func(3)的结果；func(3)求解又会被转换为3*func(2)，同样地想要得到func(3)的结果必须先得到fun(2)的结果；func(2)求解又会被转换为2*func(1)；以此类推，直到程序开始求解1*func(0)，此时触发临界条件，func(0)的值可以直接计算，之后结果开始向上层层传递，直到最终返回func(4)的位置，求得4!。

> **知识链接**
>
> 在使用递归函数时应注意以下几点：
> 1）在处理不确定的循环条件时，可采用递归函数，例如，遍历整个文件目录的结构。
> 2）递归函数是自己调用自己，函数内部的代码是相同的，只是针对参数不同，处理的结果不同。
> 3）使用递归函数时，一定要有递归的出口，否则会出现死循环。

任务实施

使用递归函数求解汉诺塔问题。

此任务用递归函数求解汉诺塔问题时，先将汉诺塔游戏抽象为数学问题。

如图5-3所示，从左向右有3根柱子（编号A、B、C）在A自下而上、由大到小按顺序放置N个盘子。操作规则是：把A柱子上的盘子全部移到C柱子上，一次只能移动一个圆盘，且大圆盘只能在小圆盘下面，操作过程中盘子可以置于A、B、C任一柱子上。

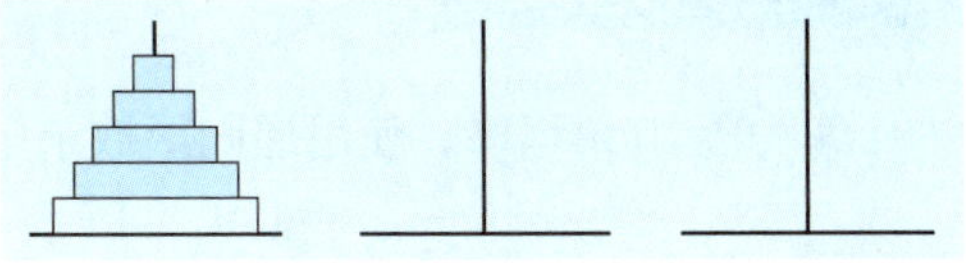

想要把A柱子上的全部盘子按要求移动到C柱子上，可以分为3个子步骤来完成。

图5-3 汉诺塔问题

步骤一：以C柱子为中介，从A柱子将1号至N-1号盘子移至B柱子。

步骤二：将A柱子中剩下的第N号盘子移至C柱子。

步骤三：以A柱子为中介，从B柱子将1号至N-1号盘子移至C柱子。

上面的步骤一和步骤二实际是两个子问题，和原问题形式相同，只是规模小了（要处理的盘子数目少了1个）。当然如果盘子总数N值为1，那么只需要一个步骤，就是把A柱子上的一个盘子移动到C柱子上即可。

为此，本任务需要设计递归函数hanoi(N,A,B,C)，其中N、A、B和C分别表示盘子数、源柱、中介柱和目标柱。函数调用一次，盘子数减1，当盘子数减至1时，递归结束。算法描述如下。

如果N为1，则将这一个盘子从A柱直接移到C柱，否则执行以下步骤。

步骤一：递归调用hanoi(N-1,A,C,B)，将N-1个盘子借助C柱从A柱移到B柱。

步骤二：将第N号盘子从A柱移到C柱。

步骤三：递归调用hanoi(N-1,B,A,C)，将N-1个盘子借助A柱从B柱移到C柱。

核心代码如下所示。

```
#定义函数hanoi(N,A,B,C)，N为盘子数，A代表初始位源柱，B代表过渡中介柱，C代表目标柱
def hanoi(N,A,B,C):
    if( N == 1 ):                #只需移动一个盘子
        print(A + "->" + C)      #直接将盘子从A移动到C
        return
    else :
        hanoi(N-1,A,C,B)         #先将N-1个盘子从A移到B
        print(A + "->" + C)      #再将1个盘子从A移到C
```

```
        hanoi(N-1,B,A,C)        #最后将N-1个盘子从B移到C
    return
```

完整实施代码见配套素材，执行程序，运行结果如下所示。

```
输入初始盘子数量:3
移动过程如下：
A->C
A->B
C->B
A->C
B->A
B->C
A->C
```

当调用递归函数时，由于存在层层递归，函数中的return语句并不是只会被执行一次，而是可能多次执行，每次执行只返回上一层的函数调用，并不导致最初的递归函数调用结束。只有在第一层的函数调用中执行return，才会导致整个递归过程结束。所以用递归函数解决结构相似的问题时更加简洁、易读。

任务记录

编写Python程序，使用递归函数求解汉诺塔问题。

任务记录表

任务名称		任务日期	
姓　名		学　号	

任务实施过程记录（对本任务的实施步骤和错误操作进行记录）：

任务总结（对本任务的难点和问题进行记录，如完成任务过程中遇到的问题、解决问题的思路、解决问题的方法和学到的内容等）：

任务评价（教师填写）：

任务3　制作2022年北京冬季奥运会奖牌榜

任务描述

第24届冬季奥林匹克运动会（XXIV Olympic Winter Games）——2022年北京冬季奥运会，是由我国举办的国际性奥林匹克赛事，于2022年2月4日开幕，2月20日闭幕。2022年北京冬季奥运会奖牌榜是运动员所获奖牌的统计榜单。北京2022年冬季奥运会奖牌"同心"形象来源于我国古代同心圆玉璧，与北京2008年奥运会奖牌"金镶玉"相呼应，体现了"双奥之城"的文化传承。

2022年北京冬季奥运会中，我国体育代表团共收获9金、4银、2铜，位列奖牌榜第三，金牌数和奖牌数均创历史新高。

本任务将带领大家编写Python程序，使用全局变量和匿名函数，制作2022年北京冬季奥运会奖牌榜。

知识准备

一、变量的作用域

当一个程序中包含多个函数时，可在各函数中分别定义变量。变量并非在程序的任意位置都可以被访问，其访问权限取决于变量定义的位置。变量所处的有效范围称为变量的作用域，不同作用域内变量名可以相同，互不影响。

一个变量在函数外部定义和在函数内部定义，其作用域是不同的。根据变量作用域的不同，可将变量分为局部变量（Local Variable）和全局变量（Global Variable）两种类型。

局部变量是指在函数内部定义的变量，它的作用域也仅限于函数内部。当函数被执行时，Python会为其分配一块临时的存储空间，所有在函数内部定义的变量，都会存储在这块空间中。在函数执行完毕后，这块临时存储空间随即会被释放并回收，该空间中存储的局部变量被自动删除，不可以再使用。

例5-16 局部变量的使用。

```
def test_one():
    number = 10                    #局部变量
    print(number)                  #函数内部访问局部变量
test_one()
print(number)                      #函数外部访问局部变量
```

执行程序，运行结果如下所示。

```
10
Traceback (most recent call last):
  File "D:/PyCharmProjects/untitled/1.py", line 5, in <module>
    print(number)                  #函数外部访问局部变量
NameError: name 'number' is not defined
```

函数内定义的局部变量，其作用域仅在函数内，所以在函数内部访问局部变量时，可以正常打印10。一旦函数运行结束，局部变量就会被删除而不可访问，所以在函数外部访问局部变量时，会报错显示"NameError"。

除了在函数内部定义变量，Python还允许在所有函数的外部定义变量，这样的变量称为全局变量。和局部变量不同，全局变量的默认作用域是整个程序，即全局变量既可以在各函数的外部使用，也可以在各函数的内部使用。

例5-17 全局变量的使用。

```
number = 10                        #全局变量
def test_one():
    print(number)                  #函数内部访问全局变量
test_one()
print(number)                      #函数外部访问全局变量
```

— 111 —

执行程序，运行结果如下所示。

10
10

从本例运行结果中可以看出，函数内部访问全局变量number和函数外部访问全局变量number时，均可成功打印10。

> **知识链接**
>
> 由于局部变量的引用比全局变量速度快，应用时通常优先考虑使用局部变量。

当想要在函数内部给一个定义在函数外的变量赋值，那么这个变量就不能是局部的，其作用域必须为全局的，能够同时作用于函数内外，这时可通过global关键字来声明这个全局变量，但声明时不能赋值。

使用global关键字可分为以下两种情况。

情况一：一个变量已经在函数外定义，如果在函数内需要为这个变量赋值，并要将这个赋值结果反映到函数外，可以在函数内用global声明这个变量，将其声明为全局变量。

情况二：在函数内部直接将一个变量声明为全局变量，在函数外没有声明，该函数执行后，被global修饰的变量将增加为新的全局变量。

例 5-18 用global关键字声明变量为全局变量。

```
>>> def demo():
        global x          #使用global声明变量x为全局变量
        x = 3
        y = 4
        print(x,y)
>>> x = 5                 #函数外定义全局变量x值为5
>>> demo()                #调用demo()函数
3 4
>>> x                     #函数外访问x变量
3
>>> y                     #函数外访问y变量
Traceback (most recent call last):
  File "<input>", line 1, in <module>
NameError: name 'y' is not defined
>>> del x                 #函数外显式删除x变量
>>> x
Traceback (most recent call last):
  File "<input>", line 1, in <module>
NameError: name 'x' is not defined
>>> demo()
3 4
>>> x
3
```

在上述代码中，函数内部使用global关键字明确声明变量x，此时x被定义为全局变量，函数外定义全局变量x值为5。当调用函数demo()时，x的值由5变为3，控制台打印x的值为3，y的值为4；函数外访问x

变量时，由于其为全局变量，所以控制台显示x的值仍为3；当函数外访问y变量时，由于其为局部变量，所以控制台显示错误信息"NameError"；当函数外显式删除x变量再次在函数外访问x变量时，控制台则会显示错误信息"NameError"；再次调用函数demo()，由于函数demo()中"global x"语句将变量x定义为全局变量，此时在函数外再次单独访问x变量，控制台又可以正常打印x的值，仍为3。

> **知识链接**
>
> 当局部变量与全局变量具有相同的名字，那么该局部变量会在自己的作用域内隐藏同名的全局变量。示例代码如下所示。
>
> ```
> >>> def demo():
>         x = 3           #创建了局部变量x值为3，并自动隐藏了同名的全局变量
> >>> x = 5               #函数外定义全局变量x值为5
> >>> x                   #函数外访问x变量
> 5                       #控制台打印全局变量x的值5
> >>> demo()              #调用函数
> >>> x                   #函数执行不影响外面全局变量的值
> 5
> ```

二、匿名函数

Python有一种特殊的函数叫"匿名函数"，它没有使用def语句定义函数的标准方式，而是用lambda关键字的方式来简略定义的函数。匿名函数没有函数名，而是将函数名作为函数结果返回，常用于不想定义函数但又需要函数的代码复用功能的场合，比如需要一个函数作为另一个函数参数的场合。

匿名函数定义如下所示。

函数名 = lambda [参数列表]:表达式

其中，表达式表示函数要进行的操作。

匿名函数具有以下特点：

1）lambda表达式中只包含一个表达式，函数体比def简单很多，所以匿名函数更加简洁。

2）lambda表达式的主体是一个表达式，而不是一个代码块，仅能在lambda表达式中封装有限的逻辑进去。

3）匿名函数拥有自己的命名空间，且不能访问自己参数列表之外或全局命名空间里的参数。

例5-19 给定多位学生信息（包括学号、姓名和成绩），按成绩排序后输出。

```
stu = [
    {'num':'202201','name':'张三','score':89},
    {'num':'202202','name':'李四','score':95},
    {'num':'202203','name':'王五','score':85}]         #定义学生信息
stu.sort(key = lambda x:x['score'])                    #按成绩排序
for s in stu:
    print('学号:',s['num'],'姓名:',s['name'],'成绩:',s['score'])   #输出列表
```

执行程序，运行结果如下所示。

学号：202203 姓名：王五 成绩：85
学号：202201 姓名：张三 成绩：89
学号：202202 姓名：李四 成绩：95

匿名函数常用在临时需要一个类似于函数的功能，但又不想定义函数的场合。例如在本例中，利用lambda表达式lambda x：x['score']来取出学生的score值，作为列表方法sort()的key参数值。

相比自定义函数，lambda表达式的优势主要表现在：对于单行函数，使用lambda表达式可以省去定义函数的过程，让代码更加简洁；对于不需要多次复用的函数，使用lambda表达式可以在用完之后立即释放，提高程序执行的性能。但是对于复杂的、不能用一个表达式来完成的任务，匿名函数则力不从心，此时应使用普通函数。

任务实施

使用全局变量和匿名函数，制作2022年北京冬季奥运会奖牌榜。

完成本任务需要执行以下步骤。

1）定义列表medal来保存2022年北京冬季奥运会奖牌数前10名的奖牌数，列表元素为字典类型，以国家代表队名为键，以奖牌数为值。

扫码观看视频

2）定义函数medal_ranking(num)（num为金牌数，表示排序依据），在其中使用sort()方法对medal进行降序排序，并使用lambda表达式作为参数key的值，遍历列表，输出排名和奖牌数。

3）使用"金牌数"作为参数调用medal_ranking()函数。

核心代码如下所示。

```
def medal_ranking(num):                                    #定义函数，对奖牌数进行排序
    print('*****2022年北京冬季奥运会奖牌榜（按{}排名）*****'.format(num))
    #按降序排序
    medal.sort(key=lambda x：list(x.values())[0][num], reverse=True)
    i = 1
    for country in medal:                                  #遍历列表
        for key, value in country.items():    #遍历字典
            print(i, key, '金牌', value['金牌'], '银牌', value['银牌'],
                '铜牌', value['铜牌'], '总数', value['总数'])
        i += 1
```

完整实施代码见配套素材，最终执行程序，运行结果如下所示。

```
*****2022年北京冬季奥运会奖牌榜（按金牌排名）*****
1 挪威 金牌 16 银牌 8 铜牌 13 总数 37
2 德国 金牌 12 银牌 10 铜牌 5 总数 27
3 中国 金牌 9 银牌 4 铜牌 2 总数 15
4 美国 金牌 8 银牌 10 铜牌 7 总数 25
5 瑞典 金牌 8 银牌 5 铜牌 5 总数 18
6 荷兰 金牌 8 银牌 5 铜牌 4 总数 17
7 奥地利 金牌 7 银牌 7 铜牌 4 总数 18
8 瑞士 金牌 7 银牌 2 铜牌 5 总数 14
9 ROC 金牌 6 银牌 12 铜牌 14 总数 32
10 法国 金牌 5 银牌 7 铜牌 2 总数 14
```

任务记录

编写Python程序，使用全局变量和匿名函数，制作2022年北京冬季奥运会奖牌榜。

任务记录表

任务名称		任务日期	
姓　　名		学　　号	

任务实施过程记录（对本任务的实施步骤和错误操作进行记录）：

任务总结（对本任务的难点和问题进行记录，如完成任务过程中遇到的问题、解决问题的思路、解决问题的方法和学到的内容等）：

任务评价（教师填写）：

任务4　设计抽奖程序

任务描述

在生活中，有人会梦想着一夜暴富，把希望寄托在抽奖或一张张彩票上，这种梦想成真发生的概率极小，甚至无限趋近于零。

本任务将带领大家利用Python提供的random模块来编写代码并设计一个抽奖程序。

知识准备

一、模块的定义和分类

在Python中，一个.py文件就可以称为一个模块，模块用来归置类、函数、变量和可执行代码。将功能类似的类或者函数放到同一模块，能使代码结构更加清晰。

模块可以分为以下3种。

1. 内置标准模块（又称标准库）

内置标准模块是Python解释器自带，可以执行help('modules')查看所有Python自带模块列表。

2. 第三方模块（又称第三方库）

第三方模块为开源模块，可通过"pip install 模块名"联网安装，手动安装之后才可使用。例如，下面代码中的plotly就是需要安装的模块名。

```
pip install -i https://pypi.tuna.tsinghua.edu.cn/simple plotly
```

3. 自定义模块

自定义模块是指用户自己自行编写的.py的文件。

通常为了更好地组织模块，会把多个模块放在一个包中。

二、模块的导入和使用

使用模块之前，一定要先导入模块，导入模块的方式有5种：

方式一：import 模块名

方式二：from 模块名 import 功能名

方式三：from 模块名 import *

方式四：import 模块名 as 别名

方式五：from 模块名 import 功能名 as 别名

下面重点来介绍模块的导入和使用。

1. import导入

在Python中用关键字import来引入某个模块，例如，要引入内置标准模块datetime，就可以在文件最开始的地方用import datetime来引入。语法结构如下所示。

```
import 模块名1,模块名2,…
```

使用模块里的函数时，语法结构如下所示。

```
模块名.函数名()    #使用模块里的函数
```

这里需要注意的是，在使用函数时一定要加上模块名调用，因为可能存在这样一种情况：在多个模块中含有相同名称的函数，此时如果只是通过函数名来调用，Python解释器无法知道到底要调用哪个函数。

例5-20 使用import导入模块。

```
import datetime
x = datetime.datetime.now()
print(x)
```

执行程序，运行结果如下所示。

```
2022-10-27 14:30:12.217152
```

这里导入Python自带的datetime模块。输出的日期中包含年、月、日、小时、分钟、秒。

2. from…import语句

from…import语句允许编写人员只导入模块的一部分，例如，导入某个方法、某个变量等。语法结构如下所示。

```
from 模块名 import 函数名(变量名)1,函数名(变量名)2,…
```

例5-21 使用from…import语句导入模块。

```
from time import gmtime
if gmtime().tm_year == 2022：
    for i in range(1,13)：
        print(str(gmtime().tm_year)+'年'+str(i)+'月')
```

执行程序，运行结果如下所示。

```
2022年1月
2022年2月
2022年3月
2022年4月
2022年5月
2022年6月
2022年7月
2022年8月
2022年9月
2022年10月
2022年11月
2022年12月
```

在本例代码中，不会把整个time模块导入到当前的命名空间中，它只会将time里的gmtime单个函数导入。需要注意的是，通过这种方式导入的时候，调用函数时只能给出函数名，不能给出模块名，但是当两个模块中含有相同名称函数的时候，后一次导入会覆盖前一次导入。也就是说假如模块A中有函数function( )，在模块B中也有函数function( )，如果导入A中的function( )在先，导入B中的function( )在后，那么当调用function( )函数的时候，是去执行模块B中的function( )函数。

3. from…import *语句

把一个模块的所有内容全都导入到当前的命名空间时使用from…import *语句，语法结构如下所示。

```
from 模块名 import *
```

例5-22 使用from…import *语句导入模块。

```
from time import *
if gmtime().tm_year == 2022：
    for i in range(1,13)：
        print(str(gmtime().tm_year)+'年'+str(i)+'月')
```

执行程序，运行结果如下所示。

```
2022年1月
2022年2月
2022年3月
2022年4月
2022年5月
```

2022年6月
2022年7月
2022年8月
2022年9月
2022年10月
2022年11月
2022年12月

import后面加了"*"符号，还是会导入全部的模块。

> **知识链接**
>
> "from模块名import *"语句与"import模块名"都能导入指定模块的全部内容，相比之下，"import模块名"导入方式使用更加方便，因此更推荐在程序中用此种方式导入指定模块的全部内容。

4．as别名

Python支持导入模块时为模块设置别名，此时要用关键字as来实现，语法结构如下所示。

import 模块名 as 别名

或

from 模块名 import 功能名 as 别名

例5-23 使用as关键字设置别名。

```
>>>import time as tt    #导入模块时设置别名为 tt
   time.sleep(1)
>>>NameError  Traceback (most recent call last)
<ipython-input-2-07a34f5b1e42> in <module>()
-----> 1 time.sleep(1)
NameError：name 'time' is not defined
>>>tt.sleep(1)          #使用模块别名tt才能调用方法
>>>from time import sleep as sp   #导入方法时设置别名为sp
   sleep(1)
>>>NameError  Traceback (most recent call last)
<ipython-input-5-82e5c2913b44> in <module>()
-----> 1 sleep(1)
NameError：name 'sleep' is not defined
>>>sp(1)                #使用方法别名sp才能调用方法
>>>
```

三、random模块

random模块是Python内置标准模块，主要用于生成随机数或者从一个列表里随机获取数据，其模块文件为Python安装目录下的"lib"子目录中的random.py。

random模块提供的函数主要包括整数随机数函数、浮点数随机数函数和序列随机函数等。random模块中常用的函数见表5-1。

表5-1　random模块中常用的函数和功能说明

函　　数	功　能　说　明
random.random()	用于生成一个随机浮点数n，0≤n<1.0
random.uniform(a,b)	用于生成一个指定范围内的随机浮点数n，若a<b，则a≤n≤b；若a>b，则b≤n≤a
random.randint(a,b)	用于生成一个指定范围内的整数n，a≤n≤b
random.randrange([start],stop,[step])	生成一个按指定基数递增的序列，再从该序列中获取一个随机数
random.choice(sequence)	从序列中获取一个随机元素，参数sequence表示一个有序类型
random.shuffle(x,[random])	将序列x中的元素随机排列

1. random.random()

random.random()用于生成一个0~1的随机浮点数：0≤n<1.0。

例5-24 random.random()函数的使用。

```
import random
a = random.random()
b = random.random()
print(a,b)
```

执行程序，运行结果如下所示。

0.14950126763787908 0.18635283756700527

2. random.uniform(a,b)

random.uniform(a,b)用于生成一个指定范围内的随机浮点数，两个参数中一个是上限，一个是下限，位置可以互换。若a<b，则生成的随机数a≤n≤b。

例5-25 random.uniform(a,b)函数的使用。

```
import random
a = random.uniform(5,10)
b = random.uniform(10,5)
print(a,b)
```

执行程序，运行结果如下所示。

6.9049288850125485 9.36059520278101

3. random.randint(a,b)

random.randint(a,b)用于生成一个指定范围内的整数。其中，参数a是下限，b是上限，生成的随机数n：a≤n≤b。

例5-26 random.randint(a,b)函数的使用。

```
import random
a = random.randint(2,4)
b = random.randint(1,5)
print(a,b)
```

执行程序，运行结果如下所示。

4 3

4. random.randrange([start],stop,[step])

random.randrange([start],stop,[step])是从指定范围中，按指定基数递增的集合中获取一个随机数。参数必须为整数，start默认为0，step默认为1，所以当函数为单个参数时，实参最小值应为1。

例5-27 random.randrange([start],stop,[step])函数的使用。

```
import random
a = random.randrange(1,10,2)
b = random.randrange(1,10,2)
c = random.randrange(50)
print(a,b)
print(c)
```

执行程序，运行结果如下所示。

```
3 1
20
```

5. random.choice(sequence)

random.choice(sequence)从序列中获取一个随机元素，参数sequence表示一个有序类型，泛指一系列类型，如列表、元组、字符串。

例5-28 random.choice(sequence)函数的使用。

```
import random
list_1 = ['Python','Java','C']
str_1 = "I love Python"
tuple_1 = (1,2,'kai')
print(random.choice(list_1))
print(random.choice(str_1))
print(random.choice(tuple_1))
```

执行程序，运行结果如下所示。

```
Java
v
1
```

6. random.shuffle(x,[random])

random.shuffle(x,[random])用于将一个列表中的元素打乱，即将列表中的元素随机排列。

例5-29 random.shuffle(x,[random])函数的使用。

```
import random
list_1 = ['Python','Java','C','C++']
random.shuffle(list_1)
print(list_1)
```

执行程序，运行结果如下所示。

```
['C', 'Python', 'Java', 'C++']
```

📌 任务实施

利用Python提供的random模块编写代码并设计一个抽奖程序。

在本任务中,商场抽奖的结果有"谢谢参与""三等奖""二等奖"和"一等奖"4个等级,中奖率分别为85%、10%、4%和1%。可以通过随机数来模拟抽奖数据,所以需要使用random模块。

1)导入random模块。

2)定义抽奖次数变量times。

3)利用for循环进行times次抽奖,调用random模块的randint( )函数产生[1,100]中的一个随机整数。

4)将[1,100]分为4个数值区间,区间范围大的部分代表概率高,小的部分代表概率低。利用分支结构判断随机整数位于的区间,若随机整数位于区间[1,85],则未能抽中奖;若位于区间(85,95],则为三等奖;若位于区间(95,99],则为二等奖;若位于区间(99,100],则为一等奖。

核心代码如下所示。

```python
import random    #导入random模块

times = 10    #定义抽奖次数
for i in range(times):
    x = random.randint(1,100)
    if x <= 85:
        status ="谢谢参与"
        cnt_None += 1
    elif x <= 95:
        status ="三等奖"
        cnt_3rd += 1
    elif x <= 99:
        status ="二等奖"
        cnt_2nd += 1
    else:
        status ="一等奖"
        cnt_1st = cnt_1st + 1
    print("第{}次:{}".format(i + 1,status),end='。\n')
```

完整实施代码见配套素材,执行程序,运行结果如下所示。

```
第1次:谢谢参与。
第2次:谢谢参与。
第3次:谢谢参与。
第4次:谢谢参与。
第5次:三等奖。
第6次:谢谢参与。
第7次:谢谢参与。
第8次:谢谢参与。
第9次:谢谢参与。
第10次:谢谢参与。
抽奖10次,未中奖概率90%,三等奖概率10%,二等奖概率0%,一等奖概率0%
```

本任务只进行了10次抽奖,读者可修改变量time的值,观察程序执行情况。

📌 任务记录

利用Python提供的random模块编写程序，设计抽奖程序。

任务记录表

任务名称		任务日期	
姓　　名		学　　号	

任务实施过程记录（对本任务的实施步骤和错误操作进行记录）：

任务总结（对本任务的难点和问题进行记录，如完成任务过程中遇到的问题、解决问题的思路、解决问题的方法和学到的内容等）：

任务评价（教师填写）：

单 元 小 结

本单元主要介绍函数的定义和调用、函数的参数和返回值、变量的作用域、递归函数和匿名函数。

通过本单元的学习，读者应能深刻体会到函数的便捷之处，在实际开发中能熟练地应用函数并重点掌握以下内容。

1）Python中函数定义以关键字def开始，以冒号"："结束。

2）Python中函数参数可以为位置参数、默认值参数、可变参数等。

3）Python中根据实际参数的类型不同，函数参数的传递方式可分为两种，分别是值传递和引用（地址）传递。

4）Python用def语句创建函数时，可以用return语句指定应该返回的值，该返回值可以是任意类型。

5）Python中可以嵌套定义函数，也可以嵌套调用函数，还允许函数递归。

6）根据作用域的不同，变量可以划分为局部变量和全局变量。

7）关键字lambda用于定义匿名函数，将函数名作为函数结果返回。

8）Python使用import关键字来导入模块，random模块主要用于生成随机数或者从一个列表里随机获取数据。

习 题

1．编写函数，输出1～100中偶数之和。

2．编写函数，计算20×19×18×…×3的结果。

3．编写函数，判断用户输入的3个数字是否能构成三角形的3条边。

4．编写函数，求两个正整数的最小公倍数。

5．计算1!+2!+3!+…+10!的值并输出，使用函数的嵌套调用实现。

6．编写一个函数，参数为一串明文密码字符串，返回值为字符串长度以及字符串里面大写字母、小写字母和数字的个数，共4个数字。

7．如果一个字符串正着读和反着读都一样，那么就称它为回文串。编写一个函数，参数为一个字符串，使用for循环，返回这个字符串是否为回文串。

8．质数只能被1和它本身整除。给定一个正整数n，返回1～n的所有质数。

9．两个数的最大公约数为能整除两个数的最大正整数。编写一个函数，输入一个数组，输出这个数组内最大值和最小值的最大公约数。

10．设计一个猜数字游戏，由系统随机生成一个数（使用random模块），然后让游戏参与者猜数字是多少。如果参与者猜的数字比实际数字大，就提醒参与者再猜小一些；如果参与者猜的数字比实际数字小，就提醒参与者再猜大一些；如果参与者猜的数字与实际数字相等，就祝贺参与者成功猜中。

单元 6

面向对象

单元导读

面向对象是程序开发领域的重要思想，这种思想模拟了人类认识客观世界的思维方式，将开发中遇到的事物皆看作对象。Python支持面向对象编程，且3.x版的Python源代码全部基于面向对象设计，因此了解面向对象编程思想对Python学习而言非常重要。

本单元主要介绍面向对象程序设计基础，包括类的定义、实例的创建、方法的定义；重点介绍面向对象的三大特性；让读者进一步掌握面向对象程序设计的思路。

单元目标

素质目标

- 善于观察，提高对事物的归纳总结能力。
- 培养团队合作的能力。
- 培养严谨细致的作风和认真负责的态度。
- 增强使用抽象思维解决实际问题的能力。

知识目标

- 理解面向对象的编程思想。
- 掌握定义类和创建类的实例的方法。
- 掌握类中变量和方法的应用。
- 理解类成员和实例成员的区别。
- 掌握面向对象的三大特性（封装、继承和多态）及相关知识的应用。

能力目标

- 能够在任务中掌握封装、继承和多态的用法。
- 能够面向对象设计学生信息管理系统,体会类的设计和对象的创建。
- 能够利用面向对象的特性开发"人机猜拳"游戏。

任务1 设计学生信息管理系统

任务描述

随着时代的发展,学生信息化管理已经成为一个必不可少的重要环节。通过信息化管理,可以实现学生信息的收集、分析和处理,从而更好地为他们提供优质的教学服务。学生信息管理系统应具有添加学生信息、删除学生信息、修改学生信息和查询所有学生信息等功能,负责编辑学生的信息,适时地更新学生的资料。例如,新生入校,要在学生管理系统中录入刚入校的学生信息。

本任务将带领大家编写Python程序,用面向对象编程思想设计学生信息管理系统。

知识准备

一、面向对象编程思想

面向对象程序设计(Object Oriented Programming,OOP)的思想主要是针对大型软件设计,它使得软件设计更加灵活,能够很好地支持代码复用和设计复用,并且使得代码具有更好的可读性和可扩展性。Python完全采用了面向对象程序设计的思想,是真正面向对象的高级动态编程语言,完全支持面向对象的基本功能,如封装、继承、多态以及对基类方法的覆盖或重写。因此,掌握面向对象编程思想至关重要。

面向对象是相对于面向过程而言的,它是一种对现实世界理解和抽象的方法,是计算机编程技术发展到一定阶段的产物。

面向过程编程主要是分析出实现需求所需要的步骤,通过函数一步一步实现这些步骤,接着依次调用函数即可。面向过程编程的关注点在于怎么做,特点是:

1)注重步骤与过程,不注重职责分工。
2)如果需求复杂,代码会变得很复杂。
3)开发复杂项目没有固定的套路,开发难度很大。

面向对象编程则是分析出需求中涉及哪些对象,这些对象各自有哪些特征、有什么功能,对象之间存在何种关系等,将存在共性的事物或关系抽象成类,最后通过对象的组合和调用完成需求。面向对象编程的关注点在于谁来做,在完成某一个需求前,首先确定职责——要做的事情(方法),根据职责确定不同的对象,在对象内部封装不同的方法(多个),最后就是顺序地调用不同对象的相应方法。特点是:

1）注重对象和职责，不同的对象承担不同的职责。

2）更加适合应对复杂的需求变化，是专门应对复杂项目开发而提供的固定套路。

综上所述，面向过程编程性能更高，适合于简单系统，容易理解。而面向对象编程易维护、易扩展、易复用，适合于复杂系统，灵活方便。

二、类和对象

类和对象是面向对象编程的两个核心概念。

对象是指实实在在存在的各种事物，如某张桌子、某辆汽车、某个学生等。对象通常包含两部分信息：特征和行为。一般使用变量表示对象的特征，用函数或方法表示对象的行为。

类是用来描述一组具有相同特征和行为的对象的模板，是对这组对象的概括、归纳和抽象表达。特征其实就是一个变量，在类里被称为属性。行为其实就是一个函数，在类里被称为方法。类其实就是由"属性和方法"组成的一个抽象概念。

现实世界中，先有对象后有类，物以类聚；而在计算机的世界里，则先有类后有对象。在面向对象的编程中，先在类中定义共同的属性和行为，然后通过类创建具有特定属性值和行为的实例，这便是对象。

类不是一种具体存在，而对象是具体存在。例如，定义了一个学生类，这个学生类有这些属性：学号，性别，姓名，专业，班级。现在根据这个类可以创建出两名学生对象，这两名学生分别是001、男、张三、计算机应用专业、2022级1班和101、女、陈红、大数据技术专业、2022级2班。可以发现，这两名学生都有学号、性别、姓名、专业和班级这些属性，但是每名学生对应的属性值却不一样。

1. 类的定义和使用

在程序开发中要设计一个类，通常需要满足以下3个要素：

类名：这类事物的名字，按照"大驼峰"命名法（每个单词的首字母大写）起名。

属性：这类事物具有什么样的特征。

方法：这类事物具有什么样的行为。

（1）类的定义

Python中定义类的基本语法格式如下所示。

```
class  类名：
    #类的内部实现
    属性名 = 属性值
    def  方法名(self):
        方法体
```

对于类的定义，有如下规定：

1）Python使用class关键字来定义类，class关键字之后是一个空格，然后是类的名字，然后是一个冒号，最后换行并定义类的内部实现。

2）类名的首字母一般要大写，当然也可以按照自己的习惯定义类名，但一般推荐参考惯例来命名，并在整个系统的设计和实现中保持风格一致，这一点对于团队合作尤其重要。

3）类的内部实现中一般包括属性的定义和方法的定义，且相对于class关键字必须保持一定的空格缩进。

4）方法的定义语法与函数一样，也是使用def关键字，相当于定义在类里面的函数。但是与类外的函数不同的是，类方法的第一个参数都是指向调用者实例的引用，在定义时一般都习惯用self作为参数名（也可以使用其他标识符作为参数名）。

5）属性和方法统称为类的成员。

例6-1 类的定义。

```
#定义类
class Car：
    #类的内部实现
    wheels = 4                # 定义wheels属性
    def info(self)：          # 定义info()方法
        print('This is a car')
```

上面的示例代码定义了一个名为Car的类，它包含了一个属性wheels和一个方法info()。

（2）创建类的对象

定义了一个类后，就可以使用类名加括号的形式实例化该类的对象。在Python中，创建对象的语法格式如下所示。

```
对象名 = 类名()
```

创建完对象后，可以使用它来访问类中的属性和方法，具体方法是：

```
对象名.属性名
对象名.方法名([参数])
```

示例代码如下所示。

```
>>> car = Car()
>>> car.infor()
 This is a car
```

在Python中，可以使用内置函数isinstance()来测试一个对象是否为某个类的实例，isinstance()函数返回值是布尔类型。示例代码如下所示。

```
>>> isinstance(car, Car)
True
>>> isinstance(car, Str)
False
```

通过上面的示例代码可以看出，对象car是类Car的一个实例，而对象car不是类Str的一个实例。

例6-2 编写第一个面向对象代码。

需求：小猫爱吃鱼，小猫要喝水。

分析：定义一个猫类Cat，定义两个方法eat和drink，按照需求不需要定义属性。示例代码如下所示。

```
#定义猫类
class Cat：
    def eat(self)：           #定义eat()方法
        print("小猫在吃鱼")
```

```
        def drink(self):                              #定义drink ()方法
            print("小猫在喝水")

    tom = Cat()                                       # 创建了一个Cat对象tom
    tom.eat()                                         # tom调用eat()方法
    tom.drink()                                       # tom调用drink()方法

    hello_kitty = Cat()                               # 又创建了一个新的Cat对象hello_kitty
    hello_kitty.eat()                                 # hello_kitty调用eat()方法
    hello_kitty.drink()                               # hello_kitty调用drink()方法
```

本例中创建了类的两个对象，分别是tom和hello_kitty。

2．self参数

类的所有实例方法都必须至少有一个名为self的参数，并且必须是方法的第一个形参（如果有多个形参），self参数代表将来要创建的对象本身。

在类的实例方法中访问实例属性时需要以self为前缀。哪个对象调用了方法，方法里的self指的就是谁。通过"self.属性名"可以访问到这个对象的属性；通过"self.方法名()"可以调用这个对象的方法。

在类的外部通过对象名调用对象方法时并不需要传递self参数，但是如果在外部通过类名调用对象方法则需要为self参数传值。

例6-3 self参数的使用。

```
    class Car:
        def colour(self,col):                         #定义赋值颜色方法
            self.col=col                              #赋值
        def show(self):                               #定义显示颜色方法
            print('The color of the car is %s.'%self.col)   #输出颜色
    car_1 = Car()                                     #创建对象car_1
    car_1.colour('red')                               # car_1调用方法
    car_2 = Car()                                     #创建对象car_2
    car_2.colour('white')                             # car_2调用方法
    car_1.show()                                      # car_1调用方法
    Car.show(car_2)                                   # 类名Car调用方法，self参数传值为car_2
```

执行程序，运行结果如下所示。

```
The color of the car is red.
The color of the car is white.
```

知识链接

在Python中，在类中定义实例方法时将第一个参数定义为"self"只是一个习惯，而实际上类的实例方法中第一个参数的名字是可以变化的，不是必须使用"self"这个名字。尽管如此，建议编写代码时仍以self作为方法的第一个参数的名字。示例代码如下所示。

```
>>> class A:
        def __init__(ceshi, v):
            ceshi.value = v
        def show(ceshi):
            print(ceshi.value)
>>> a = A(3)
>>> a.show()
3
```

3. 类的构造器方法

Python里有一种方法，这种方法并不需要由用户显式调用，而是在实例化类时自动被调用，即称为"类的构造器（constructor）方法"。

类的构造器方法在Python的类里提供，由两个下划线开始、两个下划线结束，且方法名字已经由Python官方定义好，不能乱写。

下面介绍两种常用的类的构造器方法。

（1）__init__()方法

__init__()方法又称"构造方法"，在创建一个对象时默认被调用，从而实现对对象进行初始化的操作。在开发中，如果希望在创建对象的同时，就设置对象的属性，可以重写"__init__()"方法来执行一些具体的初始化操作。

__init__()方法可以有参数，这些参数也像普通函数的参数一样，可以设置默认值。实例化时只需要将相应的值放在类名后的括号里面。

例6-4 __init__()方法使用。

```
# 定义猫类
class Cat:
    def __init__(self, name):          # 重写了__init__方法，带有参数的__init__方法
        self.name = name
print('---__init__()方法被调用---')
    def eat(self):
        print("%s爱吃鱼" %self.name)
    def drink(self):
        print('%s爱喝水' %self.name)


"""
tom = Cat()
TypeError: __init__() missing 1 required positional argument: 'name'
这种写法在运行时会直接报错！因为 __init__ 方法里要求在创建对象时，必须要传递 name 属性，如果不传入会直接报错！
"""

tom = Cat("Tom")            # 创建对象时，必须要指定name属性的值
sam = Cat("Sam")            # 创建对象时，必须要指定name属性的值
tom.eat()                   # Tom爱吃鱼
sam.drink()                 # Sam爱喝水
```

执行程序，运行结果如下所示。

---__init__()方法被调用---
---__init__()方法被调用---
Tom爱吃鱼
Sam爱喝水

注意：

1）Python中每个类有且仅有一个__init__()方法，即便不手动为类添加任何构造方法，创建对象时，也会隐式地调用只包含self参数的构造方法。

2）__init__()方法里的self参数在创建对象时不需要传递参数，Python解释器会把创建好的对象引用直接赋值给self。

3）在类的内部，可以使用self来使用属性和调用方法；在类的外部，需要使用对象名来使用属性和调用方法。

4）如果有多个对象，每个对象的属性是各自保存的，都有各自独立的地址。

5）方法是所有对象共享的，只占用一份内存空间，方法被调用时会通过self来判断是哪个对象调用了实例方法。

（2）__del__()方法

创建对象后，Python解释器默认调用__init__()方法；而当删除对象时，Python解释器也会默认调用一个方法，这个方法为__del__()方法。需要注意的是，程序结束时会自动调用__del__()方法，也可以使用del语句手动调用__del__()方法删除对象。

例6-5 程序结束时自动调用__del__()方法。

```
class Animal()：
    #__init__()方法
    def __init__(self)：
        print('---__init__()方法被调用---')
    #__del__()方法
    def __del__(self)：
        print('---__del__()方法被调用---')
#创建对象
dog = Animal()
print('---程序结束---')
```

执行程序，运行结果如下所示。

---__init__()方法被调用---
---程序结束---
---__del__()方法被调用---

本例代码中，由于没有使用del语句，因此在程序结束时自动调用__del__()方法，所以先输出"---程序结束---"，后输出"---__del__()方法被调用---"。

例6-6 使用del语句手动调用__del__()方法删除对象。

```
class Animal()：
    #__init__()方法
    def __init__(self)：
```

```
        print('---__init__()方法被调用---')
    #__del__()方法
    def __del__(self):
        print('---__del__()方法被调用---')
#创建对象
dog = Animal()
del dog
print('---程序结束---')
```

执行程序，运行结果如下所示。

---__init__()方法被调用---
---__del__()方法被调用---
---程序结束---

本例代码中，由于程序结束前已使用del语句手动调用__del__()方法删除dog对象，所以先输出"---__del__()方法被调用---"，后输出"---程序结束---"。

三、类成员和实例成员

类中定义的变量又称为数据成员，数据成员按声明的方式可以分为两类：一类是类成员（类属性），另一类是实例成员（实例属性）。

实例成员一般是指在构造函数__init__()中定义的数据成员，定义和使用时必须以self作为前缀；类成员是在类中所有方法之外定义的数据成员。

两者的区别是：在主程序中（或类的外部），实例成员属于实例（对象），只能通过对象名访问；而类成员属于类，通过类名或对象名都可以访问。

例6-7 类成员和实例成员。

```
class Car:                                  #定义Car类
    type = '汽车'                            #定义类成员
    def __init__(self, color):
        self.color = color                  #定义实例成员

car = Car('白色')                            #创建对象
print(Car.type, car.type, car.color)        #访问类成员和实例成员并输出
```

执行程序，运行结果如下所示。

汽车 汽车 白色

在Python中比较特殊的是，可以动态地为类和对象增加成员，这一点是和很多面向对象程序设计语言不同的，也是Python动态类型特点的一种重要体现。

使用"类名.新的类成员名 = 初始值"可以动态添加类成员，添加成功后，类的所有实例都拥有这个新增加的类成员。使用"对象名.新的实例成员名 = 初始值"可以动态添加实例成员。

例6-8 动态地为类和对象增加成员。

```
class Car:
    type = '汽车'                            #定义类成员
```

```
        def __init__(self, color):
            self.color = color            #定义实例成员
    car = Car('白色')                      #创建对象
    print(Car.type, car.type, car.color)  #访问类成员和实例成员并输出
    Car.name = 'QQ'                       #动态增加类成员
    car.price = '10万'                    #动态增加实例成员
    print(Car.name, car.name, car.price)  #访问增加的类成员和实例成员并输出
```

执行程序，运行结果如下所示。

汽车 汽车 白色
QQ QQ 10万

Car类中定义的type和动态为类增加的name都是类成员，因此它们都属于类，可以通过类名或对象名访问。但在__init__()方法中定义的color和动态为对象car增加的price都是实例成员，因此它们只能通过对象名访问，如果用类名访问则会提示错误信息。

如果类成员和实例成员同名，访问类中的类成员和实例成员时，通过对象名访问时获取的是实例成员的值，通过类名访问时获取的是类成员的值。

例6-9 类中的类成员和实例成员同名。

```
    class Car:                            #定义Car类
        color = '白色'                    #初始化类成员
        def __init__(self):
            self.color = '红色'           #初始化实例成员
    car = Car()                           #创建对象
    print(Car.color, car.color)           #访问类成员和实例成员并输出
```

执行程序，运行结果如下所示。

白色 红色

从程序运行结果可以看出，类成员和实例成员的名称相同，都为color，通过类名Car访问color（Car.color）时获取的是类成员的值为"白色"，而通过对象名car访问color（car.color）时获取的是实例成员的值为"红色"。

> **知识链接**
>
> 尽量避免类成员和实例成员同名。如果有同名类成员和实例成员，实例对象会优先访问实例成员。
> 类成员只能通过类修改，不能通过实例对象修改。
> 类成员也可以设置为私有，需要在前面添加两个下划线。

任务实施

用面向对象编程思想设计学生信息管理系统。要求可以在此系统中实现以下操作功能：添加学生信息、删除学生信息、展示班级学生信息和查询学生信息。

1）定义学生类，使用__init__()方法初始化实例成员学生姓名（name）、学号（num）、性别（sex）和年龄（age）。

2）定义班级类，使用__init__()方法初始化实例成员班级名称（classname），以及add_stu()方法、del_stu()方法、show_stu()方法和get_stu()方法，add_stu()方法用于添加学生信息，del_stu()方法用于删除学生信息，show_stu()方法用于展示班级学生信息，get_stu()方法用于查询学生信息。

3）实例化班级对象myClass1，分别调用成员方法add_stu()、del_stu()、show_stu()和get_stu()。

4）使用while循环实现主程序入口，提示用户选择功能，然后获取用户选择的功能，最后根据用户的选择，分别调用不同的方法。

核心代码如下所示。

```python
class Student:                                       # 学生类
    def __init__(self, name, num, sex, age):
        self.name = name
        self.num = num
        self.sex = sex
        self.age = age

    def __str__(self):
        return '姓名:{} 学号:{} 性别:{} 年龄:{} '.format(self.name, self.num, self.sex, self.age)


class Class:                                         # 班级类
    def __init__(self, classname):
        self.classname = classname
        self.stu_list = []
        self.stu_dict = {}

    def add_stu(self, stu):                          # 添加学生
        self.stu_list.append(stu)
        self.stu_dict[stu.num] = stu

    def del_stu(self, num):                          # 删除学生
        s = self.stu_dict.pop(num)                   # 从字典中弹出并删除
        self.stu_list.remove(s)                      # 从列表中删除

    def show_stu(self):                              # 展示学生信息
        for s in self.stu_list:
            print(s)

    def get_stu(self, num):                          # 查找学生
        return self.stu_dict.get(num)


myClass1 = Class('1班')                              # 创建班级实例对象
```

完整实施代码见配套素材。

任务记录

编写Python程序,用面向对象编程思想设计学生信息管理系统。

任务记录表

任务名称		任务日期	
姓　　名		学　　号	

任务实施过程记录(对本任务的实施步骤和错误操作进行记录):

任务总结(对本任务的难点和问题进行记录,如完成任务过程中遇到的问题、解决问题的思路、解决问题的方法和学到的内容等):

任务评价(教师填写):

任务2　开发"人机猜拳"游戏

任务描述

"人机猜拳"游戏需要实现的功能是通过用户键盘和计算机进行猜拳比赛,用户所选择的手势由用户输入,计算机的手势则随机产生。猜拳游戏一般包含3种手势:石头、剪刀、布,判定规则为:石头胜剪刀、剪刀胜布、布胜石头。根据猜拳的游戏规则对用户和计算机所选的手势进行判断,判出哪方获胜。

本任务将带领大家利用Python中类的继承,开发"人机猜拳"游戏。

知识准备

一、封装

封装是面向对象的重要特性之一,它的基本思想是对外隐藏类的细节,提供用于访问类成员的公开接口。因此,类的外部无须知道类的实现细节,只需要使用公开接口便可访问类的内容,这在一定程度上保证了类内数据的安全。

为了契合封装思想,在定义类时需要满足以下两点要求:将类属性声明为私有属性;添加两个供外界调用的公有方法，分别用于设置或获取私有属性的值。

1. 私有成员和公有成员

在面向对象编程中，将在类的内外都能访问的成员称为"公有（public）成员"。与公有成员对应的概念是"私有（private）成员"，私有成员只能在类的内部进行访问。通过设置私有成员，可以将类的相关信息隐藏起来，对外只保留必要的访问接口。

Python并没有像Java等高级语言那样用特定的关键字来严格定义成员的可见性，而是采用约定的命名规范来表示成员是公有还是私有。

在Python中，私有成员只需在变量名字前加两个下划线"__"即可。此时，只有类对象自己能访问，子类对象不能直接访问到这个成员，但在对象外部可以通过"对象名._类名__私有对象名"这样的特殊方式来访问。

例6-10 私有成员和公有成员的访问。

```
>>> class Fruit:
        def __init__(self):
            self.__color = 'Red'
            self.price = 1
>>> apple = Fruit()
>>> apple.price                              #显示对象公有数据成员的值
1
>>> apple.price = 2                          #修改对象公有数据成员的值
>>> apple.price
2
>>> print(apple._Fruit__color)               #显示对象私有数据成员的值
Red
>>> apple._Fruit__color = "Blue"             #修改对象私有数据成员的值
>>> print(apple._Fruit__color)
Blue
>>> print(apple.__color)                     #如果在类外部直接访问私有成员，就会提示错误信息
Traceback (most recent call last):
    File "<input>", line 1, in <module>
AttributeError: 'Fruit' object has no attribute '__color'
```

> **知识链接**
>
> Python目前的私有机制其实是伪私有，在开发中，不建议使用"对象名._类名__私有成员名"的方式来访问对象的私有成员。

2. 私有方法和公有方法

在Python中，私有方法需在方法名字前加两个下划线"__"，每个对象都有自己的公有方法和私有方法，在这两类方法中可以访问属于类和对象的成员。

公有方法通过对象名直接调用；私有方法不能通过对象名直接调用，只能在属于对象的方法中通过self调用或在外部通过Python支持的特殊方式来调用。

如果通过类名来调用属于对象的公有方法，需要显式为该方法的self参数传递一个对象名，用来明确指定访问哪个对象的数据成员。

例6-11 私有方法的使用。

```
class A:                                #定义类
    def __init__(self):
        self.__X = 10                   #定义私有成员并赋值为10
    def __foo(self):                    #定义私有方法
        print('from A')
a = A()                                 #创建对象
print(a._A__X)                          #类的外部通过类名访问私有成员
a._A__foo()                             #类的外部通过类名调用私有方法
```

执行程序，运行结果如下所示。

```
10
from A
```

对于上例中的私有（隐藏），需要在类中定义一个公有方法（也称接口函数），在类的内部访问被私有化的数据成员和方法，然后在类的外部可以通过接口函数进行访问被私有化的数据成员和方法。

例6-12 定义公有方法（接口函数）。

```
class A:                                #定义类
    def __init__(self):
        self.__X = 10                   #定义私有成员并赋值为10
    def __foo(self):                    #定义私有方法
        print('from A')
    def bar(self):                      #定义公有方法（接口函数）
        self.__foo()                    #在类内部访问私有方法
        return self.__X                 #返回私有变量__X的值
a = A()                                 #创建对象
b = a.bar()                             #调用公有方法（接口函数），将返回值赋给b
print(b)                                #输出b的值
```

执行程序，运行结果如下所示。

```
from A
10
```

二、继承

继承是面向对象的重要特性之一，它主要用于描述类与类之间的关系，在不改变原有类的基础上扩展原有类的功能。

若类与类之间具有继承关系（如果一个类A里面的属性和方法可以复用，则可以通过继承的方式，传递到类B里），那么被继承的（类A）类称为父类或基类，继承其他类的类（类B）称为子类或派生类。

继承可以使得子类具有父类的属性和方法，或者重新定义、追加属性和方法等。

1. 单继承

在Python中，继承可以分为单继承和多继承。单继承是指一个子类只有一个父类。单继承中，子类的定义如下所示。

    class 子类名(父类名):

例6-13 单继承。

    #定义父类Animal类
    class Animal:
        def __init__(self, color):
            self.color = color
        def sleep(self):
            print('正在睡觉')
    #定义子类Dog类，Dog类继承自Animal类
    class Dog(Animal):
        pass
    dog = Dog("白色")   #创建子类的对象
    print(f"{dog.color}的狗")   #子类访问从父类继承的属性
    dog.sleep()   #子类调用从父类继承的方法

执行程序，运行结果如下所示。

    白色的狗
    正在睡觉

本例中定义了Animal类，包含公有成员color以及公有方法sleep()；然后定义了Dog子类继承Animal类，不执行任何操作；最后创建子类对象，访问父类中的公有成员，并调用父类中的公有方法。从程序的运行结果可以看出，子类继承了父类的公有成员和公有方法。

需要注意的是，子类可以继承父类的所有公有成员和公有方法，但不能继承父类的私有成员和私有方法。下面将例6-13中的代码进行修改，在父类中增加私有成员和私有方法，修改后的示例代码如下所示。

    #定义父类
    class Animal:
        def __init__(self, color):
            self.color = color
            self.__age = 1   #增加私有成员
        def sleep(self):
            print('正在睡觉')
        def __test(self):   #增加私有方法
            print('测试，私有方法')
    #定义子类
    class Dog(Animal):
        pass
    dog = Dog('白色')   #创建子类的对象
    print(f'{dog.color}的狗')
    dog.sleep()
    dog.__age   #子类访问父类的私有属性
    dog.__test()   #子类调用父类的私有方法

再次运行程序，结果报错误信息，如下所示。

白色的狗
正在睡觉
Traceback (most recent call last):
  File "D:/PyCharmProjects/untitled/1.py", line 22, in <module>
    dog.__age   # 子类访问父类的私有成员
AttributeError: 'Dog' object has no attribute '__age'

上述代码中定义了Animal类，包含公有成员color和私有成员__age，以及公有方法sleep()和私有方法__test()；然后定义了Dog子类继承Animal类，不执行任何操作；最后创建子类对象，分别访问父类中的公有成员和私有成员，并调用父类中的公有方法和私有方法。从程序的运行结果可以看出，子类可以继承父类的公有成员和公有方法，但不能继承其私有成员和私有方法。

2. 多继承

Python允许多重继承，即一个子类可以有多个直接父类，定义时只需将不同的父类名放在类名后的括号内，并用逗号隔开。其语法格式如下所示。

```
class 子类名(父类名1,父类名2…):
```

例6-14 多继承。

```python
#定义沙发父类
class Sofa:
    def printA(self):
        print('----这是沙发----')

#定义床父类
class Bed:
    def printB(self):
        print('----这是床----')

#定义一个子类，继承自Sofa和Bed
class Sofabed(Sofa,Bed):
    def printC(self):
        print('----这是沙发床----')

obj_C = Sofabed()            #创建对象
obj_C.printA()               #调用Sofa父类中的方法
obj_C.printB()               #调用Bed父类中的方法
obj_C.printC()               #调用自身的方法
```

执行程序，运行结果如下所示。

```
----这是沙发----
----这是床----
----这是沙发床----
```

注意：如果Sofa类和Bed类中有一个同名的方法时，那么调用该同名方法时会调用先继承的类中的方法。例如，如果用"class Sofabed(Sofa,Bed):"语句定义子类时，子类会先继承Sofa类中的同名方法。

3. 方法重写

子类会原封不动地继承父类的方法，但是当父类中的方法无法满足子类需求或子类具有特殊功能时，子类需要按照自己的需求对继承来的方法进行调整，即在子类中重写从父类继承来的方法，覆盖父类中同名的方法。

例6-15 重写父类方法。

```
# 定义一个表示人的类
class Person：
    def say_hello(self)：
        print("打招呼！")
# 定义一个表示中国人的类
class Chinese(Person)：
    def say_hello(self)：                    #重写的方法
        print("吃了吗？")
chinese = Chinese()
chinese.say_hello()                          #子类调用重写的方法
```

执行程序，运行结果如下所示。

```
吃了吗?
```

从程序运行结果可以看出，在调用Chinese类对象的say_hello()方法时，只调用了子类中重写的方法，不会再调用父类的say_hello()方法。

如果需要在子类中调用父类的方法，可以使用内置函数super()函数间接调用父类中被重写的方法或通过"父类名.方法名()"来实现。

例6-16 子类调用父类方法。

```
# 定义一个表示人的类
class Person：                                #定义Person类
    def __init__(self, name, age)：           #__init__()方法，传递name和age
        self.name = name
        self.age = age
    def showInfo(self)：                      #定义showInfo()方法，输出name和age
        print('姓名：{}；年龄：{}'.format(self.name, self.age))

# 定义一个表示中国人的类
class Chinese(Person)：                       #定义Chinese类继承Person类
    #__init__()方法，传递name和age
    def __init__(self, name, age, sex)：
        super().__init__(name, age)          #调用父类构造方法
        self.sex = sex
    def showInfo(self)：
        Person.showInfo(self)                #调用父类showInfo()方法
        print('性别：{}'.format(self.sex))    #输出sex

zhangsan = Chinese('张三', 18, '男')          #创建对象
zhangsan.showInfo()                          #调用showInfo()方法
```

执行程序，运行结果如下所示。

姓名：张三，年龄：18
性别：男

本例中定义了Person类，在该类的__init__()方法中定义了name和age变量。然后定义了继承Person类的子类Chinese，在该类中重写了构造方法__init__()，使用super()函数调用父类的构造方法，并添加了自定义变量sex，使Chinese类既拥有自定义的属性sex，又拥有父类的属性name和age；还重写了showInfo()方法，使用父类名调用了父类的showInfo()方法输出name和age，又输出了sex。

可以看出，继承是一种创建新类的方式，减少冗余、节约时间，既有继承也有发展。"站在巨人的肩膀上"学习，能够看得更远，思考得更深，并不断发展。

三、多态

多态是面向对象的重要特性之一，Python完全支持多态行为。所谓多态（polymorphism），是指父类的同一个方法在不同子类对象中具有不同的表现和行为，例如，一个父类有多个子类。所以多态的概念来源于继承。子类继承了父类行为和属性之后，还会增加某些特定的方法和属性，同时还可能会对继承来的某些行为进行一定的改变，这都是多态的表现形式。如同向不同的对象发送同一条消息，不同的对象在接收时会产生不同的行为（即方法）。

多态的具体实现步骤为：定义父类，并提供公有方法；定义子类，并重写父类方法；传递子类对象给调用者，可以看到不同子类的执行效果不同。

例6-17 多态示例。

```
class Animal:                              #定义Animal类
    def __init__(self, name):              #构造方法，定义name
        self.name = name

    def show(self):                        #定义show()方法
        print('动物名称是{}'.format(self.name))

class Tiger(Animal):                       #定义Tiger类，继承Animal类
    def __init__(self, name, type):        #重写构造方法
        super().__init__(name)
        self.type = type

    def show(self):                        #重写show()方法
        print('动物名称是{}，种类是{}'
            .format(self.name, self.type))

class Panda(Animal):                       #定义Panda类，继承Animal类
    def __init__(self, name, age):         #重写构造方法
        super().__init__(name)
        self.age = age
```

```
        def show(self):                           #重写show()方法
            print('动物名称是{}，年龄是{}'
                .format(self.name，self.age))

    def showInfo(obj):                            #定义函数用于接收对象，只要传入的obj对象具有show()方法
        obj.show()                                #调用show()方法

    #创建对象
    cat= Animal('猫')
    tiger = Tiger('老虎', '东北虎')
    panda = Panda('熊猫', '3岁')

    #调用函数
    showInfo(cat)
    showInfo(tiger)
    showInfo(panda)
```

执行程序，运行结果如下所示。

```
动物名称是猫
动物名称是老虎，种类是东北虎
动物名称是熊猫，年龄是3岁
```

本例中首先定义了Animal父类，包含show()方法；然后定义了继承Animal类的两个子类Tiger和Panda，并分别在这两个类中重写了show()方法；接着定义了带参数的showInfo()函数，在该函数中调用了show()方法；最后分别创建了Animal类的对象cat、Tiger类的对象tiger和Panda类的对象panda，并将其作为参数调用了showInfo()函数。从程序运行结果可以看出，通过向函数中传入不同的对象，show()方法输出不同的结果。

可以看出，多态的优点是调用灵活。有了多态，能更容易编写出通用的代码，做出通用的编程，以适应需求的不断变化。如同在当下科技发展的同时，要尽可能统一接口，提高各种物品的通用性，进而减少浪费，节约资源。

任务实施

开发一个基于面向对象的"人机猜拳"游戏。猜拳游戏一般包含3种手势：石头、剪刀、布，判定规则为石头胜剪刀，剪刀胜布，布胜石头。

1）定义用户类，在用户类中的初始化方法中定义字典类型属性，存储"剪刀""石头""布"3种手势，如{0：'剪刀', 1: '石头', 2：'布'}。

2）定义计算机类，继承用户类。由于在"人机猜拳"游戏中，人表示用户，机表示计算机，所以用户所选择的手势由用户输入，计算机的手势则可以随机产生。然后为了增加计算机获胜的概率，可以将用户输入的手势保存在一个列表中，通过计算该列表中用户最大概率的手势生成计算机获胜的手势。

3）定义游戏类，根据猜拳的游戏规则判断用户和计算机哪方获胜，并输出计算机生成的手势。核心代码如下所示。

```python
class Player：                                      #用户类
    def __init__(self)：
        self.dict = {0：'剪刀', 1：'石头', 2：'布'}

    def gesture(self)：                             # 手势方法
        player_input = int(input("请输入(0剪刀、1石头、2布：)"))
        return self.dict[player_input]

class AIPlayer(Player)：                            #计算机类，继承用户类
    play_data = []
    def ai_gesture(self)：
        while True：                                #循环
            computer = random.randint(0, 2)
            if len(self.play_data) >= 4：
                # 获取玩家出拳的最大概率
                max_prob = max(self.play_data, key=self.play_data.count)
                if max_prob == '剪刀'：
                    return '石头'
                elif max_prob == '石头'：
                    return '布'
                else：
                    return '剪刀'
            else：
                return self.dict[computer]

class Game：                                        #游戏类
    def game_judge(self)：
        player = Player().gesture()
        AIPlayer().play_data.append(player)
        aiplayer = AIPlayer().ai_gesture()
        if (player == '剪刀' and aiplayer == '布') or \
                (player == '石头' and aiplayer == '剪刀') \
                or (player == '布' and aiplayer == '石头')：
            print(f"计算机出的手势是{aiplayer},恭喜，你赢了！")
        elif (player == '剪刀' and aiplayer == '剪刀') or \
                (player == '石头' and aiplayer == '石头') \
                or (player == '布' and aiplayer == '布')：
            print(f"计算机出的手势是{aiplayer},打成平局了！")
        else：
            print(f"计算机出的手势是{aiplayer},你输了，再接再厉！")
```

完整实施代码见配套素材，最终执行程序，运行结果如下所示。

```
请输入(0剪刀、1石头、2布:)0
计算机出的手势是石头,你输了,再接再厉!
是否继续:y/n
y
请输入(0剪刀、1石头、2布:)1
计算机出的手势是石头,打成平局了!
是否继续:y/n
y
请输入(0剪刀、1石头、2布:)2
计算机出的手势是布,打成平局了!
是否继续:y/n
n
```

任务记录

编写Python程序,利用Python中类的继承,开发"人机猜拳"游戏。

任务记录表

任务名称		任务日期	
姓　　名		学　　号	

任务实施过程记录（对本任务的实施步骤和错误操作进行记录）：

任务总结（对本任务的难点和问题进行记录，如完成任务过程中遇到的问题、解决问题的思路、解决问题的方法和学到的内容等）：

任务评价（教师填写）：

单元小结

本单元主要介绍了Python中面向对象编程的相关知识，包括面向对象编程思想、类的定义和使用、对象的创建、类成员和实例成员、封装、继承、多态。

通过本单元的学习，读者应能理解面向对象的思想与特性，掌握面向对象的编程技巧，为以后的开发奠定扎实的面向对象编程基础，并重点掌握以下内容。

1）面向对象编程思想是把事物的属性和行为包含在类中。其中，事物的属性作为类的成员，事物的行为作为类的方法，而对象则是类的一个实例。因此，想要创建对象，需要先定义类。

2）Python中使用class关键字声明类；类名必须是合法标识且首字母一般大写；类名后必须紧跟冒号；类体相对于class关键字必须保持一定的空格缩进。

3）类的所有实例方法都必须至少有一个名为self的参数，并且必须是方法的第一个形参（如果有多个形参），self参数代表将来要创建的对象本身。

4）__init__()方法，又称"构造方法"，当创建类的对象时，系统会自动调用该方法，实现对象的初始化操作。

5）类成员属于类，可以通过类名或对象名访问；而实例成员属于实例（即对象），在主程序中（或类的外部）只能通过对象名访问。

6）面向对象编程具有封装、继承和多态三大特征。

习 题

1．设计一个Circle（圆）类，该类中包括属性radius（半径），还包括__init__()、get_perimeter()（求周长）和get_area()（求面积）3个方法。设计完成后，创建Circle类的对象求圆的周长和面积。

2．设计一个Course（课程）类，该类中包括number（编号）、name（名称）、teacher（任课教师）、location（上课地点）共4个属性，其中location是私有属性；还包括__init__()、show_info()（显示课程信息）两个方法。设计完成后，创建Course类的对象显示课程的信息。

3．用面向对象编程思想设计程序，定义人员类，包含属性姓名、年龄和血型，实例化3个对象，分别显示3个不同人员的姓名、年龄和血型。

4．用面向对象编程思想设计程序，定义学生类，包含姓名、年龄、性别、行为爱好（上语文课、打篮球、看电影），实例化两个对象，显示他们的基本信息和爱好。

5．用面向对象编程思想实现家具摆放分析程序。要求：

1）房子有户型、总面积和家具名称列表，新房子没有任何家具。

2）家具有名字和占地面积，其中床（bed）占$5m^2$，衣柜（chest）占$2m^2$，餐桌（table）占$1.5m^2$，椅子（chair）占$0.5m^2$。

3）将以上4件家具添加到房子中。

4）打印房子时，要求输出户型、总面积、剩余面积、家具名称列表。

6．编写一个学生类Student，定义3个属性name、age和id，分别表示学生的姓名、年龄和学号。第一个学生的学号为1，以后每生成一个学生对象，学号增加1。初始化学生对象时，需要提供姓名和年龄。每个学生对象生成以后需要调用自定义的info()方法输出姓名、年龄和学号。

7．定义一个汽车类Car，并在类中定义一个move()方法，为该类分别创建car_BMW、car_BYD对象，并添加颜色、马力、型号等属性，然后分别调用move()方法输出属性值。

8．按照如下要求编写程序：

1）定义一个动物类Animal。

2）使用__init__()方法，在创建某个动物对象时，为其添加name、age、color、food等属性，分别表示名字、年龄、颜色和食物等，比如"小狗旺旺"、4、"黄色"和"骨头"。

3）为动物类Animal定义一个run()方法，调用run()方法时输出相关信息，例如，输出"小狗旺旺正在奔跑"。

4）为动物类Animal定义一个get_age()方法，调用get_age()方法时输出相关信息，例如，输出"小狗旺旺今年4岁了"。

5）为动物类Animal定义一个eat()方法，调用eat()方法时输出相关信息，例如，输出"小狗旺旺正在吃骨头"。

6）通过动物类Animal分别创建出3只不同种类的动物，分别调用它们的run()方法、get_age()方法和eat()方法，让他们"跑起来""吃起来"。

单元 7

文件操作

单元导读

在获取数据时，数据通常会以TXT、XML、CSV、JSON等格式进行存储，在使用Python对数据进行分析之前，通常需要先将文件中的数据读取到Python中或对文件进行处理，最后再将分析结果保存到文件中以便查看。

本单元将详细介绍Python文件操作，如Python对TXT、CSV和JSON文件数据的读取、修改和写入方法，让读者进一步掌握文件在程序设计中的应用。

单元目标

素质目标
- 提高利用编程"化繁为简"处理问题的能力。
- 培养利用所学知识解决实际问题的能力。
- 培养创新精神和开拓精神。

知识目标
- 理解文件的概念和类型。
- 掌握在Python中文件打开、关闭方法的使用。
- 掌握Python对TXT，CSV和JSON文件数据的读取、修改和写入方法。
- 掌握编写简单的文件读写程序的方法。

能力目标
- 能够利用Python的文件操作制作学生信息管理系统。
- 能够使用Python标准库中的文件和文件夹操作模块，实现文件/目录管理器。

任务1 制作学生信息管理系统

📌 任务描述

随着时代的发展,学生信息化管理已经成为一个重要环节。信息的持久化存储可以更长期高效地收集、管理和分析学生信息。因此,学生信息管理系统除了具有添加学生信息、删除学生信息、修改学生信息和显示所有学生信息等基本功能,同时还应增加保存学生信息到文件的功能和从文件中读取学生信息到程序的功能。

本任务将带领大家编写Python程序,利用Python的文件操作制作学生信息管理系统。

📌 知识准备

一、文件概述

文件是指存储在外部介质(如磁盘等)上有序的数据集合,这个数据集有一个名称,称为文件名。根据数据的逻辑存储结构,人们将计算机中的文件分为文本文件和二进制文件两大类。

文本文件:专门存储文本字符数据,一般由单一特定编码的字符组成,如UTF-8编码,内容容易统一展示和阅读。

二进制文件:不能直接使用文字处理程序正常读写,必须先了解其结构和序列化规则,再设计正确的反序列化规则,才能正确获取文件信息。直接由比特0和比特1组成,没有统一字符编码,文件内部数据的组织格式与文件用途有关。

二进制文件和文本文件这两种类型的划分基于数据逻辑存储结构而非物理存储结构,计算机中的数据在物理层面都以二进制形式存储。

二、文件基本操作

文件的打开、关闭与读写是文件的基础操作,任何更复杂的文件操作都离不开这些操作。

1. 打开文件

在Python中,使用open()函数可以打开一个已经存在的文件,或者创建一个新文件。该函数的语法格式如下所示。

```
open(file, mode='r', buffering=-1, encoding=None, errors=None,
    newline=None, closefd=True, opener=None)
```

file参数指定了被打开的文件名称,文件名也可包含文件路径。

注意:写路径时注意斜杠问题。若路径和文件名为"C:\myfile",则应写成"C:\\myfile"("\\"是"\"的转义字符)。

mode参数指定了打开文件后的处理方式。

buffering参数指定了访问文件的缓冲方式。

encoding参数指定对文本进行编码和解码的方式，只适用于文本模式，可以使用Python支持的任何格式，如GBK、UTF-8、CP936等。

文件打开模式见表7-1。

表7-1 文件打开模式和说明

模 式	说 明
r	读模式（默认模式，可省略），如果文件不存在则抛出异常
w	写模式，如果文件已存在，先清空原有内容
x	写模式，创建新文件，如果文件已存在则抛出异常
a	追加模式，不覆盖文件中原有内容
b	二进制模式（可与其他模式组合使用）
t	文本模式（默认模式，可省略）
+	读、写模式（可与其他模式组合使用）

在编程时，一般不会直接使用b模式。常用组合及模式说明如下：

r代表以只读方式打开文件。文件的指针将会放在文件的开头。这是默认模式。

w代表打开一个文件只用于写入。如果该文件已存在，则将其覆盖；如果该文件不存在，则创建新文件。

a代表打开一个文件用于追加。如果该文件已存在，文件指针将会放在文件的结尾。也就是说，新的内容将会被写入到已有内容之后。如果该文件不存在，创建新文件进行写入。

rb代表以二进制格式打开一个文件用于只读。文件指针将会放在文件的开头。这是默认模式。

wb代表以二进制格式打开一个文件只用于写入。如果该文件已存在，则将其覆盖；如果该文件不存在，则创建新文件。

ab代表以二进制格式打开一个文件用于追加。如果该文件已存在，文件指针将会放在文件的结尾。也就是说，新的内容将会被写入到已有内容之后；如果该文件不存在，创建新文件进行写入。

r+代表打开一个文件用于读写。文件指针将会放在文件的开头。

w+代表打开一个文件用于读写。如果该文件已存在，则将其覆盖；如果该文件不存在，则创建新文件。

a+代表打开一个文件用于读写。如果该文件已存在，文件指针将会放在文件的结尾。文件打开时会是追加模式；如果该文件不存在，则创建新文件用于读写。

rb+代表以二进制格式打开一个文件用于读写。文件指针将会放在文件的开头。

wb+代表以二进制格式打开一个文件用于读写。如果该文件已存在，则将其覆盖；如果该文件不存在，则创建新文件。

ab+代表以二进制格式打开一个文件用于追加。如果该文件已存在，文件指针将会放在文件的结尾；如果该文件不存在，则创建新文件用于读写。

所以，不可读的打开方式一般选择w和a。若不存在需创建新文件的打开方式，则通常选用a、a+、w和w+。

例7-1 打开文件。

```
file1 = open('E:\\a.txt')              #以只读方式打开E盘的文本文件a.txt
file2 = open('b.txt', mode='w')        #以只写方式打开当前目录的文本文件b.txt
file3 = open('c.txt', mode='w+')       #以读/写方式打开文本文件c.txt
file4 = open('d.txt', mode='wb+')      #以读/写方式打开二进制文件d.txt
```

若待打开的文件不存在，则文件打开失败，程序会抛出异常，并打印错误信息。假设上一段代码打开的文件a.txt不存在，运行程序后结果如下所示。

```
Traceback (most recent call last):
    File "D:/PyCharmProjects/untitled/1.py", line 1, in <module>
        file1 = open('E:\\a.txt')
FileNotFoundError: [Errno 2] No such file or directory: 'E:\\a.txt'
```

2. 关闭文件

在打开文件后，一定要记得关闭文件，否则其他程序就不能再操作文件了。Python可使用close()函数关闭文件，也可以使用with语句实现文件的自动关闭。

使用close()函数关闭文件语法格式如下所示。

文件对象名.close()

例7-2 以只写方式打开一个名为"a.txt"的文件，然后用close()函数关闭文件。

```
file = open('a.txt',mode='w')    #以只写方式打开一个名为"a.txt"的文件
file.close()                      #关闭文件
```

在Python中，with语句可用于对资源进行访问，保证不管处理过程中是否发生错误或者异常，都会执行规定的__exit__（清理）操作，释放被访问的资源。该函数常用于文件操作、数据库连接、网络通信连接、多线程与多进程同步时的锁对象管理等场合。

with语句可预定义清理操作，以实现文件的自动关闭，其基本语法格式如下所示。

```
with context_expression [as target(s)]:
    with-body                    #执行代码
```

其中，context_expression是指表达式；target(s)是指对象名。

例7-3 使用with语句实现文件的自动关闭。

```
with open('a.txt') as f:
    pass                         #一些操作
```

> **知识链接**
>
> 1）为什么要及时关闭文件？因为计算机中可打开的文件数量是有限的；打开的文件占用系统资源；若程序因异常关闭，可能产生数据丢失。
>
> 2）在实际开发中，读写文件应优先考虑使用with语句。

3. 写文件

Python提供了一系列写文件的方法，如write()和writelines()，下面结合示例介绍这些方法的使用。

（1）write()方法

write()方法用于向文件中写入指定字符串，其语法格式如下所示。

文件对象名.write(str)

以上格式中的参数str表示要写入文件的数据，若数据写入成功，write()方法则会返回本次写入文件的数据的字节数。需要注意的是，如果打开文件时，文件打开方式带"b"，那么写入文件内容时，str

（参数）要用encode方法转为字节流形式，否则会报错。

例7-4 用write()方法向"a.txt"文件中写入"Hello Python!"数据。

```
string = "Hello Python!"                        # 字符串
with open('a.txt', mode='w', encoding='utf-8') as f:
    size = f.write(string)                      # 写入字符串
    print(size)                                 # 打印字节数
```

执行程序，运行结果如下所示。

```
13
```

同时打开a.txt文件，可以看到写入的数据如下所示。

```
Hello Python!
```

（2）writelines()方法

writelines()方法用于将行列表写入文件，其语法格式如下所示。

```
文件对象名.writelines(lines)
```

以上格式中的参数lines表示要写入文件中的数据，该参数可以是一个字符串或者字符串列表。若写入文件的数据在文件中需要换行，需要显式指定换行符。

例7-5 使用writelines()方法向已有的"a.txt"文件中写入数据。

```
string = "Hello Java!\nHello Python!"           # 字符串
with open('a.txt', mode='w', encoding='utf-8') as f:
    f.writelines(string)                        # 写入字符串
```

运行程序，若没有报错信息则说明字符串写入成功，打开a.txt文件，结果如下所示。

```
Hello Java!
Hello Python!
```

4. 读取文件

Python提供了一系列读取文件的方法，如read()、readline()和readlines()，下面结合示例介绍这些方法的使用。

（1）read()方法

read()方法用于从文件中读取指定的字节数，如果未给定参数或参数为负，则读取整个文件内容，其语法格式如下所示。

```
文件对象名.read([size])
```

其中，size为从文件中读取的字节数；该方法返回从文件中读取的字符串。

例7-6 使用read()方法读取"test.txt"文件内容。

```
with open('test.txt', mode='r') as f:
    print(f.read(5))                            # 读取5个字节的数据
    print(f.read())                             # 读取剩余的全部数据
```

假设test.txt文件中的内容如下所示。

```
A gentle breeze swept the Canadian plains as I stepped outside the small two-story house.
Alongside me was a slender woman in a black dress.
```

执行程序，运行结果如下所示。

A gen
tle breeze swept the Canadian plains as I stepped outside the small two-story house.
Alongside me was a slender woman in a black dress.

注意：如果使用read()读了多次，那么后面读取的数据是从上次读完后的位置开始的。

（2）readline()方法

readline()方法用于从文件中读取整行，包括"\n"字符。如果指定了一个非负数的参数，则表示读入指定大小的字符串，其语法格式如下所示。

文件对象名.readline()

例7-7 读取"test.txt"文件中的整行内容。

```
with open('test.txt', mode='r', encoding='utf-8') as f：
    print(f.readline())           #使用readline()方法读取数据
    print(f.readline())           #使用readline()方法读取数据
```

执行程序，运行结果如下所示。

A gentle breeze swept the Canadian plains as I stepped outside the small two-story house.
Alongside me was a slender woman in a black dress.

（3）readlines()方法

readlines()方法可以一次性读取文件中的所有数据，若读取成功，则该方法会返回一个列表，列表中每个元素为文件中的一行数据，其语法格式如下所示。

文件对象名.readlines()

例7-8 使用readlines()方法读取"test.txt"文件内容。

```
with open('test.txt', mode='r', encoding='utf-8') as f：
    print(f.readlines())          # 使用readlines()方法读取数据
```

执行程序，运行结果如下所示。

['A gentle breeze swept the Canadian plains as I stepped outside the small two-story house.\n', 'Alongside me was a slender woman in a black dress.']

以上介绍的3个方法中，read()（默认参数时）和readlines()方法都可一次读取文件中的全部数据，但因为计算机的内存是有限的，若文件较大，read()和readlines()的一次读取便会耗尽系统内存，所以这两种操作都不够安全。为了保证读取安全，通常多次调用read()方法，每次读取size大小字节的数据。

例7-9 遍历并输出文本文件的所有行内容。

```
#以只读模式打开"test.txt"文件
with open('test.txt', mode='r') as file：
    for line in file：            #遍历文件的所有行
        print(line, end=' ')      #输出每行
```

执行程序，运行结果如下所示。

A gentle breeze swept the Canadian plains as I stepped outside the small two-story house.
Alongside me was a slender woman in a black dress.

在Python中，可以使用copy()函数实现文件的复制操作，这个函数的作用相当于Windows系统里

的copy命令。

例7-10 将文件"test.txt"中的内容复制到另一个文件"copy.txt"中。

```
#打开两个文件
with open('test.txt','r') as file1,open('copy.txt','w') as file2：
#将从"test.txt"中读取的内容写入到"copy.txt"中
    file2.write(file1.read())
```

三、CSV文件的读写操作

CSV（Comma-Separated Values）也称逗号分隔符，其文件是以纯文本的形式存储表格数据。可以把它理解为一个表格，只不过这个表格是以纯文本的形式显示的，单元格与单元格之间默认使用逗号进行分隔（也可以使用制表符进行分隔）；每行数据之间使用换行进行分隔。通常，所有记录都有完全相同的字段序列，结构简单清晰。

CSV文件的结构如下所示，第一行通常为标题行，标识每列数据，后续行是实际数据。

姓名,性别,生日
小明,男,2016-06-06
小红,女,2016-08-08

Python专门内置了csv库，提供了相应的函数，可以快速简便地处理CSV文件。

1. 数据写入CSV文件

csv库提供了初始化写入对象的writer()方法，还提供了writerow()方法（写入一行）和writerows()方法（写入多行）用于写入文件。

在Python代码中写入CSV文件的步骤如下：

首先，使用内置的open()函数以写入模式打开文件。

其次，调用writer()函数创建一个CSV writer对象。

然后，利用CSV writer对象的writerow()或者writerows()方法将数据写入文件。

最后，关闭文件。

例7-11 定义列表数据，将数据保存至CSV文件中。

```
import csv                                      #导入csv模块
#定义列表形式数据data
data = [['姓名', '性别', '生日'],
        ['小明', '男', '2016-06-06']]
#打开data.csv文件写入数据
#设置newline参数为newline='',如果不设置，则每写入一行后将会写入一个空行
with open('data.csv', mode='w', newline='', encoding='utf-8') as file：
    writer = csv.writer(file)                   #初始化writer对象
    writer.writerows(data)                      #写入多行
    writer.writerow(['小红', '女', '2016-08-08'])    #写入一行
```

使用with语句可以避免调用close()方法关闭文件，从而使得代码更加精简。执行程序后，保存的"data.csv"文件的内容如图7-1所示。

	A	B	C	D	E	F	G
1	姓名	性别	生日				
2	小明	男	2016/6/6				
3	小红	女	2016/8/8				

图7-1　程序的运行结果

2. 读取CSV文件

读取CSV文件时，可通过调用reader()方法返回一个可迭代对象，此对象只能迭代一次，不能直接输出，须调用list()方法将其转换为列表输出。

例 7-12 从CSV文件中读取数据，并将数据转换成列表后输出。

```
import csv                                  #导入csv模块
#打开data.csv文件读取数据
with open('data.csv', 'r') as file:
    reader = csv.reader(file)               #初始化reader对象
    #将reader对象转换为列表，并赋值给list1
    list1 = list(reader)
    print(list1)                            #输出list1
```

执行程序，运行结果如下所示。

```
[['姓名', '性别', '生日'], ['小明', '男', '2016-06-06'], ['小红', '女', '2016-08-08']]
```

知识链接

csv库还提供了DictWriter()方法用于初始化一个字典写入对象；writeheader()方法用于写入表头；DictReader()方法用于将读取的数据转化成字典形式。

四、JSON文件的读写操作

JSON（JavaScriptObjectNotation，JS对象简谱）是一种轻量级的数据交换格式，它基于ECMAScript的一个子集，采用完全独立于编程语言的文本格式来存储和表示数据。JSON的本质是字符串，它通过对象和数组的组合来表示数据，构造简洁但是结构化程度非常高。

JSON数据的书写格式是键值对形式，如{"age"：18}。键是字符串，值可以是对象、数组、数字（整数或浮点数）、布尔值、NULL和字符串，此处字符串必须要用双引号引起来，不能用单引号。

Python提供了json库来实现对JSON文件的读写操作。json库是Python内置的标准库，不需要额外安装即可使用。

Python自带的json模块可以处理JSON格式文件，一共有4个方法，见表7-2。

表7-2　json模块中的方法说明

方　法	说　明
json.dump(obj,fp)	把对象序列化为json格式的流对象fp
json.dumps(obj)	把对象序列化为json格式的str
json.load(fp)	反序列化含json格式的文件为Python对象
json.loads(s)	反序列化含json格式的str、bytes或bytearray为Python对象

说明：把内存中的数据转换为字节序列，保存到文件，这就是序列化。反之，从文件的字节序列恢复到内存中，就是反序列化。

json.load(fp)方法可以传入一个文件对象，用来将一个文件对象里的数据加载为Python对象；json.loads(s)方法需要一个字符串参数，用来将一个字符串加载为Python对象；json.dump(obj,fp)方法可以在将对象转换成为字符串的同时，指定一个文件对象，把转换后的字符串写入到这个文件里；json.dumps(obj)方法可以对数据进行编码，将Python中的字典转换为字符，它本身不具备将数据写入到文件的功能。

注意，在使用这些方法时，一定要先通过关键语句“import json”导入JSON模块。

1. 数据写入JSON文件

利用dumps()方法可以将Python数据类型转化为JSON格式的字符串，然后调用文件的write()方法写入文本。dumps()方法原型如下。

```
dumps(obj,skipkeys=False,ensure_ascii=True,check_circular=
True,allow_nan=True,cls=None,indent=None,separators=None,default=None,sort_keys=False,**kw)
```

obj参数表示Python数据序列。

skipkeys参数表示是否跳过非Python基本类型的键，默认值为False，设置为True时，表示跳过此类键。

ensure_ascii参数表示显示格式，默认为True，如果需要输出中文字符，需要将这个参数设置为False，并在写入文件时规定文件输出的编码。

indent参数表示输出时缩进字符的个数。

sort_keys参数表示是否根据键的值进行排序，默认为False，设置为True时数据将根据键的值进行排序。

例 7-13 定义数据，输出转化为JSON格式的字符串，并保存至JSON文件中。

```
import json                                  #导入json模块
#定义data
data = [{'姓名': '小明', '性别': '男', '生日': '2016-06-06'},
        {'姓名': '小红', '性别': '女', '生日': '2016-08-08'}]
#将data转化为JSON格式的字符串，并赋值给json_data
json_data = json.dumps(data, indent=2, ensure_ascii=False)
print(json_data)                             #输出json_data
#打开data.json文件
with open('data.json', 'w', encoding='utf-8') as file:
    file.write(json_data)                    #将json_data写入data.json文件
```

执行程序，输出的JSON格式的字符串和保存的“data.json”文件内容如图7-2所示。

```
[
  {
    "姓名": "小明",
    "性别": "男",
    "生日": "2016-06-06"
  },
  {
    "姓名": "小红",
    "性别": "女",
    "生日": "2016-08-08"
  }
]
```

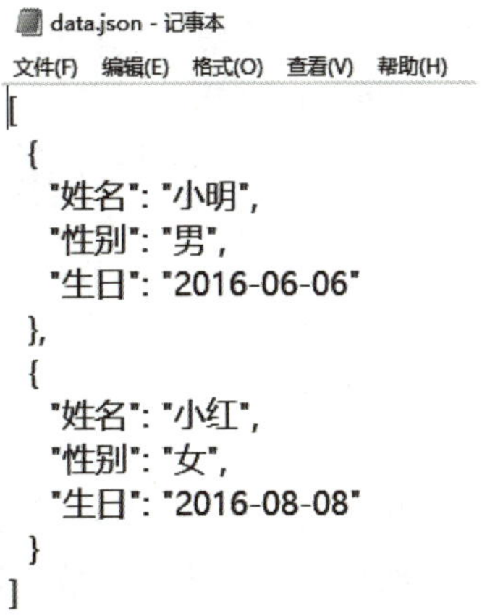

图7-2 程序的运行结果

2. 读取JSON文件

利用loads()方法可以将JSON格式的字符串转化为Python数据类型，如果从JSON文件中读取内容，可以先调用文件的read()方法读取文本内容，再进行转换。

例7-14 从JSON文件读取数据，并将其转化为Python数据类型。

```
import json                                  #导入json模块
#打开data.json文件
with open('data.json', 'r',encoding='utf-8') as file:
    str = file.read()                        #读取文件，并将读取的内容赋值给字符串str
    #将JSON格式的字符串转化为Python数据类型，并赋值给data
    data = json.loads(str)
    print(data)                              #输出data
```

执行程序，运行结果如下所示。

[{'姓名': '小明', '性别': '男', '生日': '2016-06-06'}, {'姓名': '小红', '性别': '女', '生日': '2016-08-08'}]

任务实施

制作学生信息管理系统，完成本任务需要增加保存学生信息到文件的功能和从文件中读取学生信息到程序的功能。

本任务中，要求在显示菜单列表的函数中增加"保存数据"和"恢复数据"选项。完成本任务需要执行以下步骤。

1）定义显示菜单列表的函数printMenu()，增加"保存数据"和"恢复数据"选项。

2）增加函数save_file()，用于将学生数据保存到文件中，write()方法的参数必须是字符串类型，因此，需要将字典类型的数据强制转换为字符串后再写入。

3）增加函数recover_data()，用于从文件中读取数据到变量，从文件中读取到的内容是字符串，需要将这些带有特定格式的字符串转换为原来的类型，可调用eval()函数将字符串转换为字典。

4）在main函数中增加输入选项。

核心代码如下所示。

```
def save_file():                             #定义函数，用于将学生数据保存到文件中
    with open('student.txt','w') as file:
        file.write(str(stuInfos))            #将字典转换为字符串后写入到文件

def recover_data():                          #定义函数，用于从文件中读取内容，恢复数据
    global stuInfos
    with open('student.txt','r') as file:
        content = file.read()
        stuInfos = eval(content)             #将数据转换为其原来的类型
```

其中，str()和eval()函数都是Python内置函数，str()函数的作用是将对象转换为字符串，eval()函数的作用是执行一个字符串表达式，并返回表达式的值。完整实施代码见配套素材。

任务记录

编写Python程序，利用Python的文件操作制作学生信息管理系统。

任务记录表

任务名称		任务日期	
姓　　名		学　　号	

任务实施过程记录（对本任务的实施步骤和错误操作进行记录）：

任务总结（对本任务的难点和问题进行记录，如完成任务过程中遇到的问题、解决问题的思路、解决问题的方法和学到的内容等）：

任务评价（教师填写）：

任务2　实现文件/目录管理器

任务描述

合理利用工具可以有效地提高工作效率，达到事半功倍的效果。计算机中常见的"文件/目录"管理器（如创建文件、创建目录、删除文件或目录、重命名文件或目录、移动文件或目录、重新输入路径等功能）可以有效减少重复烦琐的文件操作，从而提高生产力。

本任务将带领大家编写Python程序，使用Python标准库中的文件和文件夹操作模块，实现文件/目录管理器。

知识准备

一、os模块

os模块是Python最基础的模块之一，它主要用来操作文件和目录。除此之外，os模块还可以解决跨平台问题，即它可以使一个程序在不经过任何改动的情况下，在不同的平台运行。Python标准库的os模块除了提供使用操作系统功能和访问文件系统的简便方法之外，还提供了大量文件级操作的方法，常用的方法见表7-3。

表7-3　os模块的常用方法

方　　法	功　能　说　明
os.rename(src, dst)	重命名（从src到dst）文件或目录，可以实现文件的移动，若目标文件已存在则抛出异常
os.remove(path)	删除路径为path的文件，如果path是一个文件夹，则抛出异常
os.mkdir(path[, mode])	创建目录，要求上级目录必须存在，参数mode为创建目录的权限，默认创建的目录权限为可读、可写、可执行
os.getcwd()	返回当前工作目录
os.chdir(path)	将path设为当前工作目录
os.listdir(path)	返回path目录下的文件和目录列表
os.rmdir(path)	删除path指定的空目录，如果目录非空，则抛出异常
os.removedirs(path)	删除多级目录，目录中不能有文件
os.path.abspath(path)	返回给定路径的绝对路径
os.path.split(path)	将path分割成目录和文件名二元组返回
os.path.splitext(path)	分离文件名与扩展名；默认返回(fname,fextension)元组，可做分片操作
os.path.exists(path)	如果path存在，则返回True；如果path不存在，则返回False
os.path.getsize(path)	返回path文件的大小（字节）
os.path.getatime(path)	得到指定文件最后一次的访问时间
os.path.getctime(path)	得到指定文件的创建时间
os.path.getmtime(path)	得到指定文件最后一次的修改时间
os.walk()	得到一个三元组tupple(dirpath, dirnames, filenames)

其中，os.path模块提供了大量用于路径判断、文件属性获取的方法。getatime()、getctime()和getmtime()方法分别用于获取文件的最近访问时间、创建时间和修改时间，不过返回值是浮点型秒数，可用time模块的gmtime()或localtime()方法换算。

下面详细介绍如何利用os模块内置函数操作文件目录。

1. 获取当前工作目录

Python程序所在的目录就是该程序的当前工作目录。为了获取当前工作目录，需要使用os模块中的getcwd()函数。

```
import os
cwd = os.getcwd()
print(cwd)
```

如果想要修改当前工作目录，可以使用chdir()函数，将目标目录传递给该函数。

```
import os
os.chdir('C:\\temp')
cwd = os.getcwd()
print(cwd)
```

2. 拼接路径和拆分路径

为了使得程序能够支持Windows、Linux以及UNIX等平台，需要使用独立于平台的文件和目录路径。Python提供了一个子模块os.path，包含了许多拼接路径和拆分路径的函数和常量。

join()函数可以将路径组件连接到一起组成一个包含平台分隔符（Windows中的反斜线、UNIX中的斜线）的路径。split()函数可以将路径拆分成路径组件。以下是这两个函数的示例。

```python
import os
fp = os.path.join('temp','python')
print(fp)                          # 输出temp\python (in Windows)
pc = os.path.split(fp)
print(pc)                          # 输出('temp', 'python')
```

3．测试路径是否为目录

为了检查路径的存在性以及是否为目录，可以使用exists()和isdir()函数。

```python
import os
path = os.path.join("C:\\","temp")
if os.path.exists(path):           #测试路径是否存在
    print(path + ' : exists')
    if os.path.isdir(path):        #测试路径是否为目录
        print(path + ' : is a directory')
```

4．创建目录

os模块中的mkdir()或者makedirs()函数可以用于创建新的目录，但是在创建目录之前需要检查该目录是否已经存在。

```python
#在"C:\temp"目录下创建了一个新的目录 python。
import os
dir = os.path.join("C:\\","temp","python")
if not os.path.exists(dir):
    os.mkdir(dir)                  #创建目录
```

5．重命名目录

os.rename()函数可以用于重命名目录，参数包含旧目录名和新目录名。

```python
import os
oldpath = os.path.join("C:\\","temp","python")
newpath = os.path.join("C:\\","temp","python3")

if os.path.exists(oldpath):
    os.rename(oldpath, newpath)
    print("'{0}' is renamed to '{1}'".format(oldpath,newpath))
    #输出'C:\temp\python' is renamed to 'C:\temp\python3'
```

6．删除目录

os.rmdir()函数可以用于删除一个目录。

```python
import os
dir = os.path.join("C:\\","temp","python")
if os.path.exists(dir):
    os.rmdir(dir)                  #删除目录
    print(dir + ' is removed.')
```

7. 遍历目录

Python提供了os.walk()函数，可以用于递归遍历目录。该函数会返回根目录、子目录以及所有文件。

```
#打印"C:\temp"目录下的所有文件和目录。
import os
rootdir = "C:\\temp"
for root, dirs, files in os.walk(rootdir):      #遍历目录
    print("{0} has {1} files".format(root, len(files)))
```

二、shutil模块

shutil模块提供了大量方法支持文件和文件夹操作。它作为os模块的补充，提供了复制、移动、删除、压缩、解压等操作，这些操作在os模块中一般是没有的。但是需要注意的是，shutil模块对压缩包的处理是调用ZipFile和TarFile这两个模块来进行的。shutil模块中常用的方法见表7-4。

表7-4　shutil模块的常用方法

方　　法	功　能　说　明
shutil.copy(src,dst)	复制文件内容以及权限，如果目标文件已存在则抛出异常
shutil.copy2(src,dst)	复制文件内容以及文件的所有状态信息，如果目标文件已存在则抛出异常
shutil.copyfile(src,dst)	复制文件，不复制文件属性，如果目标文件已存在则直接覆盖
shutil.copytree(src,dst)	递归复制文件内容及状态信息
shutil.rmtree(path)	递归删除文件夹
shutil.move(src,dst)	移动文件或递归移动文件夹，也可以给文件和文件夹重命名

1. 复制文件

函数shutil.copy(src,dst)可以复制文件。参数src表示源文件，dst表示目标文件夹。当移动到一个不存在的目标文件夹，系统会将这个不存在的目标文件夹识别为新的文件夹，而不会报错。

例7-15 复制文件。

```
import shutil      #导入shutil模块
#  1.将D:\PyCharmProjects\untitled\目录下的"example.txt"移动到现有目录D:\PyCharmProjects\untitled\shutil\中
src = r"D:\\PyCharmProjects\\untitled\\example.txt"
dst = r"D:\\PyCharmProjects\\untitled\\shutil"
shutil.copy(src,dst)


#  2.将D:\PyCharmProjects\untitled\目录下的"example.txt"移动到现有目录D:\PyCharmProjects\untitled\shutil\中，并重新命名为"new_data.txt"
src = r"D:\\PyCharmProjects\\untitled\\example.txt"
dst = r"D:\\PyCharmProjects\\untitled\\shutil\\new_data.txt"
shutil.copy(src,dst)


#  3.将D:\PyCharmProjects\untitled\目录下的"example.txt"移动到一个不存在的文件夹中
src = r"D:\\PyCharmProjects\\untitled\\example.txt"
dst = r"D:\\PyCharmProjects\\untitled\\example"
shutil.copy(src,dst)
```

对于情况3，系统会默认将"example"识别为文件名，而不是移动到一个新的、不存在的文件夹中。

2．复制文件夹

函数shutil.copytree(src,dst)可以复制文件夹。参数src表示源文件夹，dst表示目标文件夹。这里只能是移动到一个空文件夹，而不能是包含其他文件的非空文件夹，否则会报FileExistsError错误。

1）如果目标文件夹中存在其他文件，会报错。

```
import  shutil        #导入shutil模块
# 将test文件夹移动到shutil文件夹，由于前面的操作，此时shutil文件夹中已经有其他文件
src = r"D:\\PyCharmProjects\\untitled\\test"
dst = r"D:\\PyCharmProjects\\untitled\\shutil"
shutil.copytree(src,dst)
```

执行程序会报错，运行结果如下所示。

```
Traceback (most recent call last):
  File "D:/PyCharmProjects/untitled/1.py", line 6, in <module>
    shutil.copytree(src,dst)
  File "C:\Users\dell\AppData\Local\Programs\Python\Python311\lib\shutil.py", line 554, in copytree
    return _copytree(entries=entries, src=src, dst=dst, symlinks=symlinks,
  File "C:\Users\dell\AppData\Local\Programs\Python\Python311\lib\shutil.py", line 455, in _copytree
    os.makedirs(dst, exist_ok=dirs_exist_ok)
  File "C:\Users\dell\AppData\Local\Programs\Python\Python311\lib\os.py", line 223, in makedirs
    mkdir(name, mode)
FileExistsError: [WinError 183] 当文件已存在时，无法创建该文件。: 'D:\\PyCharmProjects\\untitled\\shutil'
```

2）如果指定任意一个不存在的目标文件夹，则会自动创建。

```
import  shutil        #导入shutil模块
# test1文件夹原本是不存在的，使用下面的代码会自动创建该文件夹
src = r"D:\\PyCharmProjects\\untitled\\test"
dst = r"D:\\PyCharmProjects\\untitled\\test1"
shutil.copytree(src,dst)
```

执行程序后，会自动在D:\PyCharmProjects\untitled\目录下创建一个test1文件夹，并将test文件夹内容复制到test1文件夹内。

3．移动文件或文件夹

函数shutil.move(src,dst)可以移动文件或文件夹。参数src表示源文件或文件夹，dst表示目标文件夹。文件或文件夹一旦被移动了，原来位置的文件或文件夹就没有了，需要注意的是，当目标文件夹不存在时，则会报FileNotFoundError错误。

例7-16 移动文件。

```
import  shutil        #导入shutil模块
# 将当前工作目录下的"example.txt"文件，移动到test文件夹下
dst = r"D:\\PyCharmProjects\\untitled\\test"
shutil.move("example.txt",dst)
```

```
# 将test文件夹下的"example.txt"文件，移动到test1文件夹中，并重新命名为"new_example.txt"
src = r"D:\\PyCharmProjects\\untitled\\test\\example.txt"
dst = r"D:\\PyCharmProjects\\untitled\\test1\\new_example.txt"
shutil.move(src,dst)
```

4．删除文件夹

函数shutil.rmtree(src)可以递归删除文件夹，参数src表示源文件夹。

需要注意，在os模块中想要删除文件或文件夹可以使用函数remove()和rmdir()，但是remove()函数只能删除某个文件，mdir()函数只能删除某个空文件夹。而shutil模块中的rmtree()可以递归彻底删除非空文件夹。

例7-17 删除文件夹。

```
import shutil    #导入shutil模块
# 将test文件夹彻底删除
src= r"D:\\PyCharmProjects\\untitled\\test"
shutil.rmtree(src)
```

执行程序后，D:\PyCharmProjects\untitled\目录下的test文件夹被彻底删除，即test文件夹内子文件夹和文件均被删除。

三、time模块

Python提供了time模块用来操作时间,time模块不仅可以用来显示时间，还可以控制程序，让程序暂停(使用sleep函数)。

在Python中，通常有3种方式来表示时间。

1．时间戳（timestamp）

通常来说，时间戳表示的是1970-1-1 00：00：00之后的秒偏移量，可以通过time.time()获得。时间戳是一个浮点数，可以进行加减运算，但请注意不要让结果超出取值范围。

2．格式化的时间字符串（format string）

格式化的时间字符串就是年月日时分秒这样的时间字符串，例如，2017-09-26 09:12:48，可以通过time.strftime('%Y-%m-%d')获得。

利用time.strftime('%Y-%m-%d %H:%M:%S')获得一个格式化时间字符串示例。

```
>>> import time
>>> time.strftime('%Y-%m-%d %H:%M:%S')
'2022-11-07 11:48:19'
```

需要注意的是，参数里的空格、短横线和冒号都是美观修饰符号，真正起控制作用的是百分号。对于格式化控制字符串'%Y-%m-%d %H:%M:%S'，其中每一个字母所代表的含义都不同，且区分大小写。

Python中时间日期格式化符号见表7-5。

表7-5　Python中时间日期格式化符号

符　　号	说　　明
%y	两位数的年份表示（00～99）
%Y	四位数的年份表示（000～9999）
%m	月份（01～12）
%d	月内中的一天（0～31）
%H	24小时制小时数（0～23）
%I	12小时制小时数（01～12）
%M	分钟数（00～59）
%S	秒（00～59）
%a	本地简化的星期名称
%A	本地完整的星期名称
%b	本地简化的月份名称
%B	本地完整的月份名称
%c	本地相应的日期表示和时间表示
%j	年内的一天（001～366）
%p	本地A.M.或P.M.的等价符
%U	一年中的星期数（00～53），星期天为星期的开始
%w	星期（0～6），星期天为星期的开始
%W	一年中的星期数（00～53），星期一为星期的开始
%x	本地相应的日期表示
%X	本地相应的时间表示
%Z	当前时区的名称

3．结构化的时间（struct_time）

使用time.localtime()等方法可以获得一个结构化时间元组。struc_time共有9个元素（年、月、日、时、分、秒、第几周、第几天、夏令时）。示例代码如下所示。

```
>>> import time
>>> time.localtime()
time.struct_time(tm_year=2022,tm_mon=11,tm_mday=7,tm_hour=11,tm_min=52,tm_sec=28, tm_wday=0, tm_yday=311, tm_isdst=0)
```

任务实施

使用Python标准库中的文件和文件夹操作模块，实现文件/目录管理器。

1）导入os、shutil和time模块，利用模块中的函数实现相关功能。

2）通过os模块的os.write()函数获取并显示指定路径下所有的文件信息和目录信息。

3）通过os模块的os.open()函数和os.mkdir()函数创建文件和目录。

4）通过os模块的os.remove()函数删除文件和shutil模块的shutil.rmtree()函数删除目录。

5）通过os模块的os.rename()函数重命名文件和目录。

6）通过os模块的os.rename()函数移动文件和目录。

核心代码如下所示。

```python
# 定义方法获取路径path下的所有文件和目录的名称
def get_file_dir_info(path):
    global file_list
    global dir_list
    global other_list
    os.chdir(path)                          # 更改当前工作目录
    for item in os.listdir():               # 遍历当前路径文件和目录
        if os.path.isfile(item):            # 文件
            file_list.append(item)          # 添加文件名进列表
        elif os.path.isdir(item):           # 目录
            dir_list.append(item)
        else:                               # 其他类型，如链接文件
            other_list.append(item)

# 定义方法打印路径path下的所有文件和目录信息
def print_file_dir_info(path):
    print('路径%s下的所有文件和目录信息：\n名称    类型    绝对路径    创建时间    文件大小    ' % os.path.abspath(path))
    # 输出目录信息
    for item in dir_list:
        print('%s  目录  %s  %s  ' % (item, os.path.abspath(
            item), time.ctime(os.path.getctime(item))))
    # 输出文件信息
    for item in file_list:
        # 这里的文件大小单位转换成了kb类型的
        print('%s  文件  %s  %s  %.2fkb' % (
            item, os.path.abspath(item), time.ctime(os.path.getctime(item)), os.path.getsize(item) / 1024))
    # 输出其他文件信息
    for item in other_list:
        print('%s  文件  %s  %s  %.2fkb' % (
            item, os.path.abspath(item), time.ctime(os.path.getctime(item)), os.path.getsize(item) / 1024))

# 定义方法用来创建文件
def create_file(filename):
    try:
        f = os.open(filename, os.O_CREAT)
        os.close(f)
        return True
    except:
        return False

# 定义方法用于创建目录
def create_dir(dirname):                    # 创建目录
    try:
        os.mkdir(dirname)
        return True
    except:
        return False
```

```python
# 定义方法用于删除文件或目录
def delete_file_dir(path):              # 删除文件或目录
    try:
        if path not in dir_list:        # 删除文件
            os.remove(path)
            return True
        else:                            # 删除目录
            shutil.rmtree(path)
            return True
    except:
        return False

# 定义方法用于重命名或移动文件或目录
def rename_file_dir(path, new_path):
    try:
        os.rename(path, new_path)
        return True
    except:
        return False

# 定义方法用于清空文件、目录或其他文件列表
def clear_list():
    file_list.clear()
    dir_list.clear()
    other_list.clear()
```

完整实施代码见配套素材，本任务的运行效果请读者自行下载本书的代码进行尝试。

任务记录

编写Python程序，使用Python标准库中的文件和文件夹操作模块，实现文件/目录管理器。

任务记录表

任务名称		任务日期	
姓　　名		学　　号	

任务实施过程记录（对本任务的实施步骤和错误操作进行记录）：

任务总结（对本任务的难点和问题进行记录，如完成任务过程中遇到的问题、解决问题的思路、解决问题的方法和学到的内容等）：

任务评价（教师填写）：

单元小结

本单元主要介绍了文件的类别和编码方式，重点介绍了文件的基本操作和CSV、JSON文件的读写操作，最后介绍了Python标准库中的os模块、shutil模块和time模块。

通过本单元的学习，读者应掌握如何利用Python对文件进行操作，并重点掌握以下内容。

1）文件分为文本文件和二进制文件两大类。

2）文件打开的模式有多种，包括只读模式"r""rb"，只写模式"w""wb"，追加模式"a""ab"，既可读也可写模式"r+""w+""a+""rb+""wb+""ab+"。其中，带"b"的模式表示以二进制文件格式进行操作。

3）进行文件内容的读写操作时推荐使用上下文管理语句with。

4）Python提供了两个写入文件的方法：write()方法用于写入字符串，writelines()方法用于写入字符串序列。

5）Python提供了3个读取文件的方法：read()方法用于读取指定的字节数或全部内容，readline()方法用于读取一行，readlines()方法用于读取所有行。

6）csv库通过创建writer和reader对象写入和读取CSV文件。

7）json库通过dumps()方法和loads()方法写入和读取JSON文件。

8）Python标准库os和shutil是文件与文件夹操作常用的模块。

习 题

1．读取一个文件，打印除了以#开头的行之外的所有行。

2．编写一个程序，将序列化的名片存入某个文件中。

3．利用文件制作英文字典。创建字典的文本文件dict.txt，将现有词典内容保存在文本文件中。编写程序将字典内容读进列表后，再通过交互接收新输入的单词，然后到列表中查找，找到后输出其对应的中文，找不到则将这组新单词添加到字典尾部。

4．输入某位同学的课程及成绩，使用空格隔开，每个课程一行，输出得分最高和最低的课程及成绩，并输出平均分，将输出结果保存在"course.txt"文件中。

5．制作电子便签，实现添加便签、查询便签和浏览便签功能。其中，添加便签时需要携带时间信息。（提示：使用time模块的localtime()方法获取当地时间，然后使用strftime()方法格式化时间。）

单元 8

异常

单元导读

程序在运行过程中，由于编码不规范或者其他一些客观原因，会导致程序无法继续运行，此时，程序就会出现异常（bug）。如果不对异常进行处理，程序可能会由于异常直接中断掉，而合理地使用异常处理可以使程序更加健壮，并具有更强的容错性。

本单元将详细介绍异常的概念以及Python中的常见异常，重点介绍异常的捕捉和处理方法以及抛出异常和用户自定义异常的方法。

单元目标

素质目标
- 锻炼从全局视角看问题、客观辩证地思考和处理问题的科学思维方式。
- 发扬精益求精的工匠精神，培养严谨的科学态度。

知识目标
- 理解异常的概念并熟悉Python中常见的异常。
- 掌握异常处理的几种结构的使用方法。
- 掌握raise和assert语句的使用方法。
- 掌握用户自定义异常的方法和使用。

能力目标
- 能够在任务中掌握处理异常的几种方式。
- 能够通过合理地使用异常处理来完成求解三角形面积的任务。
- 能够通过用户自定义异常制作空气质量评级系统。

任务1 初识异常

任务描述

在程序设计中,程序本身的错误会造成的功能不正常、体验不佳、死机、数据丢失、非正常中断等异常现象,通常用术语"bug"来描述这些异常现象。如果程序中出现了异常会带来哪些影响?又应该如何避免异常?本任务将带领大家学习Python中常见的异常来初识异常。

知识准备

一、异常概述

Python中存在两种类型的错误:语法错误(syntax error)和异常(exception)。当编写了无效的Python代码时,程序将会返回语法错误。例如:

```
current = 1
if current < 10
current += 1
```

运行以上代码将会返回下面的错误。

```
File "d:/python/try-except.py", line 2
    if current < 10
                   ^
SyntaxError: invalid syntax
```

以上示例中,Python解释器检测到了语法错误,因为if语句后面缺少一个冒号(:)。Python解释器显示了错误所在的文件名和行号,可以基于这些信息找到并修改错误。

在Python中,即使程序的语法是正确的,在运行时也有可能发生错误,这种在运行期间检测到的错误称为异常。而异常产生的主要原因来自代码执行的环境。例如,读取了一个不存在的文件;连接了一个停止运行的远程服务器;错误的用户输入等。

大多数异常是不会被程序自动处理的,会以错误信息的形式进行展现,如果不进行处理,此时程序就会中断并退出。为了提高程序的健壮性,解决程序运行过程中可能出现的问题,需要了解Python中有哪些异常类型。

二、Python中的常见异常

Python中有很多内置的异常类,其继承关系的层次结构如下所示。其中,BaseException是所有内置异常类的基类。了解了这个结构,在捕获和处理异常时就可以更加细致,从而判别更具体的异常类型。程序运行时出现的异常大多继承自Exception类,Exception类又继承自异常类的基类BaseException。

```
BaseException
 +-- SystemExit
 +-- KeyboardInterrupt
 +-- GeneratorExit
 +-- Exception
      +-- StopIteration
      +-- StopAsyncIteration
      +-- ArithmeticError
      |    +-- FloatingPointError
      |    +-- OverflowError
      |    +-- ZeroDivisionError
      +-- AssertionError
      +-- AttributeError
      +-- BufferError
      +-- EOFError
      +-- ImportError
      |    +-- ModuleNotFoundError
      +-- LookupError
      |    +-- IndexError
      |    +-- KeyError
      +-- MemoryError
      +-- NameError
      |    +-- UnboundLocalError
      +-- OSError
      |    +-- BlockingIOError
      |    +-- ChildProcessError
      |    +-- ConnectionError
      |    |    +-- BrokenPipeError
      |    |    +-- ConnectionAbortedError
      |    |    +-- ConnectionRefusedError
      |    |    +-- ConnectionResetError
      |    +-- FileExistsError
      |    +-- FileNotFoundError
      |    +-- InterruptedError
      |    +-- IsADirectoryError
      |    +-- NotADirectoryError
      |    +-- PermissionError
      |    +-- ProcessLookupError
      |    +-- TimeoutError
      +-- ReferenceError
      +-- RuntimeError
      |    +-- NotImplementedError
      |    +-- RecursionError
      +-- SyntaxError
      |    +-- IndentationError
      |         +-- TabError
      +-- SystemError
```

```
            +-- TypeError
            +-- ValueError
            |       +-- UnicodeError
            |              +-- UnicodeDecodeError
            |              +-- UnicodeEncodeError
            |              +-- UnicodeTranslateError
            +-- Warning
                    +-- DeprecationWarning
                    +-- PendingDeprecationWarning
                    +-- RuntimeWarning
                    +-- SyntaxWarning
                    +-- UserWarning
                    +-- FutureWarning
                    +-- ImportWarning
                    +-- UnicodeWarning
                    +-- BytesWarning
                    +-- ResourceWarning
```

下面通过示例详细介绍几种程序中经常出现的异常。

1. SyntaxError异常

当解释器发现语法错误时，会引发SyntaxError（Python语法错误）异常。由于Python2和Python3不兼容，所以一些可以在Python2上运行的代码在Python3上运行时也可能会引发SyntaxError异常。

示例代码如下所示。

```
list1 = [10,20,30,40]
for i in list1
    print(i)
```

运行程序，出现如下错误信息。

```
File "E:\Python代码\1.py", line 2
    for i in list1
                 ^
SyntaxError: invalid syntax
```

2. IndentationError异常

当出现缩进错误时，会引发IndentationError（缩进错误）异常。

示例代码如下所示。

```
list1 = [10,20,30,40]
for i in list1：
print(i)
```

运行程序，出现如下错误信息。

```
File "E:\Python代码\1.py", line 3
    print(i)
        ^
IndentationError: expected an indented block
```

3. IndexError异常

当使用序列中不存在的索引时,会引发IndexError(索引超出序列的范围)异常。例如,索引超出序列范围。

示例代码如下所示。

```
list1= [10,20,30,40]
print(list1[4])
```

运行程序,出现如下错误信息。

```
Traceback (most recent call last):
    File "E:\Python代码\1.py", line 2, in <module>
        print(list1[4])
IndexError: list index out of range
```

4. TypeError异常

当将不同类型的数据进行运算操作时,有时会引发TypeError(不同类型间的无效操作)异常。例如,调用函数时,指定的实际参数的数量必须与形式参数的数量一致,否则会抛出TypeError,提示缺少必要的位置参数;函数调用时,实际参数的类型与形式参数的类型不一致,并且在函数中,这两个类型还不能正常转换。

示例代码如下所示。

```
score = input('score:')
if score < 60:
    print('不通过')
else:
    print('通过')
```

运行程序,出现如下错误信息。

```
score:a
Traceback (most recent call last):
    File "E:\Python代码\1.py", line 2, in <module>
        if score < 60:
TypeError: '<' not supported between instances of 'str' and 'int'
```

5. ZeroDivisionError异常

当除数为零时,会引发ZeroDivisionError(除数为零)异常。

示例代码如下所示。

```
print(10/0)
```

运行程序,出现如下错误信息。

```
Traceback (most recent call last):
    File "E:\Python代码\1.py", line 1, in <module>
        print(10/0)
ZeroDivisionError: division by zero
```

6. NameError异常

当尝试访问一个未声明的变量时，会引发NameError（尝试访问一个不存在的变量）异常。例如，如果在函数外部使用函数内部定义的变量，就会抛出NameError异常。

示例代码如下所示。

```
x = 8
z = x + y
print(z)
```

运行程序，出现如下错误信息。

```
Traceback (most recent call last):
  File "E:\Python代码\1.py", line 2, in <module>
    z = x + y
NameError: name 'y' is not defined
```

7. ValueError异常

当传给函数的参数类型不正确时，会引发ValueError（传入无效参数）异常。例如，要求传入的值为int类型，却传入其他类型的值。

示例代码如下所示。

```
x = int('y')
```

运行程序，出现如下错误信息。

```
Traceback (most recent call last):
  File "E:\Python代码\1.py", line 1, in <module>
    x = int('y')
ValueError: invalid literal for int() with base 10: 'y'
```

8. KeyError异常

当使用字典中不存在的键时，会引发KeyError（字典中查找一个不存在的关键字）异常。

示例代码如下所示。

```
dict1 = {'one':1,'two':2}
print(dict1['one'])
print(dict1['three'])
```

运行程序，出现如下错误信息。

```
1
Traceback (most recent call last):
  File "E:\Python代码\1.py", line 3, in <module>
    print(dict1['three'])
KeyError: 'three'
```

9. FileNotFoundError异常

当试图用只读方式打开一个不存在的文件时，会引发FileNotFoundError（Python 3.2版本以前是IOError）异常。

示例代码如下所示。

file = open('1.txt')

运行程序，出现如下错误信息。

Traceback (most recent call last)：
　File "E：\Python代码\1.py", line 1, in <module>
　　file = open('1.txt')
FileNotFoundError：[Errno 2] No such file or directory：'1.txt'

10．AttributeError异常

当尝试访问未知的对象属性时，会引发AttributeError（尝试访问未知的对象属性）异常。

示例代码如下所示。

class Stu()：
　　sex = 'male'
stu = Stu()
print(stu.sex)
print(stu.name)

运行程序，出现如下错误信息。

male
Traceback (most recent call last)：
　File "E：\Python代码\1.py", line 5, in <module>
　　print(stu.name)
AttributeError：'Stu' object has no attribute 'name'

任务实施

一、bug的由来

bug一词的原意是"昆虫"或"虫子"，但是现在，在计算机系统或程序中隐藏着的一些未被发现的缺陷或问题，也叫它"bug"。

bug的创始人格蕾丝·赫柏（Grace Murray Hopper）是一位为美国海军工作的计算机专家，也是最早将人类语言融入计算机程序的人之一。"bug"一名，正是由赫柏所取。

1945年9月9日下午，赫柏正领着她的小组构造一个称为"马克二型"的计算机。这还不是一个完全的电子计算机，它使用了大量的继电器，是一种电子机械装置。那是一个炎热的夏天，房间没有空调，所有窗户都敞开散热。突然，"马克二型"死机了。技术人员试了很多办法，最后定位到第70号继电器出错。赫柏观察这个出错的继电器，发现一只飞蛾躺在中间，已经被继电器打死。她小心地用镊子将蛾子夹出来，用透明胶布贴到"事件记录本"中，并注明为"第一个发现虫子的实例"。从此以后，人们将计算机错误和异常戏称为"bug"，而把找寻错误的工作称为"debug"。

bug的等级可分为四个：

1级bug：致命错误，通常表现为系统无法运行、崩溃或严重资源不足，应用模块无法启动或者异常退出，主要功能模块无法使用等。

2级bug：严重错误，通常表现为影响系统功能或操作，主要功能存在严重缺陷，但不会影响到系统稳定性。

3级bug：一般错误，通常表现为界面、性能缺陷。例如，操作界面错误、提示类错误、边界值错误、大数据操作时没有提供进度等。

4级bug：通常表现为易用性及建议性问题。例如，产品的易用性不够、界面不规范、产品说明不明确、提示信息错误、程序在一些显示上不美观、不符合用户习惯或者是一些文字的错误等。

二、异常带来的影响

有些软件中的异常（bug）或许只会引发小问题，但正是这些看似不起眼的小问题却可能越积越多，最终引起程序不能运行、出错等一系列的大问题。而有些软件中的异常（bug）则会直接引发生命财产安全等大问题。

下面通过具体案例来看一下程序异常带来的影响与危害。

1994年在苏格兰，一架吉努克型直升飞机坠毁，29名乘客全部罹难。最初指责声都指向飞行员，但后来有证据表明，直升飞机的系统错误才是罪魁祸首。另外一次因软件而引发的飞行事故发生在1993年。瑞典的一架JAS 39鹰狮战斗机因飞行控制软件的bug而坠毁。

在1996年，欧洲运载火箭Ariane 5在发射37秒后当场爆炸。一瞬间，70亿美元的开发费用和5亿美元的设备原地蒸发。这一切都是由一个整数溢出（Integer Overflow）的异常引起。

1999年，探测器从距离火星表面130英尺的高度垂直坠毁。在制造火星气候轨道探测器时，一个NASA的工程小组使用的是英制单位，而不是预定的公制单位，这造成了探测器的推进器无法正常运作。此项工程成本耗费3.27亿美元，这还不包括损失的时间（该探测器从发射到抵达火星要将近一年时间）。

2000年，美国一家名为Multidata Systems International的公司在癌症治疗中，规划软件按照数据输入的顺序来计算辐射的计量，错误地计算了放射治疗中的辐射量，导致28位病人接受了过量的伽马辐射，其中8人死亡，20人严重受伤。

可见，有些bug或许只会引发小毛病，但某些情境下不允许出现任何bug，否则可能给生命、财产等带来巨大损失。所以作为初学者，要时刻提醒自己，不断检查、不断完善，发扬精益求精的工匠精神，培养严谨的科学态度。

三、如何避免异常

程序编写前，首先明确需求，确保在需求分析阶段考虑全面，满足单元的功能需求。

程序编写时，要考虑全面，在可能产生异常的代码位置进行异常处理，并生成相应的错误报告。

程序编写完成后，要严格对程序或系统进行软件测试，验证软件单元是否符合软件需求与设计。

↗ 任务记录

初识异常，理解异常带来的影响以及如何避免异常。

任务记录表

任务名称		任务日期	
姓　　名		学　　号	

任务实施过程记录（对本任务的实施步骤和错误操作进行记录）：

任务总结（对本任务的难点和问题进行记录，如完成任务过程中遇到的问题、解决问题的思路、解决问题的方法和学到的内容等）：

任务评价（教师填写）：

任务2　求解三角形面积

📘 任务描述

我国是一个具有悠久历史的文明国家，数学作为古代科学的一门重要学科，取得了丰硕的成果。早在1247年，宋代的数学家秦九韶就在《数书九章》中记述了"三斜求积术"，填补了我国数学史中的一个空白。"三斜求积术"用现代公式表示，即三角形三边长为a、b、c，那么面积是1/4*sqrt[(a+b+c)(a+b−c)(a+c−b)(b+c−a)]。

本任务将带领大家编写Python程序，利用Python中的异常处理机制完成"根据输入的三角形三条边长计算三角形面积"的问题。

📘 知识准备

如果错误发生的条件是可预知的，可以用if进行处理，在错误发生之前进行预防。例如下面这段代码：

```
AGE = 10
while True：
    age = input（'>>：'）.strip()
    if age.isdigit()：    #只有在age为字符串形式的整数时,下列代码才不会出错,该条件是可预知的
        age = int (age)
        if age == AGE：
            print（'you got it'）
            break
```

但是，如果错误发生的条件是不可预知的，则需要在错误发生之后进行处理，这时可以使用异常处理机制来解决程序运行过程中可能出现的问题。

Python提供了多种不同形式的异常处理结构，它们的基本思路一致，即运行代码，如果没有异常则正常执行，如果出现异常则捕获和处理。

一、try-except

try-except语句可以对代码运行过程中可能出现的异常进行捕捉和处理。基本语法结构如下所示。

```
try：
    #可能会引发异常的代码块
except [异常类型] [as 变量名(保存异常信息)]：
    #处理异常的代码块
```

将可能发生异常的代码放在try下的代码块中，首先执行try分支中的语句，当try里面的代码发生异常时，如果符合except后的异常类型，则直接转向执行except里的代码块；反之，try里面的代码没有出现问题，则不执行except里的代码；注意的是，except后如果不写异常类型，则表示捕捉所有异常类型。

try-except语句可以捕捉和处理程序的单个、多个或全部异常，下面逐一介绍。

1. 捕捉单个异常

例8-1 捕获两数相除除数为0的异常。

```
try：
    a = float(input('请输入被除数：'))
    b = float(input('请输入除数：'))
    c = a/b
    print('商为：',c)
except ZeroDivisionError：        #只捕捉ZeroDivisionError单个异常
    print('除数不能为0！')
```

运行程序，输入数据，当try里面的代码没有出现问题时，运行结果如下所示。

```
请输入被除数：1
请输入除数：2
商为：0.5
```

再次运行程序，输入数据，当try里面的代码发生异常，且符合except后的异常类型，运行结果如下所示。

```
请输入被除数：2
请输入除数：0
除数不能为0！
```

第三次运行程序，输入数据，当try里面的代码发生异常，但不符合except后的异常类型，运行结果如下所示。

```
请输入被除数：a
Traceback (most recent call last):
  File "D:/PyCharmProjects/untitled/1.py", line 2, in <module>
    a = float(input('请输入被除数：'))
ValueError: could not convert string to float: 'a'
```

上例程序在第三次运行时，已经使用except来捕获异常了，为什么还会看到错误的信息提示？因为except捕获的异常类型是ZeroDivisionError，而此时程序产生的异常为ValueError，所以except没有生效。在实际开发中，可通过捕获多个异常的方式来解决这个问题。

2. 捕捉多个异常

捕捉多个异常的语法结构有两种。

1）可以针对不同异常类型分别设置多个except子句，格式如下所示。

```
try：
    #可能会引发异常的代码块
except Exception1：
    #处理类型为Exception1的代码块
except Exception2：
    #处理类型为Exception2的代码块
except Exception3：
    #处理类型为Exception3的代码块
…
```

在这种处理结构下，如果try里面的代码发生异常，则按照顺序依次检查每个except之后的名称，直到异常类型与某个except之后的名称相同，其对应的except子句被执行。

例8-2 捕捉多个异常ZeroDivisionError异常和ValueError异常。

```
try：
    a = float(input('请输入被除数：'))
    b = float(input('请输入除数：'))
    c = a/b
    print('商为：',c)
except ZeroDivisionError：
    print('除数不能为0！')
except ValueError：
    print('被除数和除数应为数值类型！')
```

在本例代码的try子句中执行除法运算时，可能会因为除数为0而使程序引发ZeroDivisionError异常，也可能会因为被除数或除数为非数值型数据而引发ValueError异常。except子句中明确指定了捕捉ZeroDivisionError或ValueError异常，因此程序在检测到ZeroDivisionError或ValueError异常后会执行对应except子句的内容。

运行程序，输入数据，结果如下所示。

```
请输入被除数：2
请输入除数：0
除数不能为0！
```

再次运行程序，输入数据，结果如下所示。

请输入被除数：2
请输入除数：a
被除数和除数应为数值类型！

为减少代码量，Python允许将多个异常类型放到一个元组中，然后使用一个except子句同时捕捉多种异常，并且共用同一段异常处理代码。

2）可以对多个异常统一处理，格式如下所示。

```
try：
    #可能会引发异常的代码块
except （Exception1,Exception2,Exception3,...）：
    #处理异常的代码块
```

例8-3 以元组的形式捕捉多异常ZeroDivisionError异常和ValueError异常。

```
try：
    a = float(input('请输入被除数：'))
    b = float(input('请输入除数：'))
    c = a/b
    print('商为：',c)
except (ZeroDivisionError,ValueError)：
    print('捕获到异常！')
```

运行程序，输入数据，结果如下所示。

请输入被除数：2
请输入除数：0
捕获到异常！

再次运行程序，输入数据，结果如下所示。

请输入被除数：2
请输入除数：a
捕获到异常！

3. 捕捉全部异常

如果无法确定要对哪一类异常进行处理，希望在try语句块出现任何异常时都进行捕捉，即捕捉程序中的全部异常，那么可以将except之后的异常类型设置为Exception或者省略不写。

例8-4 捕捉全部异常。

```
try：
    a = float(input('请输入被除数：'))
    b = float(input('请输入除数：'))
    c = a/b
    print('商为：',c)
except Exception：
    print('出错啦！')
```

运行程序，输入数据，结果如下所示。

请输入被除数：2
请输入除数：0
出错啦！

再次运行程序，输入数据，结果如下所示。

请输入被除数：2
请输入除数：a
出错啦！

以上示例的输出结果仅表明出现了错误，但并没有明确说明该异常产生的具体原因，这里可以在异常类型之后使用as关键字来获取异常的具体信息，修改后的代码如下所示。

```
try：
    a = float(input('请输入被除数：'))
    b = float(input('请输入除数：'))
    c = a/b
    print('商为：',c)
except Exception as error：
    print('出错啦！原因：',error)
```

运行程序，输入数据，结果如下所示。

请输入被除数：2
请输入除数：0
出错啦！原因： float division by zero

再次运行程序，输入数据，结果如下所示。

请输入被除数：2
请输入除数：a
出错啦！原因： could not convert string to float：'a'

需要注意的是，若省略异常类型，except子句中无法获取异常的具体信息。

```
try：
    a = float(input('请输入被除数：'))
    b = float(input('请输入除数：'))
    c = a/b
    print('商为：',c)
except：
    print('出错啦！')
```

运行程序，输入数据，结果如下所示。

请输入被除数：2
请输入除数：0
出错啦！

再次运行程序，输入数据，结果如下所示。

请输入被除数：2
请输入除数：a
出错啦！

二、try-except-else

try-except语句还有一个可选的else子句,如要使用该子句,必须将其放在所有except子句之后。该子句将在try子句没有发生任何异常时执行。基本语法结构如下所示。

```
try:
    #可能会引发异常的代码块
except Exception [as reason]:
    #出现异常后执行的代码块
else:
    #如果try子句中的代码没有引发异常,则执行该代码
```

如果try里面的代码发生异常,则执行except子句代码块,而不去执行else子句代码块;如果try里面的代码没有发生异常,则执行else子句代码块。

这样的好处是,不需要将过多的代码放在try子句中,而只需要放那些真的有可能产生异常的代码。

例8-5 使用else子句。

```
a = float(input('请输入被除数:'))
b = float(input('请输入除数:'))
try:
    c = a/b
except Exception as error:
    print('出错啦!原因:',error)
else:
    print('商为:', c)
```

运行程序,输入数据,结果如下所示。

```
请输入被除数:2
请输入除数:0
出错啦!原因: float division by zero
```

再次运行程序,输入数据,结果如下所示。

```
请输入被除数:1
请输入除数:2
商为:0.5
```

三、try-except-finally

try-except语句中还可以增加finally子句,在此结构中无论try子句代码块是否发生异常,都执行finally子句代码块。基本语法结构如下所示。

```
try:
    #可能会引发异常的代码块
except Exception [as reason]:
    #出现异常后执行的代码块
finally:
    #无论try子句中的代码有没有引发异常,都会执行的代码块
```

在实际应用中,由于在此结构中无论try子句代码块是否发生异常,都执行finally子句代码块,所以finally子句多用于预设资源的清理操作,如关闭文件、关闭网络连接、关闭数据库连接等。

例8-6 使用finally子句清理文件资源。

```
try：
    f = open('test.txt',mode='r',encoding='utf-8')
    print(f.read())
except FileNotFoundError as error：
    print(error)
finally：
    f.close()
    print('文件已关闭！')
```

执行程序，运行结果如下所示。

```
Python
文件已关闭！
```

需要注意的是，运行程序时，如果"test.txt"文件不存在，就会在finally子句中关闭文件时引发异常。运行结果如下所示。

```
[Errno 2] No such file or directory：'test.txt'
Traceback (most recent call last)：
  File "D:/PyCharmProjects/untitled/test.py", line 7, in <module>
    f.close()
NameError：name 'f' is not defined
```

> **知识链接**
>
> 异常处理结构不是万能的，finally子句中的代码也可能会引发异常。

四、try-except-else-finally

Python异常处理结构中可以同时包含try子句、多个except子句、else子句和finally子句，基本语法结构如下所示。

```
try：
    #可能会引发异常的代码块
except Exception1：
    #处理异常类型1的代码块
except Exception2：
    #处理异常类型2的代码块
…
else：
    #如果try子句中的代码没有引发异常，则执行该代码块
finally：
    #无论try子句中的代码有没有引发异常，都会执行的代码块
```

在上述语法结构中，有以下要求：

1）异常处理结果必须以"try"→"except"→"else"→"finally"的顺序出现，即所有的except必须在else和finally之前，else必须在finally之前，否则会出现语法错误。

2）else和finally都是可选的。

3）else的存在必须以except语句为前提。也就是说，如果在没有except语句的try语句中使用else语

句,则会引起语法错误。

例8-7 使用try-except-else-finally异常处理结构。

```
while True：
    a = input('请输入被除数：')
    b = input('请输入除数：')
    try：
        a = float(a)
        b = float(b)
        c = a/b
    except ZeroDivisionError：
        print('除数不能为0！')
    except ValueError：
        print('被除数和除数应为数值类型！')
    except Exception as e：
        print('其他错误！',e)
    else：
        print('运行没有错误！商为:',c)
    finally：
        print('finally子句都要执行,运行结束！')
```

执行程序,运行结果如下所示。

```
请输入被除数：1
请输入除数：2
运行没有错误！商为：0.5
finally子句都要执行,运行结束！
请输入被除数：a
请输入除数：1
被除数和除数应为数值类型！
finally子句都要执行,运行结束！
请输入被除数：2
请输入除数：0
除数不能为0！
finally子句都要执行,运行结束！
```

任务实施

根据输入的三角形三条边的整数边长,求出三角形的面积。输入的三条边的边长用空格分隔。程序应当可以处理所有异常并且只有在用户输入"q"后才退出。三角形三边关系是指在一个三角形中,任意两边之和大于第三边,任意两边之差小于第三边。三角形的面积可以使用"三斜求积术"计算,即三角形三边长为a、b、c,那么面积是1/4*sqrt[(a+b+c)(a+b-c)(a+c-b)(b+c-a)]。

完成本任务,需要捕捉可能存在的ValueError和IndexError等异常。

1)定义check_is_triangle()函数,对三角形三条边进行判断,如果无法构成三角形,则引发ValueError异常。

2)由于任务中要求输入3个整数,所以如果输入的三条边不是整数,则引发ValueError异常。

3）由于整数是3个，且用空格分隔，这时需要使用字符串的split()函数，然后放入列表中，如果整数不是3个，当引用列表里的3个整数时，会引发IndexError异常。

示例代码如下所示。

```python
import math
#定义函数，对三条边进行判断，如果无法构成三角形，则引发ValueError异常。
def check_is_triangle(a, b, c):
    if a <= 0 or b <= 0 or c <= 0:
        raise ValueError('无法构成三角形')
    if a + b > c and a + c > b and b + c > a:
        pass
    else:
        raise ValueError('无法构成三角形')


if __name__ == '__main__':
    while True:
        side = input('请输入三角形的三条边长，以空格分隔，输入q退出：')
        if 'q' == side:
            break
        sides = side.split()

        try:
            a = int(sides[0])
            b = int(sides[1])
            c = int(sides[2])
        except IndexError:      #捕捉IndexError异常
            print('请输入至少3个整数')
        except ValueError:      #捕捉ValueError异常
            print('请输入整数')
        else:
            try:
                check_is_triangle(a, b, c)
            except ValueError:      #捕捉ValueError异常
                print('无法构成三角形')
            else:
                s = 1 / 4 * math.sqrt(
                    (a + b + c) * (a + b - c) * (a + c - b) * (b + c - a))
                print(f'三角形的面积是：{s}')
```

任务记录

编写Python程序，利用Python中的异常处理机制完成"根据输入的三角形三条边长求三角形面积"的求解问题。

任务记录表

任务名称		任务日期	
姓　名		学　号	

任务实施过程记录（对本任务的实施步骤和错误操作进行记录）：

任务总结（对本任务的难点和问题进行记录，如完成任务过程中遇到的问题、解决问题的思路、解决问题的方法和学到的内容等）：

任务评价（教师填写）：

任务3　制作空气质量评级系统

🔖 任务描述

大自然是人类赖以生存发展的基本条件，应尊重自然、顺应自然、保护自然，提升生态系统的多样性、稳定性、持续性。近年来，环境空气达标城市数量持续增加，城市优良天数比例持续提升，水质优良海域面积比例持续提升。可见，"绿水青山就是金山银山"的理念已深入人心。

空气质量评级系统可根据空气质量指数（AQI，取值范围是0～500）评定空气质量等级，并针对各类人群给出不同的户外活动建议。

本任务将带领大家编写Python程序，利用用户自定义异常类制作空气质量评级系统。

🔖 知识准备

一、抛出异常

Python程序中的异常不仅可以自动触发，还可以由开发人员使用raise语句和assert语句主动抛出。

1. raise语句

在Python中，可以使用raise语句强制抛出指定的异常。基本语法结构如下所示。

```
raise 异常类           #结构1：使用异常类名抛出指定的异常
raise 异常类对象       #结构2：使用异常类对象抛出指定的异常
raise                 #结构3：使用刚出现过得异常重新抛出异常
```

(1) 使用异常类名抛出指定的异常

使用raise异常类语句可以引发该语句中异常类对应的异常。示例如下所示。

```
raise NameError
```

执行程序，运行结果如下所示。

```
Traceback (most recent call last)：
    File "D:/PyCharmProjects/untitled/1.py", line 1, in <module>
        raise NameError
NameError
```

特别说明：当raise异常类语句在执行时，会先隐式地创建该类的实例对象，再引发异常。

(2) 使用异常类对象抛出指定的异常

使用raise异常类对象语句可以引发该语句中异常类对象对应的异常。示例如下所示。

```
raise NameError()
```

执行程序，运行结果如下所示。

```
Traceback (most recent call last)：
    File "D:/PyCharmProjects/untitled/1.py", line 1, in <module>
        raise NameError()
NameError
```

以上代码中raise之后的NameError()用于创建异常类对象。创建异常类对象时还可以通过字符串指定异常的具体描述信息，示例代码如下所示。

```
raise NameError('异常描述：命名错误！')
```

执行程序，运行结果如下所示。

```
Traceback (most recent call last)：
    File "D:/PyCharmProjects/untitled/1.py", line 1, in <module>
        raise NameError('异常描述：命名错误！')
NameError：异常描述：命名错误！
```

(3) 使用刚出现过得异常重新抛出异常

使用不带任何参数的raise语句可以引发刚刚发生过的异常。例如，捕获到了异常，但是又想重新引发它（传递异常），就可以使用这种方式。示例如下所示。

```
try：
    raise NameError('命名错误')
except：
    print('出现了一个异常！')
    raise
```

执行程序，运行结果如下所示。

```
出现了一个异常！
Traceback (most recent call last)：
    File "D:/PyCharmProjects/untitled/1.py", line 2, in <module>
        raise NameError('命名错误')
NameError：命名错误
```

在以上示例中，try子句执行后会出现因raise语句引发的NameError异常，except子句会被执行；except子句里的代码又使用raise语句引发刚刚发生的NameError异常，最终程序因再次抛出异常而终止执行。

2. assert语句

assert语句又称为断言语句，是利用异常来判断某个条件是否满足的一个常用的编程技巧。assert语句用来判断一个逻辑表达式，如果该表达式为False时就会触发AssertionError异常。assert语句的基本语法结构如下所示。

```
assert 表达式[, 异常信息]
```

assert后面紧跟逻辑表达式，异常信息为一个字符串，当表达式的值为False时，作为异常类的描述信息使用。assert语句逻辑上等同于：

```
if not 逻辑表达式：
    raise AssertionError(异常信息)
```

> **知识链接**
>
> 明明assert会令程序崩溃，为什么还要使用它？
>
> 这是因为，与其让程序在晚些时候崩溃，不如在错误条件出现时，就直接让程序崩溃，这有利于对程序排错，提高程序的健壮性。因此，assert语句通常用于检查用户的输入是否符合规定，还经常用作程序初期测试和调试过程中的辅助工具。

例 8-8 assert语句抛出异常。

```
um_one = int(input("请输入被除数："))
num_two = int(input("请输入除数："))
assert num_two != 0, '除数不能为0'    # assert语句判定num_two不等于0
result = um_one / num_two
print(um_one, '/', num_two, '=', result)
```

执行程序，运行结果如下所示。

```
请输入被除数：1
请输入除数：2
1 / 2 = 0.5
```

再次运行程序，结果如下所示。

```
请输入被除数：2
请输入除数：0
Traceback (most recent call last):
  File "D:/PyCharmProjects/untitled/1.py", line 3, in <module>
    assert num_two != 0, '除数不能为0'   # assert语句判定num_two不等于0
AssertionError: 除数不能为0
```

可以看到，当assert语句后的表达式值为真时，程序继续执行；反之，程序停止执行，并抛出AssertionError异常。

例8-9 断言score是在0～100分之间，如果不是则抛出异常。

```
while True：
    try：
        score=int(input("请输入百分制成绩："))
        #断言score是在0～100分之间，如果不是则抛出异常
        assert score>=0 and score<=100,'分数必须在1～100之间'
        if score>=90：
            print("优")
        elif score>=80：
            print("良")
        elif score>=70：
            print("中")
        elif score>=60：
            print("及格")
        else：
            print("不及格")
    except Exception as r：
        print('发生异常：',r)
        break                 #跳出循环
```

执行程序，运行结果如下所示。

```
请输入百分制成绩：94
优
请输入百分制成绩：81
良
请输入百分制成绩：60
及格
请输入百分制成绩：103
发生异常： 分数必须在1～100之间
```

二、用户自定义异常

Python的异常分为两种：一种是内建异常，就是系统内置的异常，在某些错误出现时自动触发；另一种就是用户自定义异常，是用户根据自己的需求设置的异常。

Python提供的内置异常可以描述大部分异常情况，但有时程序会有特殊的要求，系统可能无法识别该异常。此时，需要用户创建自定义异常类，使系统能够识别异常并进行处理。

用户自定义异常类需继承自Exception类，通过__init__()方法初始化异常类对象，并通过raise语句抛出，捕获异常后可直接通过异常对象输出说明信息。

例8-10 用户注册账户输入密码时，输入的密码长度限制为最少是3，要求自定义异常，当输入的密码长度小于3时抛出异常。

```python
# 自定义异常类ShortInputError
class ShortInputError(Exception):
    def __init__(self, length, atleast):
        self.length = length          # 输入的密码长度
        self.atleast = atleast        # 限制的密码长度
try:
    text = input("请输入密码：")
    if len(text) < 3:
        raise ShortInputError(len(text), 3)
except ShortInputError as result:
    print("ShortInputError：输入的长度是%d，长度至少应是%d"%(result.length, result.atleast))
else:
    print("密码设置成功！")
```

运行程序，输入密码长度大于3，运行结果如下所示。

请输入密码：1234
密码设置成功！

再次运行程序，输入密码长度小于3，运行结果如下所示。

请输入密码：1
ShortInputError：输入的长度是1，长度至少应是3

本例代码中，首先定义了一个继承Exception的ShortInputError类，并在ShortInputError类中添加了两个属性length和atleast，其中length表示用户实际输入的密码长度，atleast表示程序限制的密码长度；然后通过try-except语句试图捕捉与处理因用户输入不符合长度的密码而引发的ShortInputErro异常，若输入的密码长度小于3，则会抛出ShortInputErro异常，否则提示"密码设置成功！"。

任务实施

利用用户自定义异常类制作空气质量评级系统。

完成本任务，需要自定义异常类处理AQI值小于0、大于500的异常情况。

1）自定义异常类AQIException继承Exception类，处理AQI值小于0、大于500的异常情况，在__init__()方法中用value表示实际输入的AQI值。

扫码观看视频

2）通过input()函数接收用户输入的AQI值，若用户输入的AQI值不在0～500之间时，就会抛出AQIException异常。

3）根据AQI的值判断空气质量等级并输出，同时输出相应的户外活动建议。

4）利用try-except语句捕捉多重异常并处理。

示例代码如下所示。

```python
class AQIException(Exception):         # 用户自定义异常类
    def __init__(self, value):
```

```python
        self.value = value

def testAQI():
    AQI = int(input('请输入AQI的值：'))         #输入AQI的值并将其转换为整数
    if AQI < 0 or AQI > 500:
        raise AQIException(AQI)               #抛出异常
    if AQI <= 50:    # 如果AQI小于等于50
        print('空气质量：一级（优）')    # 输出空气质量等级
        print('活动建议：各类人群可正常活动')    # 输出活动建议
    elif AQI <= 100:    # 如果AQI大于50小于等于100
        print('空气质量：二级（良）')    # 输出空气质量等级
        print('活动建议：极少异常敏感人群应减少户外活动')    # 输出活动建议
    elif AQI <= 150:    # 如果AQI大于100小于等于150
        print('空气质量：三级（轻度污染）')    # 输出空气质量等级
        print('活动建议：儿童、老年人及心脏病、呼吸系统疾病患者应减少长时间、高强度的户外活动')    # 输出活动建议
    elif AQI <= 200:    # 如果AQI大于150小于等于200
        print('空气质量：四级（中度污染）')    # 输出空气质量等级
        print('活动建议：儿童、老年人及心脏病、呼吸系统疾病患者避免长时间、高强度的户外活动，一般人群适量减少户外运动')    # 输出活动建议
    elif AQI <= 300:    # 如果AQI大于200小于等于300
        print('空气质量：五级（重度污染）')    # 输出空气质量等级
        print('活动建议：儿童、老年人及心脏病、肺病患者应停止户外活动，一般人群减少户外活动')    # 输出活动建议
    else:    # 以上条件都不满足
        print('空气质量：六级（严重污染）')    # 输出空气质量等级
        print('活动建议：儿童、老年人和病人应停留室内，避免体力消耗，一般人群避免户外活动')    # 输出活动建议
#异常处理
try:
    testAQI()
except AQIException as e:
    print('异常信息:空气质量指数应处于0～500，输入的值是：%d'%(e.value))
except ValueError:
    print('输入的数据异常，请输入浮点数或整数！')
```

执行程序，运行结果如下所示。

请输入AQI的值：-1
异常信息:空气质量指数应处于0～500，输入的值是：-1

↗ 任务记录

编写Python程序，利用用户自定义异常类制作空气质量评级系统。

任务记录表

任务名称		任务日期	
姓　　名		学　　号	

任务实施过程记录（对本任务的实施步骤和错误操作进行记录）：

任务总结（对本任务的难点和问题进行记录，如完成任务过程中遇到的问题、解决问题的思路、解决问题的方法和学到的内容等）：

任务评价（教师填写）：

单元小结

本单元主要介绍了Python中异常的相关知识，包括异常的概念和常见类型、异常捕捉和处理结构、抛出异常和用户自定义异常。

通过本单元的学习，读者应掌握如何处理和使用异常，并重点掌握以下内容。

1）异常一般是指程序运行时发生的错误，合理使用异常处理可以提高程序的容错性和健壮性。

2）try-except语句用于捕获异常，当try子句中的代码块引发异常并被except子句捕获时，就执行except子句中的代码块。

3）针对不同异常可设置多个except子句，也可对多个异常进行统一处理。

4）在异常处理结构中，else子句中的代码在try子句中的代码没有引发异常时执行，而finally子句中的代码总会执行。

5）使用raise语句和assert语句可主动抛出异常。

6）自定义异常类必须继承Exception类，它在程序中通过raise语句抛出。

习题

1．编写一个自定义异常类，在程序中触发该异常并进行处理。

2．编写程序，输入三角形三条边判断能否构成直角三角形，若能构成则计算三角形的面积和周长，否则引发异常。

3．身份证号码是唯一的，是每个公民个人身份的唯一标识。二代身份证号码为18位，前6位为籍贯，其中，前2位为省区编号；7～10位、11和12位及13和14位分别为出生年、月、日；第17位为性别，偶数为女性，奇数为男性。编程实现，根据身份证号码判断省区、生日和性别，当输入有误时捕获异常。

4．编写一个日期时间格式判断函数check_datetime()，判断一串字符串是否符合ISO 8601的日期和时间的组合扩展格式表示法，不考虑时区，年限制在1970～9999，例如，2048-01-03T12:10:07为正确的格式。如果不符合，则抛出异常。

5．编程实现循环判断输入的字符是否为一个小写字母，如果不是，则重新输入；否则输出字母，并退出循环。要求：当输入的字符不是一个字符或不是小写字母时，分别抛出异常。

单元 9

GUI编程

单元导读

到目前为止编写的Python代码都是处于一个文字交互界面的状态。但在实际应用中，很多用户都是非专业的，他们希望所提供的软件能有一个友好的界面，这就要用到GUI编程了。

GUI（Graphical User Interface）又称图形用户界面，是指采用图形方式显示的用户操作界面。Python的GUI工具包有很多，其中最常用的有tkinter、wxPython、PyGTK、PyQt等，本单元将介绍如何使用tkinter来编写GUI程序。

单元目标

素质目标

- 提高对类似事物的归纳总结的能力，加强团队合作能力。
- 锻炼想象力、创造力、逻辑思维能力。
- 提高解决问题的能力和自信心。
- 贯彻互助共享的精神。

知识目标

- 理解使用tkinter进行GUI编程的主要步骤。
- 熟悉tkinter的常用控件。
- 掌握事件绑定的方法。
- 了解标准对话框的使用方法。
- 掌握布局管理器的使用方法。

能力目标

- 能够利用tkinter控件制作个人信息调查系统。
- 能够实现鼠标的花样——随机生成大写字母。
- 能够设计GUI程序，制作具有计算器界面和用户交互按钮的计算器。

任务1 制作个人信息调查系统

➚ 任务描述

个人信息调查是一种非常有效的研究方法，用于收集和分析有关个人信息的数据。它可以根据调查目的统计个人的相关信息（如姓名、性别、年龄、爱好和座右铭等），用于人群数据分析。

本任务将带领大家编写Python程序，使用tkinter常用控件，制作个人信息调查系统。

➚ 知识准备

一、tkinter简介

tkinter是Python的标准GUI库。Python使用tkinter可以快速创建GUI应用程序。由于tkinter是内置到Python安装包中的，只要安装好Python之后就能使用tkinter库，而且IDLE也是用tkinter编写而成，所以对于简单的图形界面，tkinter还是能"应付自如"。注意：Python 3.x版本使用的库名为tkinter，即首写字母"T"为小写。

想要使用tkinter进行GUI编程，可直接使用import语句导入tkinter模块。如下所示。

```
import tkinter
```

二、tkinter的使用

创建一个GUI应用程序需要以下5个主要步骤：

步骤1：导入tkinter模块（import tkinter）。
步骤2：创建一个顶层窗口对象（调用Tk()函数），用于容纳整个GUI应用。
步骤3：在顶层窗口对象上构建所有的GUI控件。
步骤4：进入主事件循环（调用mainloop()函数）。
步骤5：通过底层应用代码将这些GUI控件连接起来。

三、tkinter常用控件

1. 窗口

窗口也称为框架(Frame)，是屏幕上的一块矩形区域，多用来作为容器布局窗体。

窗口中可包含标签、菜单、按钮等其他控件，运行之后可移动和缩放，常用属性及描述见表9-1。

表9-1 窗口常用属性及描述

属　　性	描　　述
title	设置窗口标题
geometry	设置窗口大小
resizable	设置窗口是否可以变化长和宽

例9-1 创建一个300×200的窗口，其标题栏为"学生管理"，运行后该窗口宽不可变，高可变。

```
import tkinter                                    #导入tkinter库
window = tkinter.Tk()                             #创建窗口对象
window.title("学生管理")                           #设置标题
window.geometry("300x200")                        #设置窗口大小，注意是字母x
window.resizable(width=False, height=True)        #宽不可变，高可变，默认为True
window.mainloop()                                 #进入主事件循环
```

执行程序，运行结果如图9-1所示。

图9-1　例9-1运行结果

2．Label控件

Label控件是用于在界面上输出描述信息的标签，可以显示文本和图像。Label控件常用属性及描述见表9-2。

表9-2 Label控件常用属性及描述

属　　性	描　　述
text	要显示的文本
bg	用来设置背景色
fg	设置Label的前景色
width	控件宽度
Height	控件高度
relief	边框样式
font	字体

例9-2 创建一个300×200的窗口，其标题为"个人信息"，在窗口中创建一个标签，用于显示"Hello,我来了"，并设置其字体、颜色、宽度和高度。

```
import tkinter                                    #导入tkinter库
window = tkinter.Tk()                             #创建窗口对象
window.title("个人信息")                           #设置标题
window.geometry("300x200")                        #设置窗口大小，注意是字母x
#创建标签，text设置文本，bg设置背景色，fg设置前景色，font设置字体，width设置宽，height设置高
label1 = tkinter.Label(window, text="Hello, 我来了", bg="white", fg="blue", font=("宋体"), width=20, height=3)
label1.pack()                                     #显示Label
window.mainloop()                                 #进入主事件循环
```

执行程序，运行结果如图9-2所示。

3. Button控件

通过Button控件可以方便地与用户进行交互。Button控件有一个command属性，用于指定一个函数或方法，当用户单击按钮时，tkinter就会自动调用该函数或方法。Button控件常用属性及描述见表9-3。

图9-2 例9-2运行结果

表9-3 Button控件常用属性及描述

属　　性	描　　述
text	按钮的文本内容
bg	按钮的背景色
fg	按钮的前景色（按钮文本的颜色）
width	按钮的宽度，如未设置此项，则其大小会适应按钮的内容（文本或图片的大小）
Height	控件高度
relief	边框样式
command	绑定事件

例9-3 编写程序实现按下按钮来执行指定操作（改变标签的内容）。

```python
import tkinter as tk                    #导入tkinter模块重命名为tk
#定义函数，用于实现改变标签的内容
def btnHelloClicked():
    labelHello.config(text = "哈哈,我是单击按钮后Label显示!")
top = tk.Tk()                           #创建窗口对象
top.geometry("300x200")                 #设置窗口大小,注意是字母x
top.title("Button Test")                #设置窗口标题
#创建原始标签
labelHello = tk.Label(top, text = "Hello,我是没单击按钮前Label显示", height = 5, width = 28, fg = "blue")
labelHello.pack()                       #显示标签
#创建按钮,显示"按钮",单击按钮调用btnHelloClicked函数
btn = tk.Button(top, text = "按钮", command = btnHelloClicked)
btn.pack()                              #显示按钮
top.mainloop()                          #进入主事件循环
```

执行程序，运行结果如图9-3所示。

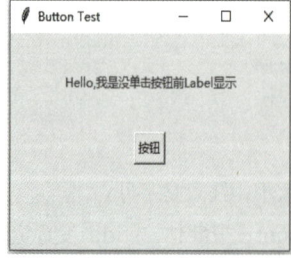 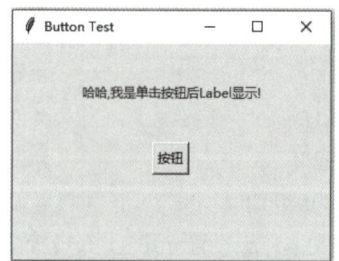

图9-3 例9-3运行结果

4. Entry控件

Entry控件就是输入框，用来输入单行内容，可以方便地向程序传递用户参数。获取输入框的内容可

以使用Entry控件的get()方法。Entry控件常用属性及描述见表9-4。

表9-4 Entry控件常用属性及描述

属　　性	描　　述
font	设置字体类型与大小
bg	设置背景颜色
fg	设置前景（文本）颜色
width	定义输入控件的宽度，单位是字符
show	定义如何显示输入控件中的内容。如果是非空的，控件则会用定义的字符取代真实的内容。比如输入密码时，一般使用"*"替代真实的输入内容

例9-4 编写程序，通过输入框输入用户名。

```
import tkinter as tk                              #导入tkinter模块重命名为tk
root=tk.Tk()                                      #创建窗口对象
root.geometry('300x240')                          #设置窗口大小，注意是字母x
root.title('个人信息')                             #设置窗口的标题
label1 = tk.Label(root, text="请输入用户名:")      #创建标签，text设置文本
b1=tk.Entry(root,bg='yellow',width=20)            #创建输入框，背景是黄色
label1.pack()                                     #显示标签
b1.pack()                                         #显示输入框
root.mainloop()                                   #进入主事件循环
```

执行程序，运行结果如图9-4所示。

5. Radiobutton控件

Radiobutton控件用于实现选项的单选功能。Radiobutton控件常用属性及描述见表9-5。

图9-4 例9-4运行结果

表9-5 Radiobutton控件常用属性及描述

属　　性	描　　述
variable	单选框索引变量，通过变量的值确定哪个单选框被选中，一组单选框使用同一个索引变量
value	单选框选中时变量的值
command	单选框选中时执行的命令（函数）

例9-5 编写程序，通过单选框判断性别。

```
import tkinter as tk                              #导入tkinter模块重命名为tk
root=tk.Tk()                                      #创建窗口对象
root.geometry('300x200')                          #设置窗口大小，注意是字母x
root.title('单选按钮')                             #设置窗口的标题
#函数实现单选结果改变Label的text值显示
def printSelection():
    num = var.get()
    if (num == 1):
        label.config(text="你是男生")              #通过config()方法改变text值
```

```
        else：
            label.config(text="你是女生")
#按钮绑定的变量，可以是IntVar类型，也可以是StringVar类型（下面set()中填入字符串）
var = tk.IntVar()                           #获取单选框输入
var.set(1)                                  # 默认男生
#创建标签
label = tk.Label(root,text="请选择下面的按钮",bg="lightyellow",width=30)
label.pack()                                #显示标签
#创建两个单选框并显示
rbMan = tk.Radiobutton(root,text="男生",
                    variable=var,           # 绑定变量
                    value=1,                # 设置选项按钮的值
                    command=printSelection)
rbMan.pack()
rbWoman = tk.Radiobutton(root,
                    text="女生",
                    variable=var,           # 绑定变量
                    value=2,
                    command=printSelection)
rbWoman.pack()
root.mainloop()                             #进入主事件循环
```

执行程序，运行结果如图9-5所示。

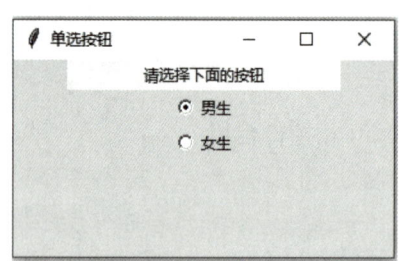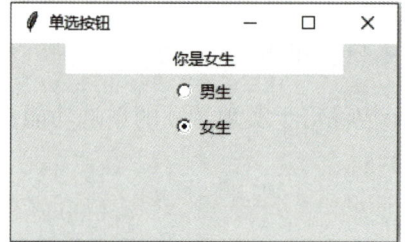

图9-5　例9-5运行结果

6．Checkbutton 控件

Checkbutton控件用于实现选项的复选功能。一个Checkbutton组件一般只能进行一组"是"与"非"的选择，因为在默认情况下，variable选项在选中状态时值为1，反之则为零为0。Checkbutton控件常用属性及描述见表9-6。

表9-6　Checkbutton控件常用属性及描述

属　　性	描　　述
variable	复选框索引变量，通过变量的值确定哪些复选框被选中；每个复选框使用不同的变量，使复选框之间相互独立
onvalue	复选框选中(有效)时变量的值
offvalue	复选框未选中(无效)时变量的值
command	复选框选中时执行的命令(函数)

例9-6　编写程序，选择你喜欢的计算机语言。

```
import tkinter as tk                         #导入tkinter模块重命名为tk
root=tk.Tk()                                 #创建窗口对象
root.geometry('250x150')                     #设置窗口大小，注意是字母x
root.title('复选按钮')                        #设置窗口的标题
l = tk.Label(root, bg='yellow', width=100,text='选择你喜欢的计算机语言')
l.pack()
var1 = tk.IntVar()                           #接收到的value是数字
var2 = tk.IntVar()
def job():
    # 根据var.get到的数字做判断,通过config()方法改变label的text值
    if var1.get() == 1 and var2.get() == 1：
        l.config(text='I love both')
    elif var1.get() == 1 and var2.get() == 0：
        l.config(text='I love Python')
    elif var1.get() == 0 and var2.get() == 1：
        l.config(text="I love Java")
    else：
        l.config(text='I don\'t like either')
c1=tk.Checkbutton(root,text='Python',variable=var1,onvalue=1,offvalue=0,
                  command=job)
c2=tk.Checkbutton(root,text='Java',variable=var2,onvalue=1,offvalue=0,
                  command=job)
c1.pack()
c2.pack()
root.mainloop()                              #进入主事件循环
```

执行程序，运行结果如图9-6所示。

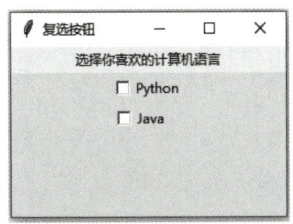

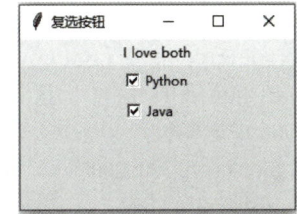

图9-6　例9-6运行结果

7．Menu控件

tkinter提供了Menu控件，用于实现顶级菜单、下拉菜单和弹出菜单。Menu控件常用函数和说明见表9-7。

表9-7　Menu控件常用函数和说明

函 数 名 称	说　　明
menu.add_cascade()	添加子选项
menu.add_command()	添加命令（label参数为显示内容）
menu.add_separator()	添加分隔线
menu.add_checkbutton()	添加确认按钮

(1) 顶级菜单

例9-7 创建一个顶级菜单，需要先创建一个菜单实例，然后使用add()方法将命令添加进去。

```
import tkinter                              #导入tkinter库
window = tkinter.Tk()                       #创建tkinter对象
window.title("顶级菜单")                     #设置标题
window.geometry("250x150")                  #设置窗口大小
#定义函数用于显示信息
def callback():
    print('单击了"文件"菜单！')
menubar = tkinter.Menu(window)              #创建一个顶级菜单窗口
#给菜单实例增加菜单项
menubar.add_command(label='文件', command = callback)
menubar.add_command(label='退出', command = window.quit)
window.config(menu = menubar)               #显示菜单
window.mainloop()                           #进入主事件循环
```

执行程序，运行结果如图9-7所示。

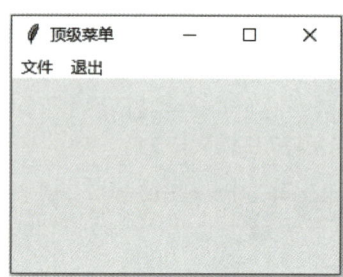
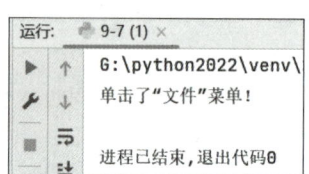

图9-7 运行结果界面和单击"文件"菜单的运行结果显示

(2) 下拉菜单

例9-8 创建一个下拉菜单，方法同创建顶级菜单类似，最主要的区别是下拉菜单需要添加到主菜单上。

```
import tkinter                              #导入tkinter库
window = tkinter.Tk()                       #创建tkinter对象
window.title("记事本")                       #设置标题
window.geometry("300x200")                  #设置窗口的大小
#创建一个顶级菜单实例
menubar = tkinter.Menu(window)
#为每个子菜单实例添加菜单项
#创建文件菜单项，并添加子菜单
fmenu = tkinter.Menu(menubar,tearoff=0)
for each in ['新建','打开','保存','另存为']:
    fmenu .add_command(label = each)
#创建编辑菜单项，并添加子菜单
vmenu = tkinter.Menu(menubar,tearoff=0)
for each in ['复制','粘贴','剪切']:
    vmenu.add_command(label = each)
#创建查看单项，并添加子菜单
emenu = tkinter.Menu(menubar,tearoff=0)
for each in ['缩放','状态栏']:
    emenu.add_command(label = each)
```

```
#创建帮助菜单项，添加子菜单
amenu = tkinter.Menu(menubar,tearoff=0)
for each in ['查看帮助','关于记事本']:
    amenu.add_command(label = each)
#为顶级菜单实例添加菜单，并绑定相应的子菜单实例
menubar.add_cascade(label='文件',menu=fmenu)
menubar.add_cascade(label='编辑',menu=vmenu)
menubar.add_cascade(label='查看',menu=emenu)
menubar.add_cascade(label='帮助',menu=amenu)
window.config(menu = menubar)             #显示菜单
window.mainloop()                          #进入主事件循环
```

执行程序，运行结果如图9-8所示。

图9-8　例9-8运行结果

（3）弹出菜单

例9-9 创建一个弹出菜单的方法也是类似的，不过需要使用post()方法将其显示出来。

```
from tkinter import *                      #导入tkinter库中所有内容
root = Tk()                                #创建tkinter对象
root.title("弹出菜单")                     #设置标题
#定义函数用于输出提示信息
def hello():
    print( "选择了菜单！" )
#创建菜单
root.geometry('250x150')                   #设置窗口的大小
#创建一个顶级菜单实例
menu = Menu(root,tearoff=0)
menu.add_command(label="撤销", command=hello)
menu.add_command(label="退出", command=root.quit)
#弹出菜单
frame = Frame(root, width=512, height=512)
frame.pack()
#定义函数，调用post()方法显示
def popup(event):
    menu.post(event.x_root, event.y_root)
#绑定鼠标右键
frame.bind('<Button-3>', popup)
root.mainloop()                            #进入主事件循环
```

执行程序，运行结果如图9-9所示。

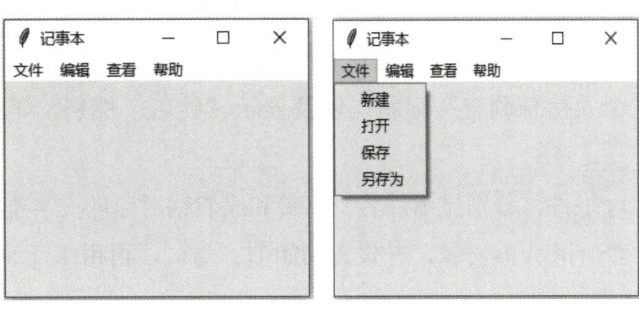

图9-9　例9-9运行结果

任务实施

使用tkinter常用控件，制作个人信息调查系统。

1）导入tkinter模块，其中要用到Label控件、单选框Radiobutton控件、复选框Checkbutton控件、按钮Button控件和messagebox模块，messagebox模块（在后面有详细的讲解）用于显示一个模式对话框，本任务需调用messagebox模块是用对话框来显示个人信息结果。

扫码观看视频

2）创建一个Tk根窗口组件root，并设置窗口标题为"个人信息调查"，然后通过root.geometry("300x200")设置弹出窗口的大小。

3）定义一个Application类，让其继承tkinter模块中的Frame类，在类中定义一个构造函数；构造函数应包括所继承父类的构造函数以及自己定义的一些功能。具体实现步骤如下。

① self.grid()，调用grid方法(grid布局方法在后面有详细的讲解)，调整其显示位置和大小。

② 用tk.Label显示"个人信息调查"标题，以及显示"姓名、性别、年龄、爱好和座右铭"这四行，并且确定其位置。

③ 用tk.Entry创建Entry组件，分别显示姓名、年龄和座右铭对应的文本框。

④ 创建单选框：先创建StringVar对象，并设置初始值"男"，再用tk.Radiobutton分别创建男女两个可选按钮，并确定其位置。

⑤ 创建复选框：先创建StringVar对象，并设置初始值"no"，再用tk.Checkbutton分别创建"音乐、运动、旅游和影视"四个选项，并且设置其位置。在用户勾选时，用get()获取，并且将"no"改为"yes"。

⑥ 设置"提交和取消"两个按键：用tk.Button实现，并且确定其位置，在这里需要多加一步command，即为了与下面的功能实现绑定。

⑦ 定义提交事件处理程序(在后面有详细的讲解)：用self.name.get()来获取输入的姓名；用self.sex.get()来获取勾选的性别；用self.age.get()来获取输入的年龄；用self.h1.get()、self.h2.get()、self.h3.get()、self.h4.get()4个获取勾选的爱好；用self.motto.get()来获取输入的年龄；最后用k.messagebox.showinfo将消息框弹出，实现功能。

4）最后创建Application的实例对象，将Application功能在根窗口组件root上进行实现，随后调用组件的mainloop方法，进入事件循环。

用户在弹出的个人信息调查窗口输入相关信息，然后单击提交，会弹出个人信息对话框，收集并显示用户的个人信息，运行结果如图9-10所示。

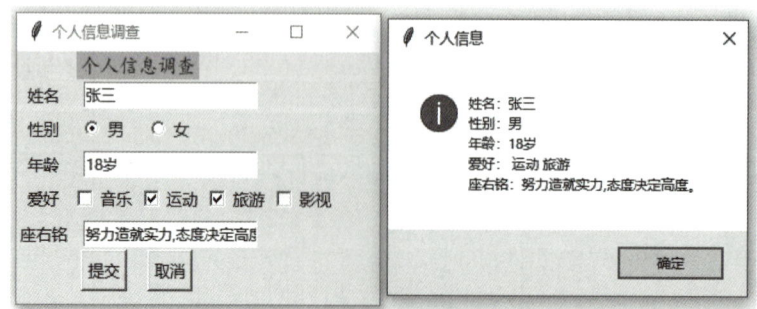

图9-10 程序运行结果

任务记录

编写Python程序，使用tkinter常用控件制作个人信息调查系统。

任务记录表

任务名称		任务日期	
姓　　名		学　　号	

任务实施过程记录（对本任务的实施步骤和错误操作进行记录）：

任务总结（对本任务的难点和问题进行记录，如完成任务过程中遇到的问题、解决问题的思路、解决问题的方法和学到的内容等）：

任务评价（教师填写）：

任务2　制作鼠标的花样

任务描述

用户可以在GUI界面中，通过双击鼠标在双击处输出一个随机生成的大写字母。

本任务将带领大家编写Python程序，制作鼠标的花样——随机生成大写字母。

知识准备

事件处理是GUI程序中不可或缺的重要组成部分，相比来说，控件只是组成一台机器的零部件，而事件处理则是驱动这台机器"正常"运转的关键所在，它能够将零部件之间"优雅"地贯穿起来，因此"事件处理"可谓是GUI程序的"灵魂"，同时它也是实现人机交互的关键。

一个tkinter应用程序的大部分时间花费在事件循环上（通过mainloop()方法进入）。事件可以有多种来源，包括用户触发的鼠标、键盘操作或是系统事件。

一、事件绑定方法

tkinter提供了强大的事件处理机制，对于每个控件来说，可以通过bind()方法将函数或方法绑定到具体的事件上，其语法格式如下所示。

控件对象名.bind(event, handler)

其中，event表示事件的类型，是tkinter已经定义好的事件，并使用尖括号的形式进行包裹；handler表示事件的处理函数。

例9-10 捕获鼠标单击事件实例。

```
from tkinter import *                          #导入tkinter库中所有内容
root = Tk()                                    #创建tkinter对象
root.title("捕获鼠标单击事件")                   #设置标题
root.geometry("300x200")                       #设置窗口的大小
#定义函数，用于输出鼠标单击的坐标
def callback(event):
    print ("单击这里", event.x, event.y)
frame = Frame(root, width=200, height=100)     #创建窗体
frame.bind("<Button-1>", callback)             #绑定鼠标左键
frame.pack()                                   #显示窗体
root.mainloop()                                #进入主事件循环
```

执行程序，运行结果如图9-11所示。

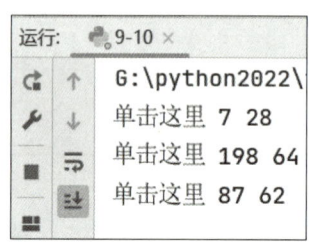 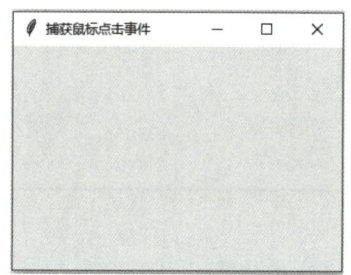

图9-11　例9-10运行结果

二、常用事件类型

事件类型（也称事件码）是tkinter模块规定的，主要包括鼠标、键盘、光标等相关事件，tkinter为其规定了相应的语法格式：

<modifier-type-detail>

说明：

1）事件类型必须用尖括号括起来。

2）type字段是最重要的，它通常用于描述事件的具体类型，如鼠标单击、键盘输入等。

3）modifier字段是可选的，它通常用于描述组合键，如<Ctrl>、<Shift>等。

4）detail字段也是可选的，它通常用于描述具体的按键，如Button-1表示单击鼠标左键。

其中，type字段常用的关键字及含义见表9-8。

表9-8　type字段常用的关键字及含义

关　键　字	含　义
Button	鼠标单击事件，detail部分指定具体哪个按键：<Button-1>鼠标左键，<Button-2>鼠标中键，<Button-3>鼠标右键。鼠标的位置x和y会被event对象传给handler
ButtonRelease	鼠标释放事件，在大多数情况下比Button更好用，因为如果当用户不小心按下鼠标，可以将鼠标移出控件再释放鼠标，从而避免不小心触发事件
Configure	控件大小改变事件，新的控件大小会存储在event对象中的width和height属性中传递

（续）

关　键　字	含　义
Enter	鼠标移入控件事件
FocusIn	获得焦点事件
FocusOut	失去焦点事件
Leave	鼠标移出控件事件
KeyPress	键盘按下事件，detail可指定具体的按键，例如，<KeyPress-H>表示当大写字母H被按下时触发该事件，KeyPress也可以简写成Key
Motion	鼠标移动事件，鼠标在控件内移动的整个过程均触发该事件

modifier字段常用的关键字及含义见表9-9。

表9-9　modifier字段常用的关键字及含义

关　键　字	含　义
Alt	当按下<Alt>键时
Any	表示任何类型的按键被按下时，例如，<Any-KeyPress>表示当用户按下任意键时触发事件
Control	当按下<Ctrl>键时
Double	当后续事件被连续触发两次时，例如，<Double-Button-1>表示当用户双击鼠标左键时触发事件
Lock	获得焦点事件
Shift	当按下<Shift>键时
Triple	跟Double类似，当后续事件被连续触发3次时

三、事件对象

当tkinter调用预先定义的函数时，会将事件对象（作为参数）传递给函数，事件对象的属性及含义见表9-10。

表9-10　事件对象的属性及含义

属　性	含　义
widget	产生事件的控件
x,y	当前鼠标的位置（相对于窗口左上角，单位为像素）
x_root,y_root	当前鼠标的位置（相对于屏幕左上角，单位为像素）
char	字符代码（仅限键盘事件），作为字符串
keysym	关键符号（仅限键盘事件）
keycode	关键代码（仅限键盘事件）
num	按钮数字（仅限鼠标按钮事件）
width, height	控件的新尺寸（Configure事件专属）
type	事件类型

例9-11 事件绑定实例。

```
import tkinter                          #导入tkinter库
window = tkinter.Tk()                   #创建tkinter对象
window.title("事件绑定")                 #设置标题
window.geometry("300x200")              #设置窗口的大小
def func(event):                        #鼠标单击绑定事件
    print("单击！")
```

```
window.bind("<Button-1>",func)
def func1(event):                          #鼠标双击绑定事件
    print("双击！")
window.bind("<Double-Button-1>",func1)
def func2(event):                          #鼠标移入绑定事件
    print("鼠标移入！")
window.bind("<Enter>",func2)
def func3(event):                          #鼠标移出绑定事件
    print("鼠标移出！")
window.bind("<Leave>",func3)
def func4(event):                          #实现的一个拖拽功能
    x=str(event.x_root)                    #鼠标相对于左上角的x位置
    y=str(event.y_root)                    #鼠标相对于左上角的y位置
    print("x=",x,"y=",x)
    window.geometry("200x100+"+x+"+"+y)    #设置窗口的大小
window.bind("<B1-Motion>",func4)           #绑定鼠标单击拖拽功能
window.mainloop()                          #进入主事件循环
```

执行程序，运行结果如图9-12所示。

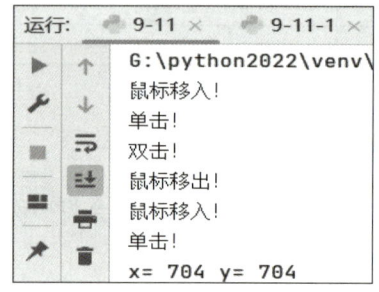

图9-12　例9-11运行结果

四、标准对话框

1. messagebox模块

messagebox模块用于显示一个模式对话框，其中包含一个系统图标、一组按钮和一个简短的特定于应用程序的消息，如状态或错误信息。messagebox模块大致分为：askokcancel()、askquestion()、askretrycancel()、askyesno()、showerror()、showwarning()。

例9-12　messagebox模块实例。

```
import tkinter                             #导入tkinter库
window = tkinter.Tk()                      #创建tkinter对象
window.title("事件绑定")                    #设置标题
window.geometry("300x200")                 #设置窗口的大小
def func(event):                           #鼠标单击绑定事件
    print("单击！")
window.bind("<Button-1>",func)
def func1(event):                          #鼠标双击绑定事件
```

```
        print("双击！")
window.bind("<Double-Button-1>",func1)
def func2(event)：                              #鼠标移入绑定事件
        print("鼠标移入！")
window.bind("<Enter>",func2)
def func3(event)：                              #鼠标移出绑定事件
        print("鼠标移出！")
window.bind("<Leave>",func3)
def func4(event)：                              #实现的一个拖拽功能
        x=str(event.x_root)                     #鼠标相对于左上角的x位置
        y=str(event.y_root)                     #鼠标相对于左上角的y位置
        print("x=",x,"y=",x)
        window.geometry("200x100+"+x+"+"+y)    #设置窗口的大小
window.bind("<B1-Motion>",func4)                #绑定鼠标单击拖拽功能
window.mainloop()                               #进入主事件循环
```

执行程序，运行结果如图9-13至图9-20所示。

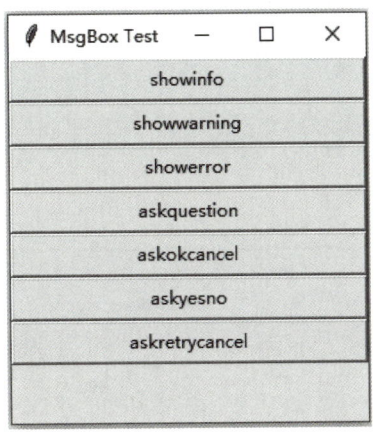

图9-13　例9-12运行结果

图9-14　showinfo界面

图9-15　showwarning界面

图9-16　showerror界面

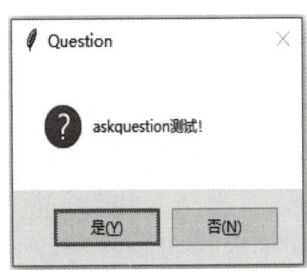

图9-17　askquestion界面

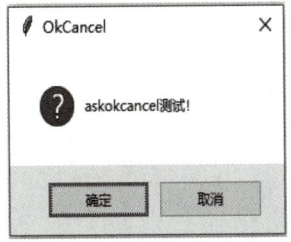

图9-18　askokcancel界面

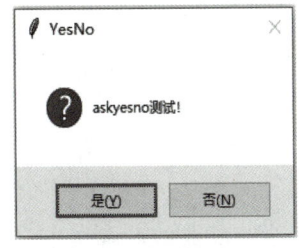

图9-19　askyesno界面

图9-20　askretrycancel界面

2. filedialog模块

filedialog模块用于打开文件对话框，该模块提供了两个函数：

1）askopenfilename()函数用于打开"打开"对话框。

2）asksaveasfilename()函数用于打开"另存为"对话框。

例9-13 filedialog模块实例。

```
import tkinter.filedialog                              #导入tkinter.filedialog模块
from tkinter import *                                  #导入tkinter模块
from tkinter import filedialog
root = Tk()                                            #创建tkinter对象
root.title("filedialogTest")                           #设置标题
root.geometry("250x150")                               #设置窗口的大小
#定义函数用于相应按钮事件
def callback():
    fileName = filedialog.askopenfilename()            #打开"打开"对话框
    print(fileName)                                    #输出文件名
#创建按钮
Button(root,text='打开文件',command=callback).pack()
root.mainloop()                                        #进入主事件循环
```

执行程序，运行结果如图9-21和图9-22所示。

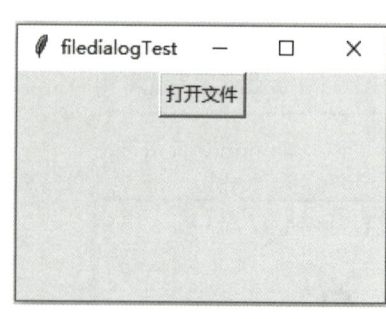

图9-21 例9-13运行结果

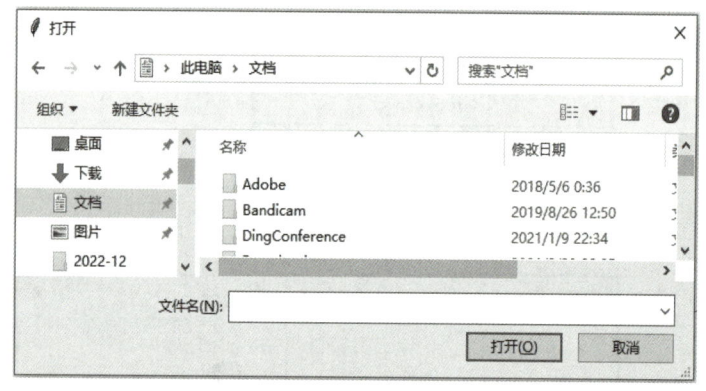

图9-22 "打开"对话框

3. colorchooser模块

colorchooser模块用于打开颜色选择对话框，由askcolor()函数实现。

例9-14 colorchooser模块实例。

```
from tkinter import *                                  #导入tkinter模块
from tkinter import colorchooser
root = Tk()                                            #创建tkinter对象
root.title("colorchooserTest")                         #设置标题
root.geometry("300x150")                               #设置窗口的大小
#定义函数用于相应按钮事件
```

```
def callback():
    fileName = colorchooser.askcolor()      #打开颜色选择对话框
    print(fileName)                          #输出颜色信息
#创建按钮
Button(root,text="选择颜色",command=callback).pack()
root.mainloop()                              #进入主事件循环
```

执行程序，运行结果如图9-23和图9-24所示。

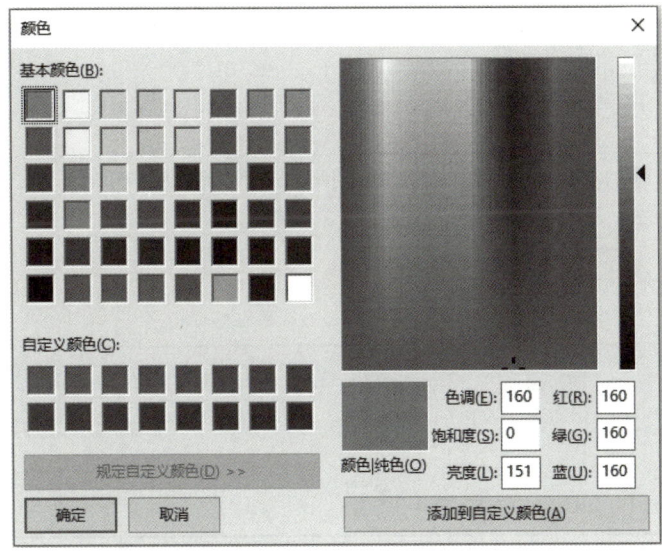

图9-23 例9-14运行结果

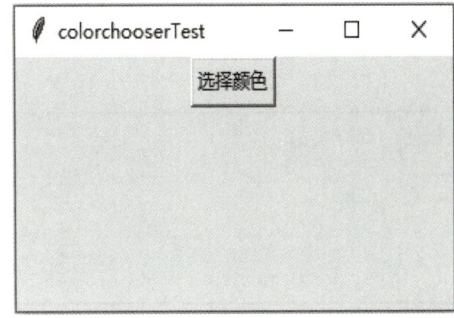

图9-24 "颜色"对话框

任务实施

在GUI界面中，双击鼠标产生鼠标的花样——随机生成大写字母。

首先创建一个初始窗口处于最大化状态的程序，然后利用tlinter中的事件处理绑定鼠标双击事件，实现在双击处输出一个随机生成的大写字母。

执行程序，会创建一个处于最大化状态初始窗口（GUI界面），在窗口中任意位置任意双击鼠标，则会随机生成一个大写字母，运行结果如图9-25所示。

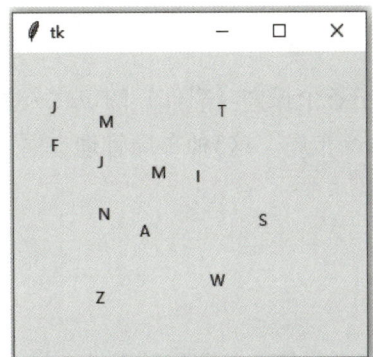

图9-25 多次双击鼠标后的程序运行结果

↗ 任务记录

编写Python程序,实现鼠标的花样。

任务记录表

任务名称		任务日期	
姓　　名		学　　号	

任务实施过程记录(对本任务的实施步骤和错误操作进行记录):

任务总结(对本任务的难点和问题进行记录,如完成任务过程中遇到的问题、解决问题的思路、解决问题的方法和学到的内容等):

任务评价(教师填写):

任务3　制作计算器

↗ 任务描述

计算器要实现的功能是对两个数进行算术运算,数字0～9和每种运算符号都可以通过按钮(数字按钮、符号按钮等)实现,用户通过单击按钮来进行算术运算。

本任务将带领大家利用Python设计GUI程序,制作具有计算器界面和用户交互按钮的计算器。

↗ 知识准备

所谓布局,就是指控制窗体容器中各个控件(组件)的位置关系。tkinter提供了3种常用的布局管理器,分别是pack布局、grid布局和place布局。这3种布局管理在同一个master window里,是不可以混用的。

一、pack布局

使用pack布局,将向容器中添加组件,第一个添加的组件在最上方,然后依次向下添加。默认在容器中自顶向下垂直添加组件。 pack布局的常用属性及说明见表9-11。

表9-11 pack布局的常用属性及说明

属 性 名	含 义	取 值 说 明
widget	设置控件是否向水平或垂直方向填充	X（水平方向填充）、Y（垂直方向填充）、BOTH（水平和垂直）、NONE（不填充）
expand	设置控件是否展开，当值为YES时，side选项无效，控件显示在父容器中心位置；若fill选项为BOTH，则填充父控件的剩余空间；默认为不展开	expand = YES expand = NO
side	设置控件的对齐方式	LEFT（左）、TOP（上）、RIGHT（右）、BOTTOM（下）
ipadx ipady	设置x方向（或者y方向）内部间隙（与子控件之间的间隔）	可设置数值（非负整数，单位为像素），默认是0
padx pady	设置x方向（或者y方向）外部间隙（与之并列的控件之间的间隔）	可设置数值（非负整数，单位为像素），默认是0
anchor	锚选项，当可用空间大于所需求的尺寸时，决定控件被放置于容器的位置	N、E、S、W、NW、NE、SW、SE、CENTER（默认值为CENTER），表示8个方向以及中心

例9-15 pack布局实例。

```
from tkinter import *        #导入tkinter库中所有内容
root = Tk()                   #创建tkinter对象
root.title("packTest")        #设置标题
root.geometry("300x150")      #设置窗口的大小
#创建3个标签
Label(root, text = 'pack1', bg = 'red').pack()
Label(root, text = 'pack2', bg = 'blue').pack()
Label(root, text = 'pack4', bg = 'pink').pack()
Label(root, text = 'pack5', bg = 'yellow').pack()
root.mainloop()               #进入主事件循环
```

执行程序，运行结果如图9-26所示。

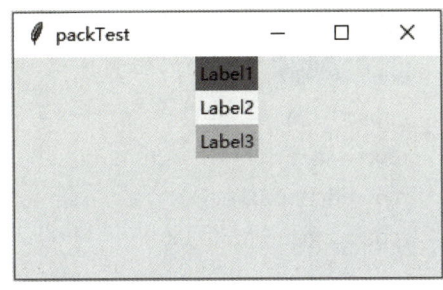

图9-26 例9-15运行结果

例9-16 使用pack布局分层实现较复杂布局实例。

```
from tkinter import *        #导入tkinter库中所有内容
root = Tk()                   #创建tkinter对象
root.title("PackDemo")        #设置标题
#使用Frame增加一层容器
fm1 = Frame(root)
#创建3个按钮，从上到下从从左向右排列
Button(fm1, text='Top').pack(side=TOP, anchor=W, fill=X)
Button(fm1, text='LEFT').pack(side=LEFT, anchor=W, fill=X)
Button(fm1, text='RIGHT').pack(side=RIGHT, anchor=W, fill=X)
fm1.pack(side=LEFT, fill=Y)
#使用Frame再增加一层容器
fm2 = Frame(root)
#创建3个按钮，从左到右排列
Button(fm2, text='Left').pack(side=LEFT)
Button(fm2, text='Center').pack(side=LEFT)
Button(fm2, text='Right').pack(side=LEFT)
fm2.pack(side=LEFT, padx=10)  #与fm1间隔10
root.mainloop()               #进入主事件循环
```

执行程序，运行结果如图9-27所示。

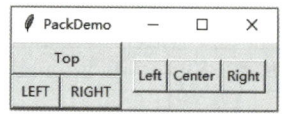

图9-27 例9-16运行结果

二、grid布局

grid布局又称为网格布局，是tkinter布局管理器中最灵活多变的布局方法。由于大多数程序界面都是矩形的，可以将它划分为由行和列组成的网格，然后根据行号和列号，将控件放置于网格之中。

在grid布局中的所有控件都会被赋予一个行号和一个列号，这是每个控件相对于其他控件位置的凭证。同一列控件上下排布，同一行控件左右排布。行与列的宽度和高度由内部的控件决定，在使用grid布局时，不需要关注行和列的大小。使用grid布局只需要在创建控件之后，指定控件放置的表格行号和列号就可以了。grid布局的常用属性及说明见表9-12。

表9-12 grid布局的常用属性及说明

属 性 名	含 义	取 值 说 明
row，column	row为行号，column为列号，设置控件放置的位置（第几行第几列）	row和column的序号都从0开始
sticky	设置控件在网格中的对齐方式（类似于pack布局中的锚选项）	N、E、S、W、NW、NE、SW、SE、CENTER
rowspan，columnspan	控件所跨越的行数或列数	取值为跨越占用的行数或列数
ipadx,ipady,padx,pady	控件的内部和外部间隔距离	与pack的该属性用法相同

例9-17 grid布局实例。

```
import tkinter
root = tkinter.Tk()                              #创建主窗口对象
root.title("gridTest")                           #设置标题
root.geometry("250x150")                         #设置窗口的大小
btn1 = tkinter.Button(root, text='我在0,0')       #创建按钮1
btn2 = tkinter.Button(root, text='我在1,0')       #创建按钮2
btn3 = tkinter.Button(root, text='我要跨行')
btn4 = tkinter.Button(root, text='我在0,1')       #创建按钮4
# 加入窗口，row 设置行数，column 设置列数
btn1.grid(row=0, column=0)
btn2.grid(row=1, column=0)
#rowspan跨行，ipady是y方向内边距
btn3.grid(row=1, column=1, rowspan=2, ipady=12)
btn4.grid(row=0, column=1)
btn5 = tkinter.Button(root, text='我在2,0')
btn5.grid(row=2, column=0)
root.mainloop()                                  #进入主事件循环
```

执行程序，运行结果如图9-28所示。

三、place布局

place布局是使用控件坐标来放置控件的位置。place布局的常用属性及说明见表9-13。

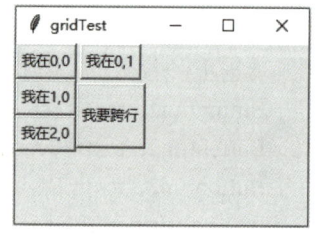

图9-28 例9-17运行结果

表9-13 place布局的常用属性及说明

属 性 名	含 义	取 值 说 明
x, y	控件左上角的x, y坐标（绝对位置）	整数，默认值为0，单位像素
relx, rely	控件相对于父容器的x, y坐标（相对位置）	0~1之间浮点数，0.0表示左边缘（或上边缘），1.0表示右边缘（或下边缘）
width, height	控件的宽度和高度	非负整数，单位像素
relwidth, relheight	控件相对于父容器的宽度和高度	与relx和rely取值相似
anchor	锚选项	同pack布局
bordermode	如果是INSIDE，则不包括边框；如果是OUTSIDE，则包括边框	INSIDE，OUTSIDE（默认值INSIDE）

当使用place布局管理容器中的组件时，需要设置组件的x、y或relx、rely选项，tkinter容器内的坐标系统的原点(0,0)在左上角，其中X轴向右延伸，Y轴向下延伸，如图9-29所示。如果通过x、y指定坐标，单位就是pixel（像素）；如果通过relx、rely指定坐标，则以整个父容器的宽度、高度为1。

不管通过哪种方式指定坐标，通过图9-29不难发现，x指定的坐标值越大，该组件就越靠右；y指定的坐标值越大，该组件就越靠下。

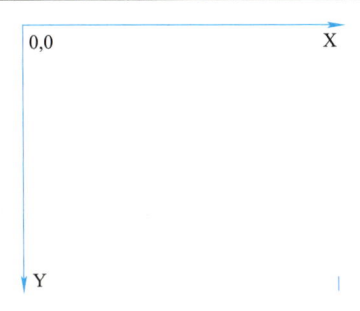

图9-29 坐标图

● 例9-18 place布局实例。

```
from tkinter import *              #导入tkinter库中所有内容
root = Tk()                        #创建tkinter对象
root.geometry("250x150")           #设置窗口的大小
root.title("placeTest")            #设置标题
b1 = Button(root, text = 'Click me !')   # button widget
b1.place(relx = 1, y = 5, anchor = NE)
la = Label(root,text = 'hello Place a')  #创建标签a
la.place(x = 0,y = 0,anchor = NW)        #使用绝对坐标将Label放置到(0,0)位置上
lb = Label(root,text = 'hello Place b')  #创建标签b
lb.place(relx = 0.5,rely = 0.5,anchor = CENTER) #使用相对坐标将标签放置到窗口中央
root.mainloop()                    #进入主事件循环
```

执行程序，运行结果如图9-30所示。

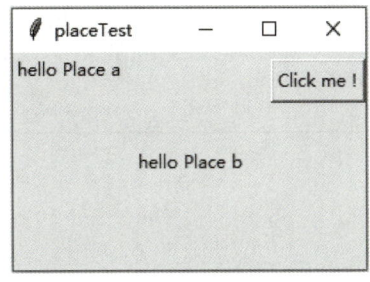

图9-30 例9-18运行结果

> **提示**
>
> 在同一个主窗口中不要混用这3种布局管理器。
>
> 不推荐使用place布局，因为在不同分辨率下，界面往往有较大差异。

任务实施

设计GUI程序，制作具有计算器界面和用户交互按钮的计算器。

完成本任务，需分别完成如下两大功能模块：

1）创建计算器界面：计算器界面由多个按钮（如数字按钮、符号按钮等）和一个标签（用于输出按钮信息和计算结果）构成，可利用tkinter提供的Button控件和Label控件实现，再利用布局管理器（grid布局）将各个控件排列显示，其中创建Button控件时利用其command属性调用相应的功能函数。

2）创建按钮键值类：该类中定义一个构造方法用于接收按钮值，然后定义多个方法用于实现具体的按键功能（供Button控件调用），包括实现添加、删除、清空数值的方法，实现切换正负号的方法，实现添加小数点的方法，以及实现计算功能的方法。

最终程序运行结果如图9-31所示。

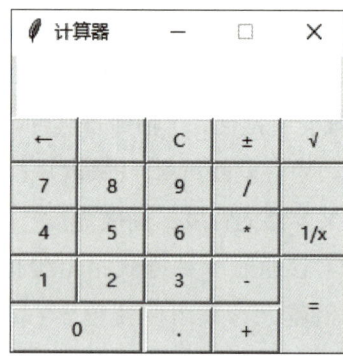

图9-31　计算器运行界面

任务记录

编写Python程序，利用Python的GUI编程，制作具有计算器界面和用户交互按钮的计算器。

任务记录表

任务名称		任务日期	
姓　　名		学　　号	

任务实施过程记录（对本任务的实施步骤和错误操作进行记录）：

任务总结（对本任务的难点和问题进行记录，如完成任务过程中遇到的问题、解决问题的思路、解决问题的方法和学到的内容等）：

任务评价（教师填写）：

单元小结

本单元主要介绍了利用tkinter进行GUI编程的方法。

通过本单元的学习，读者应理解使用tkinter进行GUI编程的主要步骤，熟悉tkinter的常用控件，掌握事件绑定的方法，掌握布局管理器的使用方法，并重点掌握以下内容。

1）控件可以独立存在，也可以作为容器存在，如果一个控件包含其他控件，则可以将其认为是那些控件的父控件；如果一个控件被其他控件包含，则将其认为是那个控件的子控件。

2）要使添加完的控件得以显示，需要使用布局管理器进行管理。

3）command是控件中的一个属性，用于指定一个函数(方法)，当用户单击控件时，tkinter就会自动调用该函数(方法)。

4）可以使用tkinter.IntVar()创建与特定控件关联的整型变量，使用tkinter.StringVar(创建与特定控件关联的字符串变量。

5）tkinter提供了强大的事件处理机制，对于每个控件来说，可以通过bind()方法将函数或方法绑定到具体的事件上。

6）在同一个主窗口中不要混用pack、grid和place布局管理器。pack布局更适用于少量控件的排列；grid布局是最灵活多变的布局方法；不推荐使用place布局，因为在不同分辨率下，界面往往有较大差异。

7）tkinter提供了3种标准的对话框模块，分别是messagebox模块、filedialog模块和colorchooser模块。

习题

1．用tkinter实现一个简单的GUI程序，单击"click"按钮，在终端打印出"hello world"。

2．设计一个窗体，模拟登录界面，当用户输入正确的用户名和密码时提示"登录成功"，否则提示"用户名或密码错误"。

3．创建如图9-32所示的界面，输入作品和作者信息后，单击"读取信息"按钮将输入的信息在下方的输入框中显示，单击"退出"按钮退出程序。

4．编写求两个正整数的最小公倍数的图形用户界面程序。元素要求：两个输入框 txt1、txt2用于输入整型数据；一个按钮为一个不可编辑的输入组件txt3。当单击按钮时，在txt3中显示两个整数的最小公倍数的值。

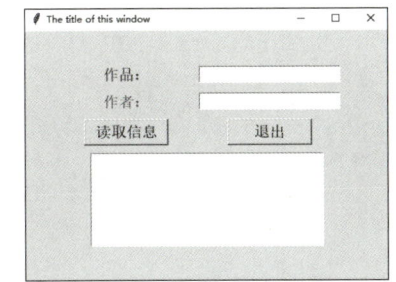

图9-32　运行界面图

5．设计GUI程序，模拟用户登录的表单界面，包括用户名和密码两个文本框。输入用户名和密码，提交表单时要求检查输入数据的合法性，其中用户名和密码都只能为英文字符，且用户名不能为空。符合以上条件即提交成功，否则提交失败。在合适的位置显示提交成功与否的信息。

单元 10

网络爬虫

单元导读

网络的迅速发展使得万维网成为大量信息的载体,有效地提取并利用这些信息成为一个巨大的挑战。为了应对此挑战,定向爬取网页资源的网络爬虫诞生了。Python作为简洁高效的语言,非常适合应用于网络爬虫。本单元将详细介绍如何用Python实现网络爬虫,以及如何存储爬取到的数据。

单元目标

素质目标
- 培养利用互联网和编程技术解决问题的能力。
- 提高自动化采集互联网数据的能力。
- 加强法律意识,塑造正确的价值观。
- 提高逻辑思维能力。
- 锻炼在解决问题过程中的耐力和毅力。

知识目标
- 理解网络爬虫的概念、工作流程和协议。
- 理解HTTP的基本原理。
- 熟练掌握urllib库、requests库和base64模块的使用方法。
- 了解正则表达式的使用方法。
- 掌握beautifulsoup4库的使用方法。
- 掌握XPath解析的方法。

能力目标

- 能够利用网络爬虫技术构造HTTP请求爬取网页,并解析网页提取数据。
- 能够实现在线翻译功能。
- 能够利用requests库制作简易网页采集器。
- 能够利用网页解析技术制作2022年中国大学排名榜。

任务1 实现在线翻译功能

任务描述

中国文化源远流长,随着国际化发展,很多外国人想要了解、学习中国文化,但是由于语言不通,并不容易实现。使用编程语言可以将中国文化翻译成各种语言,帮助外国人了解中国文化,也有助于扩大中国文化的影响力。

本任务将带领大家编写Python程序,利用urllib库爬取在线翻译网站数据,实现在线翻译功能。

知识准备

一、初识网络爬虫

1. 网络爬虫概述

网络爬虫又称为"网络蜘蛛",是一个用来实现自动采集网络数据的自动化程序。互联网就好比一张大网,而爬虫便是在这张网上爬来爬去的蜘蛛,如果它遇到资源,那么它就会抓取下来。

互联网上的一个个网页就是蜘蛛网上的一个个节点,而网页与网页之间的链接则可以比作蜘蛛网上节点间的连线,蜘蛛爬到一个节点相当于访问了该网页,提取了信息,然后顺着节点间的连线继续爬行到下一个节点,这样周而复始,蜘蛛就可以爬遍整个网络的所有节点,抓取数据。

网络爬虫的工作流程可分为3个步骤:爬取网页、解析网页和存储数据。

1)爬取网页:爬虫程序首先发送请求,获取网页响应的内容,即获取网页的源代码。源代码里包含了网页的有用信息,所以只要把源代码爬取下来,就可以从中提取想要的信息。Python提供了许多与网络爬虫相关的库,其中,在爬取网页方面有urllib库、requests库、selenium库等。

2)解析网页:获取网页响应的内容后,就需要解析网页内容。用户根据网页结构,分析网页源代码,从中提取想要的数据。它可以使杂乱的数据变得条理清晰,以便用户后续处理和分析。Python提供的解析网页的库有re(正则表达式)、lxml、beautifulsoup4等。

3)存储数据:解析网页提取数据后,最后是将提取的数据存储到文件(TXT、JSON或CSV文件)或数据库(MySQL或MongoDB等)中。

2. 网络爬虫协议

互联网世界已经通过自己的规则建立了一定的道德规范,即Robots协议。所以用户在爬取网站数据时,需要限制自己的爬虫程序遵守一定的原则,在使用数据时,必须尊重网站的知识产权。

Robots协议(Robots Exclusion Protocol)全称是"网络爬虫排除标准",又称"爬虫协议"。网站管理者可以通过它来表达是否希望爬虫程序自动获取网站信息的意愿。管理者可以在网站根目录下放置一个robots.txt文件,并在文件中列出哪些链接不允许爬虫程序获取。

爬虫程序访问一个网站时,它会首先检查该网站根目录下是否存在robots.txt文件,如果robots.txt文件存在,爬虫程序需要按照该文件中的内容来确定访问范围;否则,爬虫程序就能够访问网站上所有没被保护的网页。

例如,访问百度网站需要在浏览器地址栏输入"https://www.baidu.com/robots.txt",可以看到百度网站的robots.txt内容如图10-1所示。

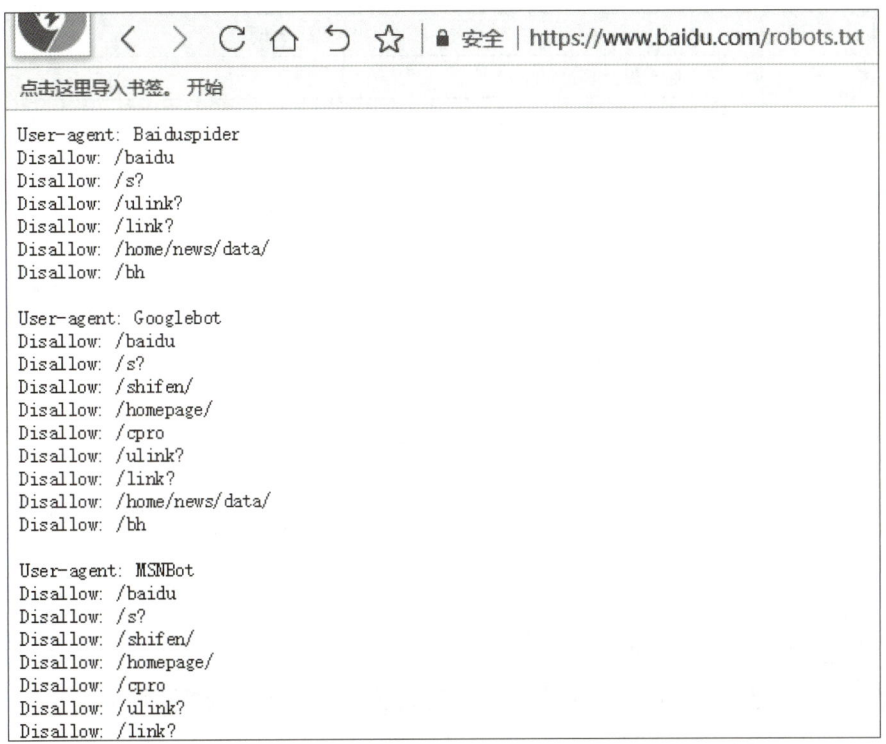

图10-1 百度的robots.txt文件部分代码

其中,"User-agent:Baiduspider Googlebot-Image"表示这部分代码针对Baiduspider爬虫,禁止或允许Baiduspider爬虫爬取下面列出的某些文件;"Disallow:/baidu"表示禁止爬取网站根目录下所有以baidu开头的文件夹和文件;"Disallow:/s?"表示禁止爬取网站中所有包含"s"关键字的网址;"Disallow:/home/news/data/"表示禁止爬取网站根目录的home/news/data文件夹下的文件。

3. HTTP工作原理

HTTP(Hyper Text Transfer Protocol)又叫超文本传输协议,是从万维网服务器传输超文本到本地浏览器的传送协议，是服务器和客户端进行数据交互的一种形式。

当用户在浏览器中输入一个URL，按<Enter>键后便会在浏览器中显示网页内容。实际上，这个过程是浏览器向Web服务器发送了一个HTTP请求；Web服务器接收到这个请求后进行解析和处理，然后返回给浏览器对应的HTTP响应；浏览器再对HTTP响应进行解析，从而将网页呈现了出来。

（1）HTTP请求

HTTP请求可以分为如下4部分内容：

1）请求的网址（Request URL）：请求的网址即URL，它可以唯一确定请求的资源。

2）请求方法（Request Method）：常见的请求方法有GET方法和POST方法。一些其他的请求方法如HEAD、PUT、DELETE等，在实际编写爬虫程序时很少用到。

3）请求头（Request Headers）：请求头是请求的重要组成部分，在编写爬虫程序时，大部分情况下都需要设定请求头。

不同请求的请求头包含的内容不同，应用时应根据实际需求设定。常见的请求头及其说明见表10-1。

表10-1　常见的请求头及其说明

请 求 头	说　　明
Accept	指定客户端可识别的内容类型
Accpet-Encoding	指定客户端可识别的内容编码
Accept-Language	指定客户端可识别的语言类型
Cookie	网站为了辨别用户身份进行会话跟踪而存储在用户本地的数据，主要功能是维持当前的访问会话
Host	指定请求的服务器的域名和端口号
User-Agent	使服务器识别客户端使用的操作系统及版本、浏览器及版本等信息，实现爬虫时加上此信息，可以以浏览器身份访问
Content-Type	请求的媒体类型信息
Content-Length	请求的内容长度
Referer	包含一个URL，用户以该URL代表的页面出发访问当前请求页面

4）请求体（Request Body）：请求体中的内容一般是POST请求中的表单数据，而GET请求的请求体为空。

（2）HTTP响应

HTTP响应可以分为如下3部分内容：

1）响应状态码（Response Status Code）：响应状态码表示服务器的响应状态。

常见的响应状态码见表10-2。

表10-2　常见的响应状态码

状 态 码	说　　明
100	服务器已收到请求的一部分，正在等待其余部分，应继续提出请求
200	服务器已成功处理了请求
302	服务器要求客户端重新发送一个请求
304	此请求返回的网页未修改，继续使用上次的资源
404	服务器找不到请求的网页
500	服务器遇到错误，无法完成请求

2）响应头（Response Headers）：响应头包含了服务器对请求的应答信息。

3）响应体（Response Body）：响应体包含响应的正文数据。

二、urllib库

urllib库是Python内置的标准库，不需要额外安装即可使用，它包含如下4个模块。

request：模拟发送HTTP请求。

error：处理HTTP请求错误时的异常。

parse：解析、拆分和合并URL。

robotparser：解析网站的robots.txt文件。

1. request模块

request模块提供了基本的构造HTTP请求的方法，同时它还可以处理授权验证（authentication）、重定向（redirection）、Cookie会话及其他内容。接下来重点介绍request模块中的常用函数。

（1）urlopen()函数

urlopen()函数可以构造基本的HTTP请求，其语法格式如下。

urlopen(url,data=None,[timeout,]*,cafile=None,capath=None,cadefault=False,context=None)

url：请求的URL。可以是一个表示URL的字符串，也可以是一个Request类型的对象。这是必传参数，其他都是可选参数。

data：针对post请求，存放请求体信息（如在线翻译、在线答题等提交的内容）。data默认值是None，表示以GET方式发送请求；当用户给出data参数时，表示以POST方式发送请求。

timeout：设置网站的访问超时时间，单位为秒。如果请求超出了设置的时间而没有得到响应，就会抛出异常。如果不指定该参数，就会使用全局默认时间。

cafile、capath、cadefault：用于实现可信任CA证书的HTTP请求，基本很少使用。

context：实现SSL加密传输，基本很少使用。

当调用函数后，返回一个HTTPResponse类型的对象，该对象提供的方法和属性见表10-3。

表10-3　HTTPResponse类型对象的方法和属性

方法和属性	说　　明
getcode()/status	获取响应状态码
get_url()	获取请求的URL
getheaders()	获取响应头信息，返回二元组列表
getheader(name)	获取特定响应头信息
info()	获取响应头信息，返回字符串
read()/readline()	读取响应体

◎例10-1　利用request模块中urlopen()函数实现get请求，爬取中国大学MOOC(慕课)_国家精品课程在线学习平台首页的内容（网址https://www.icourse163.org），输出爬取到的信息。

\#爬取中国大学MOOC(慕课)_国家精品课程在线学习平台首页的内容（网址https://www.icourse163.org），输出爬取到的信息。

```python
#导入相关（request）模块
from urllib.request import urlopen
#定义url字符串
url = 'https://www.icourse163.org'
#构造HTTP请求，并将返回的结果赋值给response
response = urlopen(url)
#输出响应类型
print('响应类型：', type(response))
#输出响应状态码
print('响应状态码：', response.getcode())
#输出编码方式
print('编码方式：', response.getheader('Content-Type'))
#输出请求的URL
print('请求的URL：', response.geturl())
#读取网页内容并解码
resp = response.read().decode('utf-8')
print('网页内容：\n', resp)#输出网页内容
```

直接用urllib.request模块的urlopen()函数获取网页，返回的网页内容数据格式为bytes类型，需要利用decode()函数解码，转换成str类型。执行程序，运行结果如下所示(由于网页内容太多，只截取部分)。

响应类型： <class 'http.client.HTTPResponse'>
响应状态码： 200
编码方式： text/html;charset=UTF-8
请求的URL： https://www.icourse163.org
网页内容：
 <script>
// 解决新老技术站中对部分原生方法兼容
Object.defineProperty(window, "moocTempReplace", {
enumerable：false,
configurable：false,
writable：false,
value：String.prototype.replace
});
Object.defineProperty(window, "moocTempMatch", {
enumerable：false,
configurable：false,
writable：false,
value：String.prototype.match
});
</script>
<!DOCTYPE html>
<html xmlns="//www.w3.org/1999/xhtml" xml:lang="zh" lang="zh">
<head>
<title>
中国大学MOOC(慕课)_国家精品课程在线学习平台

```
</title>
    ...
    ...
</body>
</html>
```

(2) Request()函数

当HTTP请求信息较复杂时，可用Request()函数进行设置，其语法格式如下。

Request(url,data=None,headers={},origin_req_host=None,unverifiable=False, method=None)

url：请求的URL。

data：请求体信息，使用方法与urlopen()函数中的data参数相同。

headers：请求头信息，如User_Agent、Cookie和Host等，是字典类型。

origin_req_host：客户端的host名称或者IP地址。

unverifiable：表示这个请求是无法验证的，在默认情况下设置为False。

method：请求方法，如GET、POST等，是字符串类型。

调用函数后，返回一个Request类型的对象，再通过urlopen()函数构造完整的HTTP请求，可设置headers参数以浏览器身份去访问网站。

例10-2 利用Request()函数，通过设置headers参数以浏览器身份访问并爬取中国大学MOOC(慕课)_国家精品课程在线学习平台首页的内容，输出爬取到的信息。

```python
#通过设置headers参数以浏览器身份访问并爬取中国大学MOOC(慕课)_国家精品课程在线学习平台首页的内容，输出爬取到的信息。
import urllib.request                              #导入request模块
url = 'https://www.icourse163.org/'                #定义url字符串
#设置headersvalue参数，以浏览器身份访问
headersvalue = {'User-Agent': 'Mozilla/5.0 (Windows NT 10.0; '
                              'Win64；x64) AppleWebKit/537.36 '
                              '(KHTML, like Gecko) Chrome/'
                              '83.0.4103.97 Safari/537.36'}
#创建Request对象，并将返回的结果赋值给request
request = urllib.request.Request(url, headers=headersvalue)
#构造HTTP请求，并将返回的结果赋值给response
response = urllib.request.urlopen(request)
resp = response.read().decode('utf-8')             #读取网页内容并解码
print(resp)                                        #输出网页内容
```

执行程序后会在控制台输出网页源代码内容，由于篇幅有限，不再截取，读者可自行运行代码查看。

2．error模块

error模块提供了request模块产生的异常处理方法，它主要包含了URLError和HTTPError两个类。

URLError类是error异常模块的基类，可以捕获request模块产生的异常，它具有一个reason属性（返回异常的原因）。HTTPError类是URLError类的子类，专门处理HTTP请求的异常，它具有3个属性，分别为reason（返回异常原因）、code（返回HTTP状态码）和headers（返回请求头）。因为HTTPError是URLError的子类，并不能处理父类支持的异常处理，所以一般对两种异常分开捕获，可先捕获子类的异

常，再捕获父类的异常。

例10-3 爬取不存在的网站内容（如http://www.baidu.com/ceshi.htm），输出异常原因。

```
import urllib.request                            #导入request模块
import urllib.error                              #导入error模块
try:                                             #处理异常
    #构造HTTP请求，并将返回的结果赋值给response
    response=urllib.request.urlopen('http://www.baidu.com/ceshi.htm')
except urllib.error.HTTPError as e:              #捕获HTTP请求的异常
    #输出HTTP请求的异常原因、状态码和请求头
    print('异常原因：', e.reason)
    print('状态码：', e.code)
    print('请求头：\n', e.headers)
except urllib.error.URLError as e:               #捕获URL异常
    print(e.reason)                              #输出URL异常原因
else:
    #如果没有异常则输出"Request Successfully"
    print('Request Successfully')
```

访问一个不存在的网页时，会出现异常现象，程序可以通过捕获异常，输出异常原因，从而避免程序因为异常终止运行。执行程序运行结果如下所示。

```
异常原因： Not Found
状态码： 404
请求头：
 Content-Length：207
Content-Type：text/html；charset=iso-8859-1
Date：Thu, 27 Oct 2022 02:52:03 GMT
Server：Apache
Connection：close
```

3．parse模块

parse模块提供了解析URL的方法，包括URL的拆分、合并和转换。常用的函数及说明见表10-4。

表10-4 parse模块常用的函数及说明

函　　数	说　　明
urlparse(urlstring)	将URL拆分为6个部分，分别是scheme、netloc、path、params、query和fragment
urlsplit(urlstring)	将URL拆分为5个部分，分别是scheme、netloc、path、query和fragment
urljoin(url1,url2)	将基础链接url1和新链接url2合并，分析url1的scheme、netloc、path内容，并补充url2缺失的部分
urlunparse(parts)	将可迭代对象parts合并为URL，parts长度为7
urlunsplit(parts)	将可迭代对象parts合并为URL，parts长度为6
urlencode(query)	将字典形式的数据转换为URL后面的查询字符串
parse_qs(qs)	将URL后面的查询字符串转换为字典
parse_qsl(qs)	将URL后面的查询字符串转换为列表
quote(str)	将URL中的中文字符转换为URL编码
unquote(str)	将URL编码转换为中文字符，进行解码

在URL中，是只能使用ASCII中包含的字符的，也就是说，ASCII不包含的特殊字符以及中文等字符都是不可以在URL中使用的。而有时候又有将中文字符加入到URL中的需求。

例如，百度的搜索地址：https://www.baidu.com/s?wd=爱国

"?"之后的wd参数是搜索的关键词。实现的方法就是将特殊字符进行URL编码，转换成URL可以传输的格式。在urllib中可以使用quote()方法来实现这个功能。如果需要将编码后的数据转换回来，可以使用unquote()方法。

例10-4 使用unquote()方法。

```
from urllib import parse
keyword = '爱国'
x = parse.quote(keyword)            #将中文字符转换为URL编码
print(x)
y = parse.unquote(x )               #将URL编码转换为中文字符，进行解码
print(y)
```

执行程序，运行结果如下所示。

```
%E7%88%B1%E5%9B%BD
爱国
```

在访问URL时，常常需要传递很多的URL参数，而如果用字符串的方法去拼接URL会比较麻烦，所以urllib中提供了urlencode()这个方法来拼接URL参数。

例10-5 使用urlencode()方法拼接URL参数。

```
from urllib import parse
params = {'wd': '富强', 'code': '1', 'height': '188'}   #定义多个URL参数
z = parse.urlencode(params)                            #拼接URL参数
print(z)
```

执行程序，运行结果如下所示。

```
wd=wd=%E7%88%B1%E5%9B%BD&code=1&height=188
```

4. robotparser模块

robotparser模块提供了分析网站Robots协议的RobotFileParser类，它可以通过分析网站的robots.txt文件来判断某网页是否能被爬取。RobotFileParser类提供了多种方法，常用的方法如下。

set_url()：设置robots.txt文件的URL。

read()：读取robots.txt文件并进行分析。

can_fetch()：第一个参数为User_Agent，第二个参数为要爬取网页的URL，判断该网页是否能被爬取。

parse()：解析robots.txt文件中某些行的内容。

mtime()：返回上次抓取和分析robots.txt文件的时间。

modified()：将当前时间设置为上次抓取和分析robots.txt文件的时间。

📌 任务实施

利用urllib库，爬取在线翻译网站数据，实现在线翻译功能，翻译中国文化。

1) 在浏览器中访问"https://fanyi.baidu.com/"。
2) 打开浏览器的开发者工具窗口，选择"Network"选项。
3) 在翻译页面中输入需要翻译的内容，如"新时代,新征程,争出彩"，单击"翻译"按钮。
4) 在开发者工具窗口的请求记录中选择"v2transapi?from=zh&to=en"选项，如图10-2所示，即可查看HTTP请求的URL（https://fanyi.baidu.com/v2transapi?from=zh&to=en）和请求体（Form Data参数）。

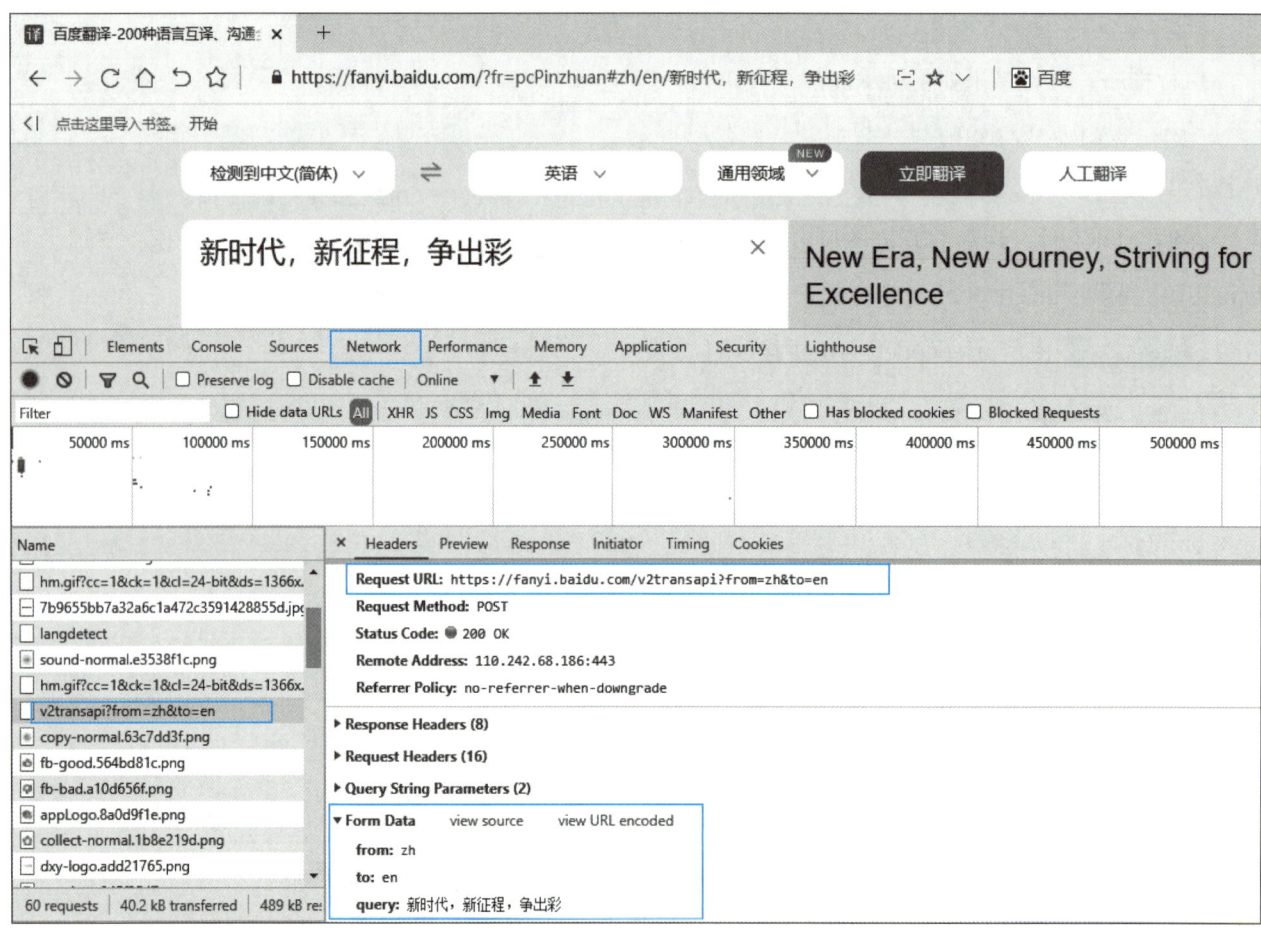

图10-2　开发者工具窗口的请求记录

📌 任务记录

编写Python程序，利用urllib库，爬取在线翻译网站数据，实现中国文化在线翻译功能。

任务记录表

任务名称		任务日期	
姓　　名		学　　号	

任务实施过程记录（对本任务的实施步骤和错误操作进行记录）：

任务总结（对本任务的难点和问题进行记录，如完成任务过程中遇到的问题、解决问题的思路、解决问题的方法和学到的内容等）：

任务评价（教师填写）：

任务2　制作简易网页采集器

↗ 任务描述

21世纪是信息时代，经济的发展离不开信息。近年来，随着硬件设备和算法模型的标准化及人工智能、云计算等软件技术的成熟让数据爆炸式增长，面对爆炸式增长的网页数据，采集成了信息工作的前提。

本任务将带领大家编写Python程序，利用requests库爬取搜狗指定词条对应的搜索结果页面，制作简易网页采集器。

↗ 知识准备

一、requests库

在Python实现的网络爬虫中，用于网络请求发送的库有两种，第一种为urllib库，第二种为requests库。当requests库出现后，可以实现很多功能，包括URL获取、HTTP长连接和连接缓存、HTTP会话、浏览器式的SSL验证、身份认证、Cookie会话、文件分块上传、流下载、HTTP(S)代理功能、连接超时处理等。

requests库是Python中原生的基于网络请求的模块，主要作用是模拟浏览器发起请求。其功能强大，用法简洁高效。但requests库不是Python内置的标准库，使用前需要安装。常见的安装方式有两种：第一种是通过pip3指令进行安装，第二种是在IDE（如PyCharm）上安装。

（1）使用pip3指令安装requests库

通过pip3指令进行安装requests库的命令如下所示。

pip3 install requests

安装完requests库后，在Python交互模式下输入导入requests库的语句"import requests"，如果没有提示错误，则说明安装成功。

（2）使用PyCharm安装requests库

在使用PyCharm时，也需要单独安装requests库。下面介绍在PyCharm中安装第三方requests库的步骤。

步骤一：启动PyCharm，在菜单栏中选择"File"→"Settings"命令，如图10-3所示。

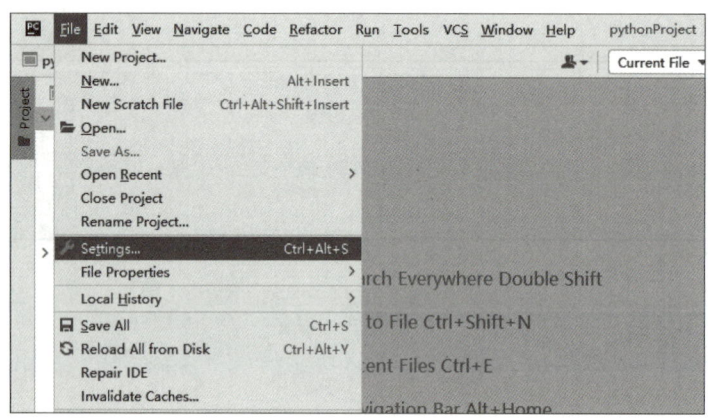

图10-3　选择"File"→"Settings"命令

步骤二：打开"Settings"对话框，选择"Project：pythonProject"→"Python Interpreter"命令，然后在显示的列表框的上侧单击"+"按钮，如图10-4所示。

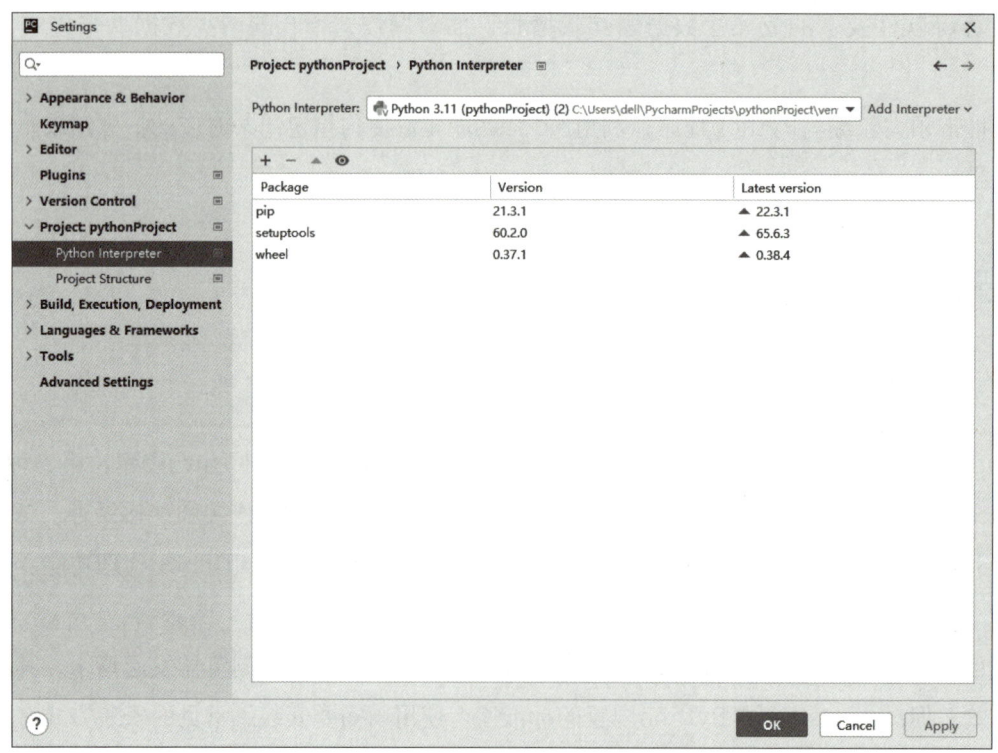

图10-4　"Settings"对话框

步骤三：打开"Available Packages"对话框，在搜索栏中输入"requests"，然后在显示的列表中选择"requests"选项，单击"Install Package"按钮，如图10-5所示。

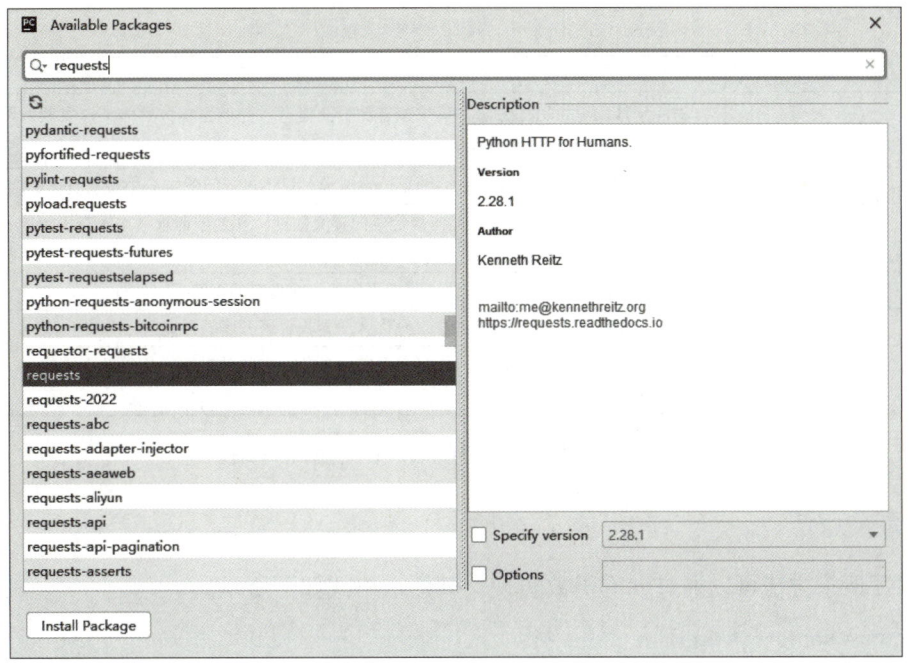

图10-5　选择安装requests库

步骤四：等待安装，安装成功后，对话框中将显示"Package 'requests' installed successfully"，如图10-6所示，关闭"Available Packages"对话框，单击"Settings"对话框的"OK"按钮完成安装。

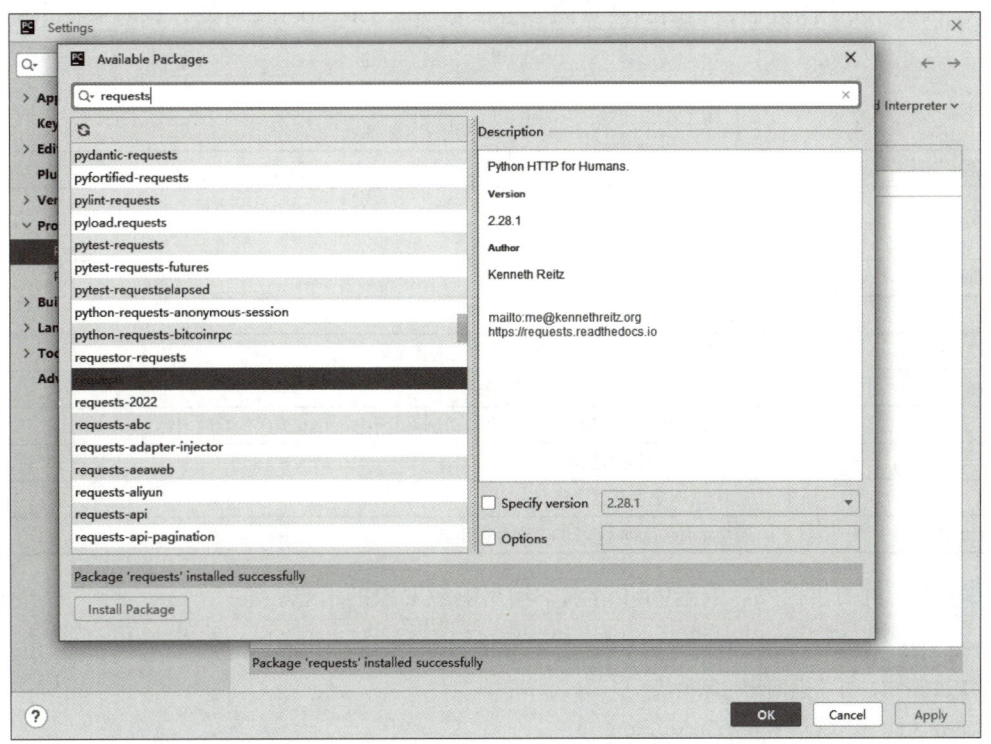

图10-6　显示安装成功

注意：如果需要卸载，可在Setting对话框的已安装列表中选择该库，然后单击上侧的"－"按钮即可。

requests库安装成功后，就可以使用requests库实现发送HTTP请求和获取HTTP响应的内容。

requests库提供了几乎所有的HTTP请求方法，相关函数及说明见表10-5。

表10-5 HTTP请求方法相关函数及说明

函数	说明
get(url[,timeout = n])	对应于HTTP的GET方法，请求指定的页面信息，并返回实体主体。这是获取网页最常用的方法，可通过timeout = n设置每次请求超时时间为n秒
head(url)	对应于HTTP的HEAD方法，类似于get请求，只不过返回的响应中没有具体的内容，用于获取报头
post(url,data = {'key':'value'})	对应于HTTP的POST方法，向指定资源提交数据，并处理请求（如提交表单或者上传文件），其中字典用于传递客户数据
delete(url)	对应于HTTP的DELETE方法，请求服务器删除指定的页面
options(url)	对应于HTTP的OPTIONS方法，允许客户端查看服务器的性能
put(url,data = {'key':'value'})	对应于HTTP的PUT方法，从客户端向服务器传送的数据取代指定的文档内容。其中字典用于传递客户数据

HTTP请求方法中最常用的是GET方法和POST方法，下面重点介绍。

1. GET请求方法

HTTP的GET请求方法可以通过get()函数实现，其语法格式如下所示。

get(url，params=None,**kwargs)

url：请求的URL。这是必传参数，其他都是可选参数。

params：字典或字节序列，作为参数增加到URL中。

**kwargs：控制访问的参数，如headers、cookies、timeout和proxies等。

在调用requests.get()函数后，返回的网页内容会保存为一个Response对象，该对象提供的属性和方法见表10-6。

表10-6 Response对象提供的属性和方法

属性/方法	说明
status_code	获取响应状态码
headers	获取响应头
request.headers	获取请求头
url	获取请求的URL
encoding	获取从HTTP headers中猜测的响应内容编码方式
apparent_encoding	获取从响应内容分析出的编码方式
content	获取二进制类型的响应内容，会自动解码gzip和deflate编码的响应内容
text	获取文本类型的响应内容
json()	返回JSON类型数据
raise_for_status()	若是status_code不是200，则会抛出异常

例10-6 访问百度网站，发送GET请求，输出响应对象的信息。

```
import requests                                          #导入requests库
#发送HTTP请求，并将返回结果赋值给r
r = requests.get('https://www.baidu.com/')
print('响应类型：', type(r))                              #输出响应类型
print('请求的URL：', r.url)                               #输出请求的URL
print('响应状态码：', r.status_code)                      #输出响应状态码
print('请求头：', r.request.headers)                      #输出请求头
```

执行程序,运行结果如下所示。

响应类型:<class 'requests.models.Response'>

请求的URL:https://www.baidu.com/

响应状态码:200

请求头:{'User-Agent': 'python-requests/2.26.0', 'Accept-Encoding': 'gzip, deflate', 'Accept': '*/*', 'Connection': 'keep-alive'}

2. POST请求方法

HTTP的POST请求方法可以通过post()函数实现,其语法格式如下所示。

post(url,data=None,json=None,**kwargs)

url:请求的URL。这是必传参数,其他都是可选参数。

data:字典、字节序列或文件对象,作为请求体的内容。

json:JSON格式的数据,作为请求体的内容。

**kwargs:控制访问的参数,如params、headers、cookies、timeout和proxies等。

在调用requests.post()函数后,同样返回一个Response类型的对象。

例10-7 爬取百度翻译网站数据,翻译指定数据,输出相关翻译信息。

首先,在浏览器中访问"https://fanyi.baidu.com";然后打开浏览器的开发者工具窗口,选择"Network"选项;接着在翻译页面中输入需要翻译的内容,单击"翻译"按钮;最后在开发者工具窗口的请求记录中选择"sug"选项,如图10-7所示,即可查看到以下内容:1)HTTP的请求方法为POST;2)HTTP请求的URL为"https://fanyi.baidu.com/sug";3)请求体(Form Data)是"kw:学习"。

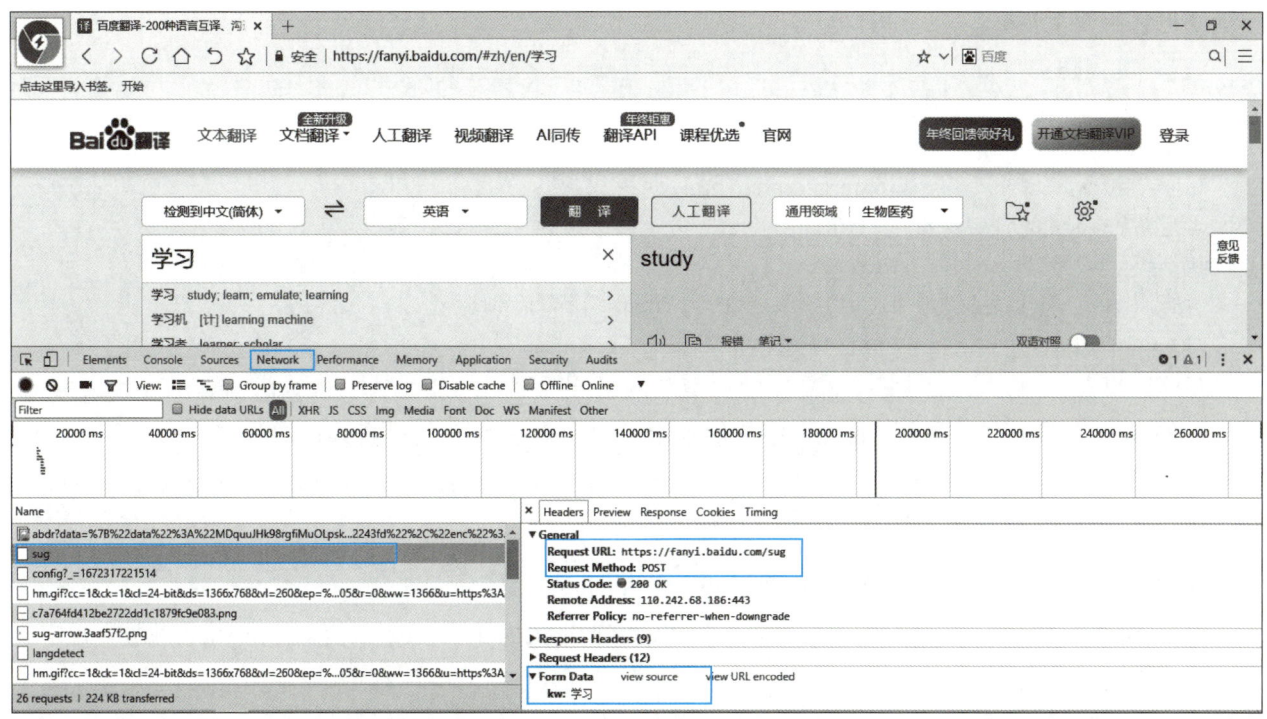

图10-7 开发者工具窗口的请求记录

示例代码如下所示。

```
import requests      #导入requests库

#指定url
url = 'https://fanyi.baidu.com/sug'
#封装post请求参数，作为请求体的内容
data = {
    'kw':'学习'
}
#发起请求
response = requests.post(url=url,data=data)
#获取响应数据:如果响应回来的数据为json，则可以直接调用响应对象的json方法获取json对象数据
json_data = response.json()
#输出数据内容
print(json_data)
```

执行程序，运行结果如下所示。

{'errno': 0, 'data': [{'k': '学习', 'v': 'study；learn；emulate；learning'}, {'k': '学习机', 'v': '[计] learning machine'}, {'k': '学习者', 'v': 'learner；scholar'}, {'k': '学习习惯', 'v': 'study habit'}, {'k': '学习任务', 'v': 'learning tasks'}]}

有时网站会通过URL来传递查询参数，这时可使用get()函数或post()函数的params参数进行设置。

◎例10-8 在中国大学MOOC(慕课)_国家精品课程在线学习平台（https://www.icourse163.org）查询与Python相关的内容，输出URL。

首先以字典形式定义params参数，然后将其传送到"https://www.icourse163.org/search.htm"中，最后就可以获取URL（https://www.icourse163.org/search.htm?search=Python）。

示例代码如下所示。

```
import requests                               #导入requests库

#指定url
url = 'https://www.icourse163.org/search.htm'
#定义字典形式的paramsvalue参数值
paramsvalue = {'search': 'Python'}
#将paramsvalue作为参数增加到url中并发送请求，将返回结果赋值给r
r=requests.get(url=url,params=paramsvalue)
print(r.url)                                  #输出url
```

从例10-8代码中可以看出，首先以字典形式定义params参数，然后将其传送到"https://www.icourse163.org/search.htm"中，最后就可以获取URL（https://www.icourse163.org/search.htm?search=Python）。执行程序，运行结果如下所示。

https://www.icourse163.org/search.htm?search=Python

在requests库中，get()或post()函数可以直接传递字典形式的User_Agent信息给headers参数实现定制请求头，即header传递。

◎例10-9 在中国大学MOOC(慕课)_国家精品课程在线学习平台（https://www.icourse163.org）中查询与Python相关的内容，通过header传递，输出爬取到的信息。

```python
import requests                          #导入requests库
#定义请求头信息
headersvalue = {
        'User-Agent': 'Mozilla/5.0 (Windows NT 10.0；Win64；x64) AppleWebKit/537.36 (KHTML, like Gecko) Chrome/93.0.4577.82 Safari/537.36',
}
paramsvalue = {'search': 'Python'}
#发送HTTP请求，并将响应赋值给r
r = requests.get('https://www.icourse163.org/search.htm',params=paramsvalue, headers=headersvalue)
print(r.status_code)                    #输出响应状态码
print(r.request.headers)                #输出请求头
print(r.text)                           #输出文本类型的响应内容
```

执行程序，部分运行结果如下所示。

```
200
{'User-Agent': 'Mozilla/5.0 (Windows NT 10.0；Win64；x64) AppleWebKit/537.36 (KHTML, like Gecko) Chrome/93.0.4577.82 Safari/537.36', 'Accept-Encoding': 'gzip, deflate', 'Accept': '*/*', 'Connection': 'keep-alive'}
<!DOCTYPE html>
<html xmlns="//www.w3.org/1999/ " xml:lang="zh" lang="zh">
<head>
<title>
搜索课程_中国大学MOOC(慕课)
</title>
...
...
</body>
</html>
```

可以发现，输出结果中"User-Agent"的值是我们指定的"Mozilla/5.0 (Windows NT 10.0；Win64；x64) AppleWebKit/537.36 (KHTML, like Gecko) Chrome/93.0.4577.82 Safari/537.36"，响应状态码为200，表示以浏览器身份访问后成功爬取网站。

知识链接

请求头中的User_Agent信息如果没有定制，则为Python的requests库的版本信息，表示爬虫程序发送该请求，通常情况下会出现响应状态码是418，表示禁止爬虫程序爬取该网站。

User-Agent：请求载体的身份标识。使用浏览器发起的请求，请求载体的身份标识为浏览器；使用爬虫程序发起的请求，请求载体为爬虫程序。

UA检测：相关的门户网站通过检测请求该网站的载体身份来辨别该请求是否为爬虫程序，如果是，则网站数据请求失败。因为正常用户对网站发起请求的载体一定是基于某一款浏览器的，如果网站检测到某一请求载体身份标识不是基于浏览器的，则让其请求失败。因此，UA检测是目前遇到的第二种反爬机制，第一种是robots协议。

UA伪装：通过设置请求头参数，修改用户请求头中的User-Agent信息，实现UA伪装。

二、base64模块

base64是一种任意二进制到文本字符串的编码方法，常用于小型数据的传输，例如，在URL、Cookie、网页中传输少量二进制数。编码后的数据是一个字符串，其包括a-z、A-Z、0-9、/、+共64个字符。

通常情况下，用记事本打开exe、jpg、pdf这些文件时，就会看到很多乱码，因为二进制文件包含很多无法显示和打印的字符，所以，如果要让记事本这样的文本处理软件能处理二进制数据，就需要一个二进制到字符串的转换方法。base64是一种最常见的二进制编码方法。base64编码会把3字节的二进制数据编码为4字节的文本数据，长度增加33%，好处是编码后的文本数据可以在邮件正文、网页等直接显示。

Python内置的base64模块就可以直接进行base64的编解码，把二进制的数据转换成字符串，能显示或者传输二进制的数据。

base64模块常用函数及说明见表10-7。

表10-7　base64模块常用函数及说明

函　　数	说　　明
base64.b64encode(s)	对二进制数据进行base64编码
base64.b64decode(s)	对通过base64编码的数据进行解码
base64.urlsafe_b64encode(s)	对URL进行base64编码
base64.urlsafe_b64decode(s)	对URL进行base64解码

例10-10 将图片进行base64编码。

```
import base64                                      #导入base64模块

img_path = 'D:/demo.jpg'                           #demo.jpg图片的绝对地址
with open(img_path, 'rb') as f:
    image_data = f.read()
    base64_data = base64.b64encode(image_data)     # base64编码
    print(base64_data)
    print(type(base64_data))
```

运行后，得到bytes类型的数据，部分运行结果如下所示。

```
b'UklGRjoQAABXRUJQVlA4IC4QAAAQbACdASpYAiUBPqlUp04mJSOjIrUoyMAVCWVu/
CX5QuvejLTonbZ7AJMSDban/D9ce4Y8aD1PH0r+m9hm1A4j6BGi7+k/0Pg3ignwianocfX+aWlxnpf9vy+E+D6YI8h1Y
t7yHTBHkOrFveQ6ZDHyNifi8X5tBRY+RsT8Xi/NoKLHyNifimHI2DytVfdn4/Sw2weVqr7s/
......
......
/8wdYkkVd5wuN2Oh2Oh4CGqSjCSjCSjCU7h9aT4PwcOOojYAAAAAAAMkVu44gAAAA=='
<class 'bytes'>
```

◎例 10-11 将base64编码过后的数据解码,得到图片。

```
import base64                                    #导入base64模块

img_path = 'D:/demo.jpg'                         #demo.jpg图片的绝对地址
with open(img_path, 'rb') as f:
    image_data = f.read()
    base64_data = base64.b64encode(image_data)   # base64编码
with open('10-8.jpg', 'wb') as file:
    jiema = base64.b64decode(base64_data)        # 解码
    file.write(jiema)                            # 将解码得到的数据写入到图片中
```

执行程序后,会在当前目录下得到一个图片文件10-8.jpg,打开后显示图片内容,如图10-8所示。

图10-8 10-8.jpg图片内容

任务实施

爬取搜狗指定词条对应的搜索结果页面,制作简易网页采集器。

1)在浏览器中访问"https://www.sogou.com",打开搜狗网站的首页。

2)打开浏览器的开发者工具窗口,选择"Network"选项。

3)在搜狗搜索栏输入"网络爬虫学习"并单击"搜狗搜索"按钮。

4)在开发者工具窗口的请求记录中选择"web?query=%E7%BD%91%E7%BB%9C%E7%88%AC%E8%99%AB%E5%AD%A6%E4%B9%A0&_asf=www.sogou.com&_ast=&w=01019900&p=40040100&ie=utf8&from=index-nologin&s_from=index&sut=27196&sst0=1672307255185&lkt=13%2C1672307228329%2C1672307241816&sugsuv=1672283136252&sugtime=1672307255185"选项,如图10-9所示,即可查看HTTP请求的URL(https://www.sogou.com/web)和携带的参数,可以看出关键参数数据"query:网络爬虫学习"。所以可以以字典形式定义params参数,然后将其传送到"https://www.sogou.com/web"中来获取最终的URL进行数据爬取。

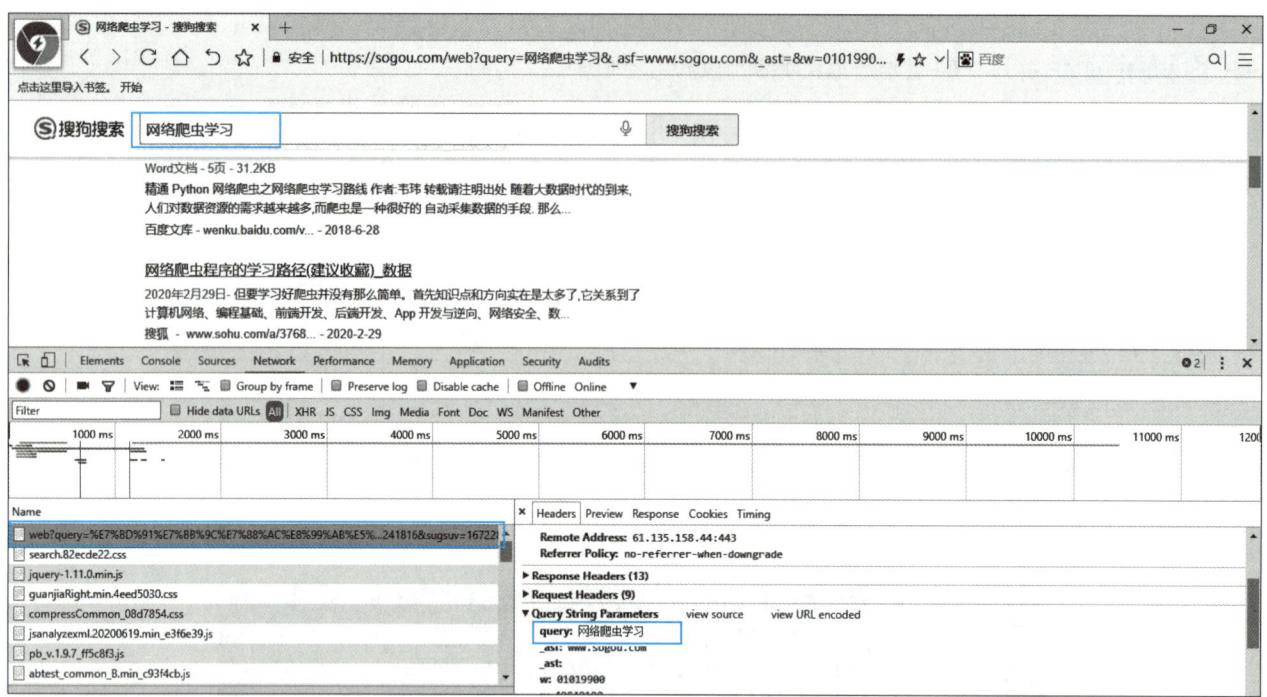

图10-9 搜狗搜索页面请求信息

📌 任务记录

编写Python程序，利用requests库爬取搜狗指定词条对应的搜索结果页面，制作简易网页采集器。

任务记录表

任务名称		任务日期	
姓　　名		学　　号	

任务实施过程记录（对本任务的实施步骤和错误操作进行记录）：

任务总结（对本任务的难点和问题进行记录，如完成任务过程中遇到的问题、解决问题的思路、解决问题的方法和学到的内容等）：

任务评价（教师填写）：

任务3　制作2022年中国大学排名榜

任务描述

"软科中国大学排名"前身是"中国最好大学排名",自2015年首次发布以来,赢得了高等教育领域内外的广泛关注和认可,向学生、家长和全社会提供及时、可靠、丰富的高校可比信息。

本任务将带领大家编写Python程序,利用网页解析技术,爬取"最好大学"网站(https://www.shanghairanking.cn)中的中国大学排名信息,制作2022年中国大学排名榜。

知识准备

一、正则表达式

1. 正则表达式基础

正则表达式是用于处理字符串的强大工具,它使用预定义的特定模式去匹配一类具有共同特征的字符串,主要用于快速、准确地完成复杂字符串的查找、替换等。当给定一个正则表达式和另一个字符串时,可以判断给定的字符串是否符合正则表达式的过滤逻辑(称作"匹配"),并且可以通过正则表达式,从字符串中获取想要的特定部分。

> **知识链接**
>
> 正则表达式是用于处理字符串的强大工具,但它并不是Python的一部分。其他编程语言中也有正则表达式的概念,区别只在于不同的编程语言支持的语法数量不同。正则表达式拥有自己独特的语法以及一个独立的处理引擎,在提供了正则表达式的语言里,涉及的正则表达式的语法都是一样的。

Python支持的正则表达式字符匹配见表10-8。

表10-8　正则表达式字符匹配说明

字　　符	说　　明
.	匹配除换行符以外的任意字符
\w	匹配字母或数字或下划线
\s	匹配任意的空白符
\d	匹配数字
\n	匹配一个换行符
\t	匹配一个制表符
^	匹配字符串的开始
$	匹配字符串的结尾

(续)

字　符	说　明
\W	匹配非字母或数字或下划线
\D	匹配非数字
\S	匹配非空白符
a|b	匹配字符a或字符b
()	匹配括号内的表达式，也表示一个组
[...]	匹配字符组中的字符
[^...]	匹配除了字符组中字符的所有字符
re*	匹配0次或多次前面的表达式
re+	匹配1次或多次前面的表达式
re?	匹配0次或1次由前面的正则表达式定义的片段
re{n}	匹配n次前面的表达式。例如，"o{2}"不能匹配"Bob"中的"o"，但是能匹配"food"中的两个o
re{n,}	精确匹配n次或更多次前面的表达式
re{n, m}	匹配n到m次由前面的正则表达式定义的片段
.*	贪婪匹配
.*?	惰性匹配

贪婪匹配：当正则表达式中包含能接受重复的限定符时，通常的行为是（在使整个表达式能得到匹配的前提下）匹配尽可能多的字符。

懒惰匹配：匹配尽可能少的字符。前面给出的数量词限定符都可以被转化为懒惰匹配模式，只要在它后面加上一个问号。这样.*?就意味着匹配任意数量的重复，且在能使整个匹配成功的前提下使用最少的重复。

具体应用时，可以单独使用某种类型的元字符，但处理复杂字符串时，经常需要将多个正则表达式元字符进行组合。下面给出一些常见示例。

'(a|b)*c'：匹配多个（包含0个）a或b，后面紧跟一个字母c。

'ab{1,}'：等价于'ab+'，匹配以字母a开头后面带1个至多个字母b的字符串。

'^[a-zA-Z]{1}([a-zA-Z0-9._]){4,19}$'：匹配长度为5～20的字符串，必须以字母开头并且可带字母、数字、"_"、"."的字符串。

'^(\w){6,20}$'：匹配长度为6～20的字符串，可以包含字母、数字、下划线。

'^\d{1,3}\.\d{1,3}\.\d{1,3}\.\d{1,3}$'：检查给定字符串是否为合法IP地址。

'^(13[4-9]\d{8})|(15[01289]\d{8})$'：检查给定字符串是否为移动手机号码。

'^[a-zA-Z]+$'：检查给定字符串是否只包含英文字母大小写。

'^\w+@(\w+\.)+\w+$'：检查给定字符串是否为合法电子邮件地址。

'^\d{18}|\d{15}$'：检查给定字符串是否为合法身份证格式。

'\d{4}-\d{1,2}-\d{1,2}'：匹配指定格式的日期，例如2022-10-31。

2. re模块

在Python中，主要使用re模块来实现正则表达式的操作。该模块的常用方法见表10-9。

表10-9 re模块的常用方法

方 法	说 明
re.compile(pattern[, flags])	预加载正则表达式，用于编译正则表达式，生成一个正则表达式（Pattern）对象
re.search(pattern, string[, flags])或search(string[, pos[, endpos]])	扫描整个字符串返回第一个成功的匹配，并返回一个match对象
re.match(pattern, string[, flags])或match(string[, pos[, endpos]])	尝试从字符串的起始位置匹配一个模式，返回Match对象或None
re.findall(pattern, string[, flags])或findall(string[, pos[, endpos]])	在字符串中找到正则表达式所匹配的所有子串，并返回一个列表；如果没有找到匹配的，则返回空列表
re.sub(pattern, repl, string[, count=0])或sub(repl, string[, count])	用于替换字符串中的匹配项
re.split(pattern, string[, maxsplit=0])或split(string[, maxsplit])	按照能够匹配的子串将字符串分割后返回列表

其中，函数参数pattern为正则表达式；参数string为字符串；参数flags的值可以是re.I（忽略大小写）、re.M（多行匹配模式）和re.S（匹配包含换行符在内的所有字符）等。

例10-12 爬取腾讯新闻网新闻"首批国产商用卫星上架淘宝"（https://new.qq.com/rain/a/20230330A02GVE00）中的图片内容。

首先对URL(https://new.qq.com/rain/a/20230330A02GVE00)对应的HTML文件源代码进行解析。分析得知，所有图片都包含在一个img标签中，且这个标签的属性class="content-picture"，如图10-10所示。所以可以给出正则表达式ex = '<img class="content-picture" src="(.*?)"'。

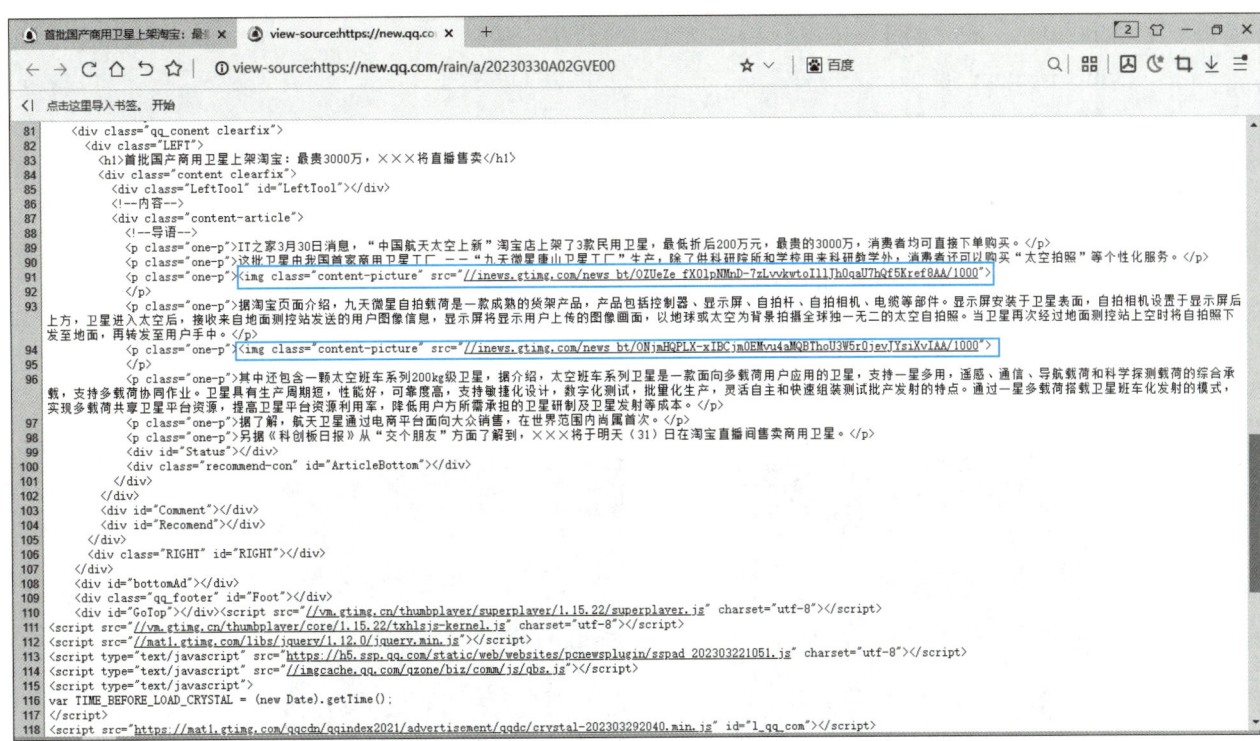

图10-10 HTML文件源代码

示例代码如下所示。

```
import requests
import re        #导入re模块
import os
```

```python
if not os.path.exists('./pic'):
    os.mkdir('./pic')
url = 'https://new.qq.com/rain/a/20230330A02GVE00'
headers = {
    'User-Agent': 'Mozilla/5.0 (Windows NT 10.0; WOW64) AppleWebKit/537.36 (KHTML, like Gecko) Chrome/98.0.4758.102 Safari/537.36'
}
#以文本方式爬取整个网页
page_text = requests.get(url=url,headers=headers).text
#使用聚焦爬虫爬取所有图片网址并进行解析/提取
ex = '<img class="content-picture" src="(.*?)"'
img_src_list = re.findall(ex,page_text,re.S)
for src in img_src_list:
    #拼接完整的URL
    src = 'https:' + src
    #请求到图片的二进制数据
    img_data = requests.get(url=src,headers=headers).content
    #生成图片名称
    img_name = src.split('/')[-2] + '.jpg'
    #图片存储路径
    img_path = './pic/' + img_name
    with open(img_path,'wb') as ap:
        ap.write(img_data)
        print(img_name,'下载成功')
```

执行程序，运行结果如下所示，同时在当前路径下创建名为"pic"的文件夹，保存爬取后下载的图片，如图10-11所示。

OZUeZe_fX0lpNMnD-7zLvvkwtoIllJh0qaU7hQf5Kref8AA.jpg 下载成功
ONjmHQPLX-xIBCjm0EMvu4aMQBThoU3W5r0jevJYsiXvIAA.jpg 下载成功

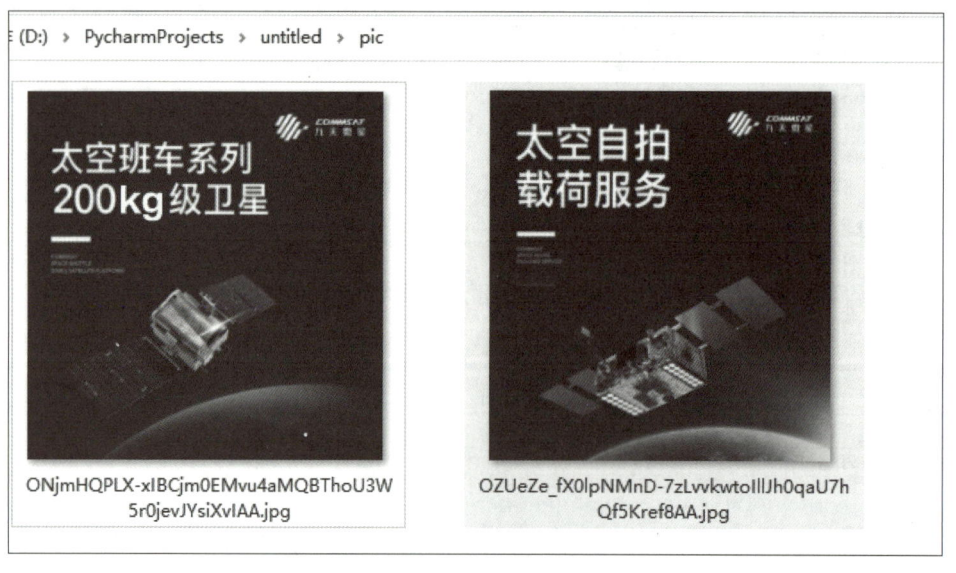

图10-11　pic文件夹里下载的图片预览

二、beautifulsoup4库

beautifulsoup4库也称为bs4库,是一个可以从HTML或XML文件中提取数据的Python库。

beautifulsoup4库不是Python内置的标准库,使用之前需要安装,安装方法与requests库的安装类似,此处不再赘述。

beautifulsoup4库中最重要的是BeautifulSoup类,它的实例化对象相当于一个页面。解析网页时,需要使用BeautifulSoup()创建一个BeautifulSoup对象,该对象是一个树形结构,包含了HTML页面中的标签元素,如<head>、<body>等。也就是说,HTML中的主要结构都变成了BeautifulSoup对象的一个个属性,BeautifulSoup对象的属性名与HTML的标签名相同,可通过"对象名.属性名"形式获取该对象的第一个属性值。

每一个HTML标签在beautifulsoup4库中又是一个对象,称为Tag对象,它有4个常用属性,见表10-10。

表10-10 Tag对象属性

属 性	说 明
name	标签的名字,如head、title等,返回一个字符串
string	标签直接包围的文字,网页中真实的文字(尖括号之间的内容),返回一个字符串
attrs	字典,包含了页面标签的所有属性(尖括号内的所有项),如href,返回一个字典
contents	这个标签下所有子标签的内容,返回一个列表

其中,attrs返回的是标签的所有属性组成的字典类型的数据,可通过"atrrs['属性名']"形式获取属性值。

另外,beautifulsoup4库提供了一些查询方法,如find_all()和find()等。

find_all()方法会遍历整个HTML文件,按照条件返回所有匹配的节点,其语法格式如下所示。

find_all(name, attrs, recursive, string, limit)

name:通过HTML标签名直接查找节点。

attrs:通过HTML标签的属性查找节点(需列出属性名和值),可以同时设置多个属性。

recursive:搜索层次,默认查找当前标签的所有子孙节点,如果只查找标签的子节点,可以使用参数recursive = False。

string:通过关键字检索string属性内容,传入的形式可以是字符串,也可以是正则表达式对象。

limit:返回结果的个数,默认返回全部结果。

同时,beautifulsoup4库还提供了使用CSS选择器来选择节点的方法,只需要调用select()方法传入相应的CSS选择器即可。

例10-13 利用bs4库爬取腾讯新闻网新闻"首批国产商用卫星上架淘宝"(https://new.qq.com/rain/a/20230330A02GVE00)中的图片内容。

首先对URL(https://new.qq.com/rain/a/20230330A02GVE00)对应的HTML文件源代码进行解析。分析得知,所有图片都包含在一个img标签中,且这个标签的属性class="content-picture",如图10-12所示。

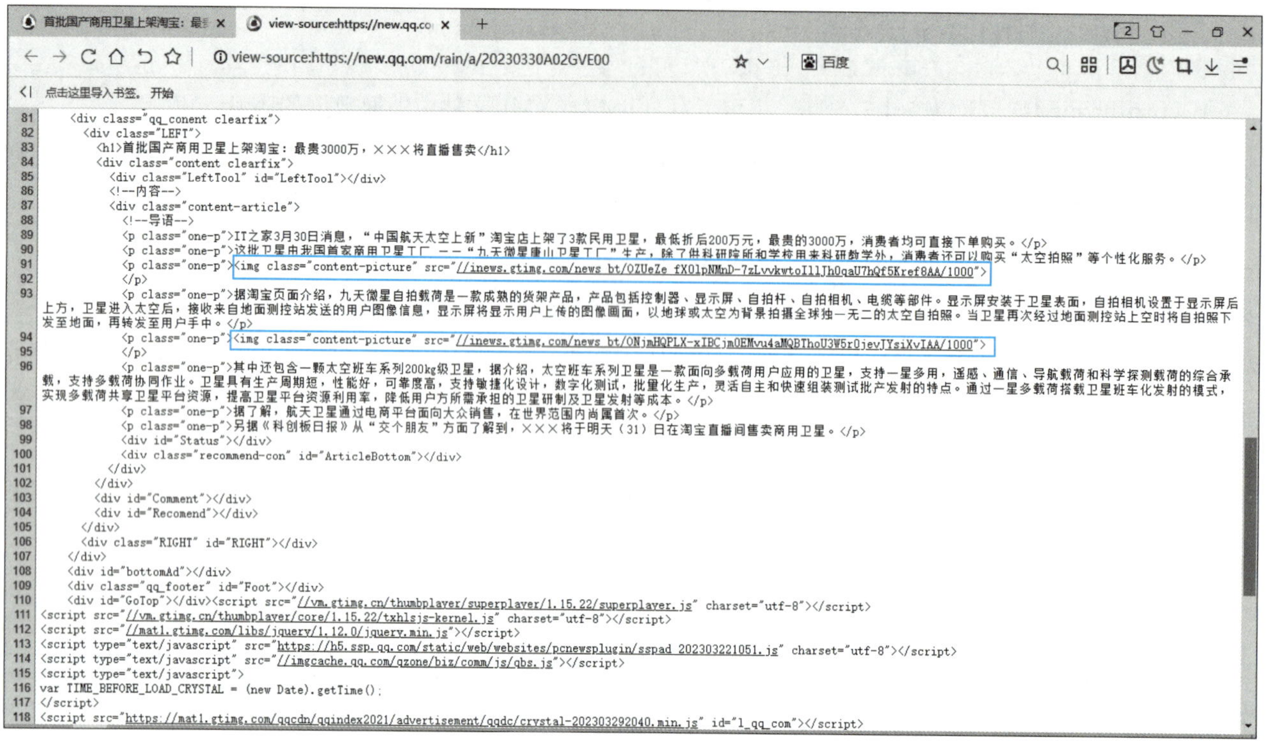

图10-12　HTML文件源代码

示例代码如下所示。

```python
import requests
from bs4 import BeautifulSoup    #从bs4库中导入BeautifulSoup模块
import os

if not os.path.exists('./bs4_pic'):
    os.mkdir('./bs4_pic')
url = 'https://new.qq.com/rain/a/20230330A02GVE00'
headers = {
            'User-Agent': 'Mozilla/5.0 (Windows NT 10.0；WOW64) AppleWebKit/537.36 (KHTML, like Gecko) Chrome/98.0.4758.102 Safari/537.36'
        }
#把整个网页进行爬取以文本方式提取
page_text = requests.get(url=url,headers=headers)
page_text.encoding = 'utf-8'   # 处理乱码

#创建BeautifulSoup对象，并设置使用lxml解析器，把源代码交给bs4
main_page = BeautifulSoup(page_text.text, "lxml")
#使用find_all()查找所有具有属性class_="content-picture"的img标签
alist = main_page.find_all("img", class_="content-picture")
#遍历列表
for a in alist:
    src = a.get('src')   #直接通过get就可以得到属性的值
    #下载图片
    src = 'https:' + src
```

```
        img_resp = requests.get(src,headers=headers).content
        #生成图片名称
        img_name = src.split('/')[-2] + '.jpg'
        #图片存储路径
        img_path = './bs4_pic/' + img_name
        with open(img_path, 'wb') as ap：
            ap.write(img_resp)
            print(img_name,'下载成功')
```

执行程序，运行结果如下所示，同时在当前路径下创建名为"bs4_pic"的文件夹，保存爬取后下载的图片，如图10-13所示。

```
OZUeZe_fX0lpNMnD-7zLvvkwtoIllJh0qaU7hQf5Kref8AA.jpg 下载成功
ONjmHQPLX-xIBCjm0EMvu4aMQBThoU3W5r0jevJYsiXvIAA.jpg 下载成功
```

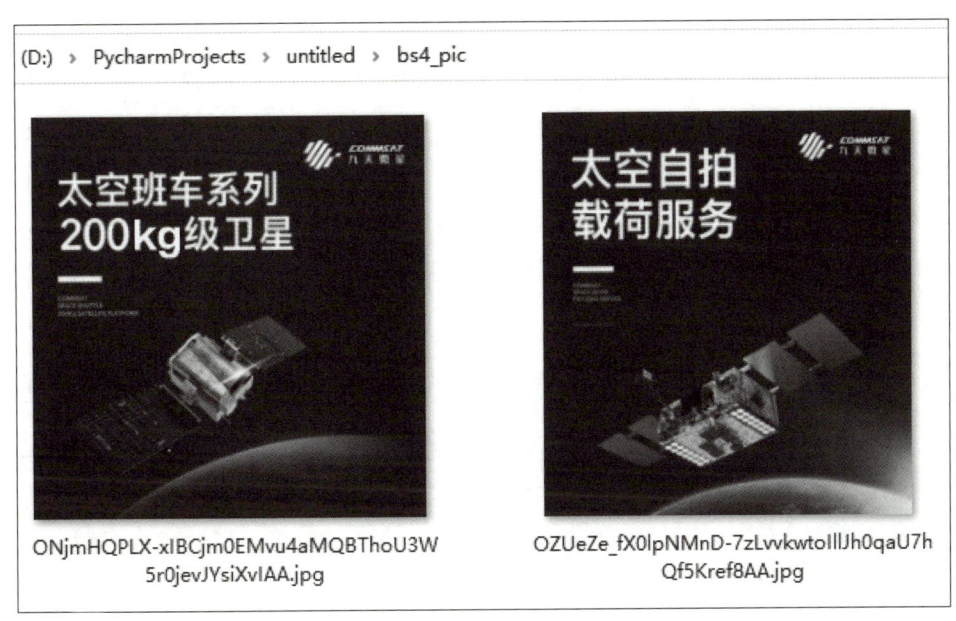

图10-13 bs4_pic文件夹里下载的图片预览

三、XPath解析

lxml库是Python的一个网页解析库，支持HTML和XML的解析，支持XPath解析方式，解析效率非常高。

lxml库不是Python内置的标准库，使用之前需要安装，其安装方法与requests库的安装类似，此处不再赘述。

XPath，全称XML Path Language，即XML路径语言，它是一门在XML文档中查找信息的语言，它最初是用来搜寻XML文档的，但是它同样适用于HTML文档的搜索。

在解析网页时，HTML源代码是层次结构的，如果想要选择一个节点，可以一层一层往下查找。XPath实际上就是使用这种层次结构的路径来找到相应的节点，它类似于人们日常使用的地址，它们都是从大的范围一直缩小到具体的某个地址。XPath提供了超过100个内建函数，用于字符串、数值、时间的匹配及节点、序列的处理等。可以说，几乎所有想要定位的节点，都可以用XPath来选择。

XPath通过路径选择节点常用的语法见表10-11。

表10-11　XPath常用的语法

语　　法	示　　例	示 例 说 明
/	body/div	选取body节点下的所有div子节点
//	body//div	选取body节点下的所有div子孙节点
*	body/*	选取body节点下的所有子节点
.	body/.	选取当前body节点
..	body/..	选取当前body节点的父节点
[ ]	body/div[1]	选取body节点下的第一个div子节点，下标从1开始

任务实施

爬取"最好大学"网站（https://www.shanghairanking.cn）中的中国大学排名信息，制作2022年中国大学排名榜。

先对"最好大学"网站的2022年中国大学排名信息的URL(https://www.shanghairanking.cn/rankings/bcur/2022)对应的HTML文件源代码进行解析。分析得知，所有大学排名都包含在一个tbody标签中，而tbody标签中的tr标签又分别包含了很多tr标签，每一个tr标签代表一所大学，每个tr标签中包含了6个td标签，分别代表大学的排名、名字、省市、类型、总分和办学层次，如图10-14所示。

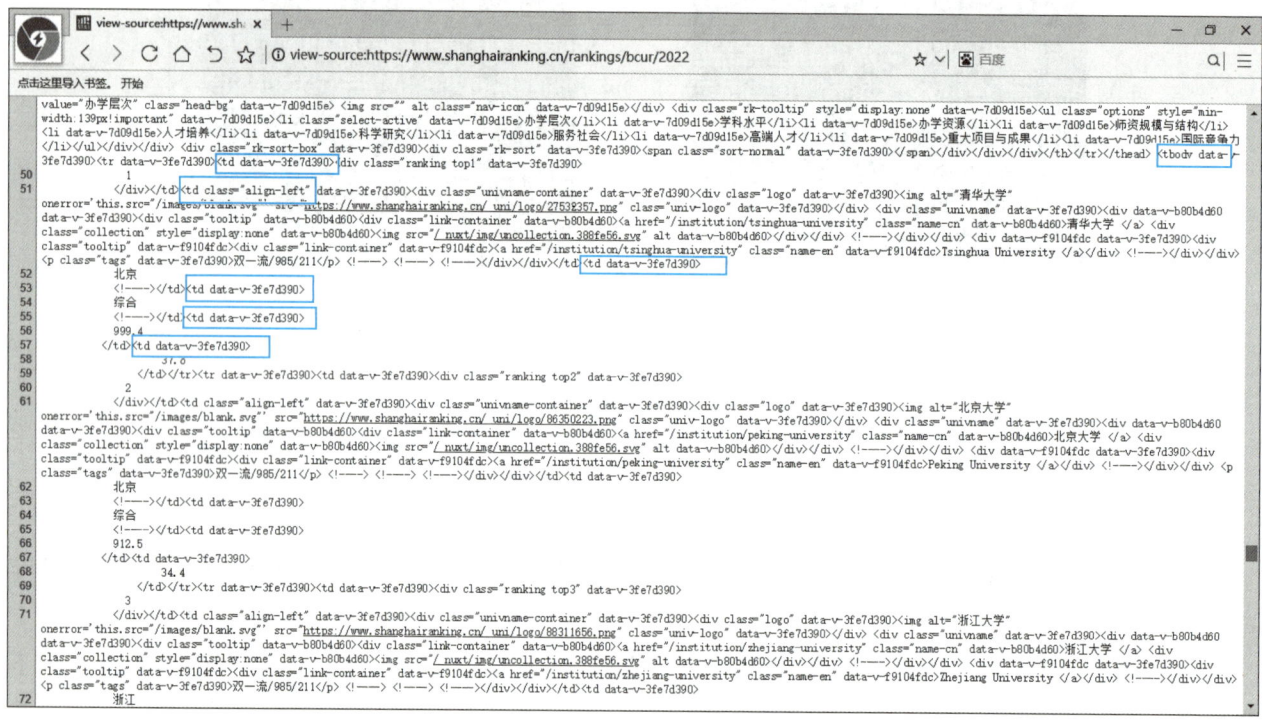

图10-14　HTML文件源代码

由于要提取的信息都在HTML文件中，所以选择使用bs4库和requests库。具体实现步骤如下。

1）用get方法先发送HTTP请求，获取HTML页面，然后用bs4解析页面，再将提取出来的字符串存入列表最后输出即可。

2）有3部分的功能：爬取，解析，输出。分别用3个函数实现。

3）定义gethtmltext(url)函数用来爬取URL界面，爬取有可能不成功，所以利用requests库的raise_for_status()方法来判断服务器返回的状态码，如果状态码不是200，则抛出一个异常，用try和except关键字来捕捉异常,这样程序便能够在爬取失败的情况下及时做出反应,可降低程序崩溃的风险。

4)定义fillUnivList(ulist,html)函数解析文本信息,并将所需信息存入ulist列表中。在获取到了HTML页面之后,利用bs4库中的html解析器对返回的字符串进行解析,然后使用find().children方法查找tbody标签的所有子标签,利用for循环将find().children返回的列表切片存ulist列表中。

5)定义printUnivList(ulist,num)函数打印大学排名信息,格式化输出列表。

6)定义main()函数,创建列表uinfo保存大学排名信息,指定URL字符串,并分别调用gethtmltext(url)、fillUnivList(ulist,html)和printUnivList(ulist,num)函数。

7)调用main()函数运行程序。

任务记录

编写Python程序,利用网页解析技术,爬取"最好大学"网站(https://www.shanghairanking.cn)中的中国大学排名信息,制作2022年中国大学排名榜。

任务记录表

任务名称		任务日期	
姓　　名		学　　号	

任务实施过程记录(对本任务的实施步骤和错误操作进行记录):

任务总结(对本任务的难点和问题进行记录,如完成任务过程中遇到的问题、解决问题的思路、解决问题的方法和学到的内容等):

任务评价(教师填写):

单元小结

本单元主要介绍了Python中网络爬虫的相关内容。

通过本单元的学习,读者应理解网络爬虫的基本操作流程,掌握通过urllib库和requests库进行数据抓取的方法,掌握通过正则表达式进行数据解析的方法,掌握运用beautifulsoup4库和XPath解析和处理数据的方法,并重点掌握以下内容。

1)网络爬虫的工作流程分为爬取网页、解析网页和存储数据3个步骤。

2)HTTP请求包括请求的网址、请求方法、请求头和请求体;HTTP响应包括响应状态码、响应头和响应体。

3）urllib库有request、error、parse和robotparser四个模块。其中request模块中urlopen()函数和Request()函数发送HTTP请求。

4）requests库可通过get()函数和post()函数发送HTTP请求。

5）正则表达式使用预定义的特定模式去匹配一类具有共同特征的字符串。

6）beautifulsoup4库中Tag对象的四个属性包括name、string、attrs和contents。

7）lxml库是Python的一个网页解析库，支持HTML和XML的解析，支持XPath解析方式。

8）XPath按照语法可通过路径和属性选择节点，并提取文本和属性。

习 题

一、填空题

1．urllib库包含_____、_____、_____和_____四个模块。

2．HTTP请求由_____、_____、_____和_____四部分组成。

3．HTTP响应由_____、_____和_____三部分组成。

二、单选题

1．下列（　　）函数可以实现合并URL。

　　A．urljoin()　　　　B．urlpase()　　　　C．urlencode()　　　　D．quote()

2．下列不属于Response对象属性的是（　　）。

　　A．text　　　　B．content　　　　C．encoding　　　　D．txt

三、综合题

1．简述网络爬虫的工作流程。

2．爬取豆瓣电影TOP250网站的相关内容，获取总共10页的内容，输出返回的响应状态码和URL，并将爬取到的网页内容保存到txt文件中。

3．爬取Q房租房网站的相关内容，解析网页，获取所有房源信息，包括标题、户型、面积、装修、楼层、出租方式、租金和小区信息，并将爬取到的房源信息保存到CSV文件中。

参 考 文 献

[1] 彭宇林,覃贵礼. Python程序设计案例教程[M]. 北京:北京交通大学出版社,2023.

[2] 储岳中,薛希玲,陶陶. Python程序设计教程[M]. 北京:人民邮电出版社,2020.

[3] 明日科技. Python程序设计:慕课版[M]. 北京:人民邮电出版社,2021.

[4] 刘庆,姚丽娜,余美华. Python编程案例教程[M]. 北京:航空工业出版社,2018.

[5] 高登,刘洋,原锦明. Python编程案例教程[M]. 北京:航空工业出版社,2021.